零基础 PHP 学习笔记

明日科技 编著

电子工业出版社
Publishing House of Electronics Industry
北京·BEIJING

内 容 简 介

本书以初学者为对象，通过学习笔记的方式，系统地介绍了使用 PHP 语言进行程序开发的各种技术。全书共 15 章，包括的知识点有 PHP 集成开发环境、变量、常量、操作符与表达式、流程控制语句、数组、类、系统函数、正则表达式、表单、Cookie 与 Session、MySQL 数据库的操作、异常处理、文件操作、图形图像、AJAX 技术、ThinkPHP 框架、商城的开发。全书内容丰富翔实，囊括了初学者必备的知识点，语言描述、示例讲解通俗易懂，结合学习中经常出现的各种问题和需要提示的要点与重点，用学习笔记的形式进行了提炼和总结，适合读者自学。

本书适合 PHP 语言的爱好者、初学者和中级开发人员阅读，也可作为大中专院校和培训机构相关专业的教材。

图书在版编目（CIP）数据

零基础 PHP 学习笔记 / 明日科技编著 . —北京：电子工业出版社，2021.3

ISBN 978-7-121-40266-1

Ⅰ.①零… Ⅱ.①明… Ⅲ.① PHP 语言—程序设计 Ⅳ.① TP312.8

中国版本图书馆 CIP 数据核字（2020）第 258309 号

责任编辑：张　毅　　　　　　特约编辑：田学清
印　　刷：三河市兴达印务有限公司
装　　订：三河市兴达印务有限公司
出版发行：电子工业出版社
　　　　　北京市海淀区万寿路 173 信箱　　　　邮编：100036
开　　本：787×1092　　1/16　　印张：24.5　　字数：566 千字
版　　次：2021 年 3 月第 1 版
印　　次：2021 年 3 月第 1 次印刷
定　　价：108.00 元

凡所购买电子工业出版社图书有缺损问题，请向购买书店调换。若书店售缺，请与本社发行部联系，联系及邮购电话：（010）88254888，88258888。
质量投诉请发邮件至 zlts@phei.com.cn，盗版侵权举报请发邮件至 dbqq@phei.com.cn。
本书咨询联系方式：（010）57565890，meidipub@phei.com.cn。

前　言

PHP 的英文全称是"Hypertext Preprocessor"（超文本预处理语言）。它是在服务器端执行的脚本语言。与 C 语言类似，PHP 是常用的网站编程语言。

PHP 语言主要有以下特点。

（1）开源性和免费性。由于 PHP 解释器的源代码是公开的，所以安全系数较高的网站可以自己更改 PHP 的解释程序。另外，PHP 运行环境的使用也是免费的。

（2）跨平台性强。PHP 的解释器是开源的，能够在所有操作系统平台上稳定运行，这使 PHP 成为常用的服务器语言。

（3）快捷性。PHP 是一门非常容易学习和使用的语言，它的语法特点类似于 C 语言，但没有 C 语言复杂的地址操作。而且，PHP 语言加入了面向对象的概念，再加上它具有简捷的语法规则，使操作编辑非常简单，实用性很强。

（4）面向过程方法和面向对象方法并用。在 PHP 的使用中，不仅可以分别使用面向过程方法和面向对象方法，还可以将面向过程方法和面向对象方法一起混用，这是其他编程语言做不到的。

（5）运行高效性。由于 PHP 运行在相应的平台解释器上，消耗系统资源比较少，运行环境简单，所以效率很高。

（6）数据库连接广泛性。PHP 可以与很多主流的数据库建立连接，如 MySQL、ODBC、Oracle、AdabasD、S 等。PHP 是利用编译的不同函数与这些数据库建立连接的，PHPLIB 就是常用的为一般事务提供的基库。因此，PHP 一直受到广大编程人员的青睐，是编程初学者进行 Web 开发的首选程序设计语言。

本书内容

本书以初学者为对象，通过学习笔记的方式，系统地介绍了使用 PHP 语言进行程序开发的各种技术。本书提供了从入门到编程高手所必备的各类知识，本书共 15 章，大体结构如下。

本书知识结构图

第一篇 基础篇
- 第 1 章 PHP 起步
- 第 2 章 PHP 语言基础
- 第 3 章 流程控制语句
- 第 4 章 字符串操作与正则表达式
- 第 5 章 PHP 数组应用
- 第 6 章 面向对象的程序设计

第二篇 提高篇
- 第 7 章 PHP 与 Web 页面交互
- 第 8 章 Cookie 与 Session
- 第 9 章 PHP 操作 MySQL 数据库
- 第 10 章 PDO 数据库抽象层
- 第 11 章 文件系统
- 第 12 章 图形图像处理技术
- 第 13 章 PHP 与 AJAX 技术
- 第 14 章 ThinkPHP 框架

第三篇 项目篇
- 第 15 章 51 购商城

本书特点

- 由浅入深，循序渐进。本书以初、中级程序员为对象，让他们先从 PHP 语言基础学起，再学习如何使用 PHP 语言进行 Web 交互开发及数据库开发等高级技术，最后学习开发一个完整的项目。讲解过程中步骤详尽，版式新颖，读者在阅读时一目了然，从而快速掌握书中内容。

- 教学视频，讲解详细。书中每一章节均提供声图并茂的教学视频。这些视频能够引导初学者快速入门，增强进一步学习的信心，从而快速成为编程高手。

- 实例典型，轻松易学。通过实例学习是非常好的学习方式，本书通过"一个知识点、一个实例、一个结果"的模式，透彻详尽地讲述了实际开发中所需的各类知识。另外，为了便于读者阅读程序代码，快速学习编程技能，书中的关键代码都提供了相应的注释。

- 学习笔记，学记无忧。本书根据需要在各章安排了学习笔记栏目，让读者可以在学习过程中轻松地理解相关知识点及概念，快速掌握个别技术的应用技巧。

读者对象

- 初学编程的自学者。
- 大中专院校的教师和学生。
- 毕业设计的学生。
- 程序测试及维护人员。
- 编程爱好者。
- 相关培训机构的教师和学员。
- 初、中级程序开发人员。
- 参加实习的"菜鸟"程序员。

读者服务

为了方便解决本书疑难问题，我们提供了多种服务方式，并由作者团队提供在线技术指导和社区服务，服务方式如下。

- 服务网站：www.mingrisoft.com
- 服务邮箱：mingrisoft@mingrisoft.com
- 企业 QQ：4006751066
- QQ 群：706013952
- 服务电话：400-67501966、0431-84978981

致读者

本书由明日科技 Web 开发团队组织编写，主要人员有何平、王小科、申小琦、赵宁、李菁菁、张鑫、周佳星、王国辉、李磊、赛奎春、杨丽、高春艳、冯春龙、张宝华、庞凤、宋万勇、葛忠月等。在编写过程中，我们以科学、严谨的态度，力求精益求精，但疏漏之处在所难免，敬请广大读者批评指正。

感谢您购买本书，希望本书能成为您编程路上的领航者。

祝读书快乐！

目　录

第一篇　基础篇

第 1 章　PHP 起步 1

　1.1　搭建 PHP 开发环境 1

　　1.1.1　phpStudy 的下载与安装 1

　　1.1.2　PHP 服务器的启动与停止 3

　　1.1.3　phpStudy 的常用设置 5

　1.2　PhpStorm 的下载与安装 6

　　1.2.1　PhpStorm 的下载 6

　　1.2.2　PhpStorm 的安装 8

　1.3　PhpStorm 的基本操作 14

　　1.3.1　创建 PHP 项目 14

　　1.3.2　打开已有项目 16

　　1.3.3　在项目中创建文件夹和文件 17

　1.4　PhpStorm 的常用设置 21

　　1.4.1　设置文件编码格式 21

　　1.4.2　其他常用设置 22

　1.5　小结 22

第 2 章　PHP 语言基础 23

　2.1　PHP 标记风格 23

　2.2　PHP 注释的应用 24

　2.3　PHP 的数据类型 26

　　2.3.1　数据类型 26

　　2.3.2　数据类型转换 27

　　2.3.3　检测数据类型 29

　2.4　PHP 常量 30

　　2.4.1　定义常量 30

2.4.2 预定义常量 31

2.5 PHP 变量 32

2.5.1 变量赋值及使用 33

2.5.2 PHP 预定义变量 35

2.6 PHP 操作符 36

2.6.1 算术操作符 36

2.6.2 字符串操作符 37

2.6.3 赋值操作符 38

2.6.4 递增或递减操作符 38

2.6.5 逻辑操作符 39

2.6.6 比较操作符 40

2.6.7 条件操作符 40

2.6.8 操作符的优先级 41

2.7 PHP 表达式 42

2.8 PHP 函数 43

2.8.1 定义和调用函数 43

2.8.2 在函数间传递参数 44

2.8.3 从函数中返回值 46

2.8.4 变量作用域 47

2.9 PHP 编码规范 48

2.9.1 PSR-1 编码规范 48

2.9.2 PSR-2 编码规范 49

2.10 小结 51

第 3 章 流程控制语句 52

3.1 条件控制语句 52

3.1.1 if 语句 52

3.1.2 if...else 语句 54

3.1.3 elseif 语句 55

3.1.4 switch 语句 56

3.2 循环控制语句 58

3.2.1 for 循环语句 58

3.2.2 while 循环语句 60

3.2.3 do...while 循环语句 61

3.3 跳转语句 62

    3.3.1 break 语句 62

    3.3.2 continue 语句 63

3.4 学习笔记 64

    学习笔记一：if...else 执行顺序 64

    学习笔记二：while 循环语句和 do...while 循环语句的区别 64

3.5 小结 65

第 4 章 字符串操作与正则表达式 66

4.1 字符串的定义方法 66

    4.1.1 使用单引号或双引号定义字符串 66

    4.1.2 使用定界符定义字符串 67

4.2 字符串操作 68

    4.2.1 去除字符串首尾空格和特殊字符 68

    4.2.2 获取字符串的长度 70

    4.2.3 截取字符串 73

    4.2.4 检索字符串 76

    4.2.5 替换字符串 79

    4.2.6 分割字符串、合成字符串 81

4.3 正则表达式 83

    4.3.1 正则表达式简介 83

    4.3.2 行定位符 83

    4.3.3 元字符 84

    4.3.4 限定符 84

    4.3.5 字符类 85

    4.3.6 排除字符 85

    4.3.7 选择字符 85

    4.3.8 转义字符 86

    4.3.9 分组 86

4.4 正则表达式在 PHP 中的应用 86

4.5 学习笔记 88

    学习笔记一：慎用 strlen() 函数处理中文字符 88

    学习笔记二：strstr() 函数和 strpos() 函数的区别 89

4.6 小结 89

第 5 章　PHP 数组应用 90

　5.1　什么是数组 90

　5.2　创建数组 91

　　5.2.1　使用 array() 函数创建数组 91

　　5.2.2　通过赋值方式创建数组 93

　5.3　数组的类型 93

　　5.3.1　数字索引数组 93

　　5.3.2　关联数组 94

　5.4　多维数组 95

　5.5　遍历数组 97

　5.6　统计数组元素个数 98

　5.7　查询数组中的指定元素 99

　5.8　获取数组中的最后一个元素 102

　5.9　向数组中添加元素 102

　5.10　删除数组中的重复元素 103

　5.11　其他常用数组函数 104

　　5.11.1　数组排序函数 104

　　5.11.2　数组计算函数 106

　5.12　学习笔记 107

　　学习笔记一：数组的索引 107

　　学习笔记二：使用 count() 函数计算二维数组的长度 107

　5.13　小结 108

第 6 章　面向对象的程序设计 109

　6.1　面向对象的基本概念 109

　　6.1.1　类的概念 109

　　6.1.2　对象的概念 109

　　6.1.3　面向对象编程的三大特点 110

　6.2　PHP 与对象 111

　　6.2.1　类的定义 111

　　6.2.2　成员方法 111

　　6.2.3　类的实例化 112

　　6.2.4　成员变量 113

　　6.2.5　类常量 114

6.2.6 构造方法和析构方法 115

6.2.7 继承和多态 118

6.2.8 "$this->" 和 "::" 的使用 122

6.2.9 数据隐藏 124

6.2.10 静态变量（方法）.. 127

6.3 PHP 对象的高级应用 128

6.3.1 final 关键字 128

6.3.2 抽象类 129

6.3.3 接口的使用 131

6.3.4 对象类型检测 133

6.3.5 魔术方法 (__) 133

6.4 面向对象的应用 138

6.5 学习笔记 140

学习笔记一：类和对象的关系 140

学习笔记二：方法与函数的区别 141

6.6 小结 141

第二篇 提高篇

第 7 章 PHP 与 Web 页面交互 142

7.1 Web 工作原理 142

7.1.1 HTTP 协议 142

7.1.2 Web 数据交互过程 143

7.2 HTML 表单 144

7.2.1 HTML 简介 144

7.2.2 HTML 表单结构 147

7.2.3 表单元素 148

7.3 CSS 美化表单页面 151

7.3.1 CSS 简介 151

7.3.2 插入 CSS 样式表 152

7.3.3 CSS 应用实例 155

7.4 JavaScript 表单验证 158

7.4.1 JavaScript 简介 158

7.4.2 调用 JavaScript 159

7.4.3　用户注册表单验证实例 160

7.5　PHP 获取表单数据 163

7.5.1　获取 POST 方式提交的表单数据 164

7.5.2　获取 GET 方式提交的表单数据 165

7.6　学习笔记 167

学习笔记一：Web 工作原理 167

学习笔记二：JavaScript 和 jQuery 168

7.7　小结 168

第 8 章　Cookie 与 Session 169

8.1　Cookie 管理 169

8.1.1　了解 Cookie 169

8.1.2　创建 Cookie 171

8.1.3　读取 Cookie 172

8.1.4　删除 Cookie 173

8.1.5　Cookie 的生命周期 174

8.1.6　7 天免登录功能的实现 174

8.2　Session 管理 180

8.2.1　了解 Session 180

8.2.2　创建会话 181

8.2.3　使用 Session 实现判断用户登录功能 182

8.3　Session 高级应用 185

8.3.1　Session 临时文件 185

8.3.2　Session 缓存 186

8.3.3　Session 数据库存储 187

8.4　学习笔记 192

学习笔记一：Cookie 和 Session 的区别 192

学习笔记二：Cookie 和 Session 的关系 193

8.5　小结 193

第 9 章　PHP 操作 MySQL 数据库 194

9.1　PHP 操作 MySQL 数据库的方法 194

9.1.1　连接 MySQL 服务器 194

9.1.2　选择 MySQL 数据库 196

9.1.3　执行 SQL 语句 197

9.1.4　将结果集返回到数组中 198

9.1.5　从结果集中获取一行作为对象 202

9.1.6　从结果集中获取一行作为枚举数组 204

9.1.7　从结果集中获取一行作为关联数组 205

9.1.8　获取查询结果集中的记录数 205

9.1.9　释放内存 206

9.1.10　关闭连接 207

9.2　管理 MySQL 数据库中的数据 207

9.2.1　添加数据 208

9.2.2　编辑数据 212

9.2.3　删除数据 217

9.3　学习笔记 219

学习笔记一：mysqli_fetch_array() 函数、mysqli_fetch_assoc() 函数、

mysqli_fetch_row() 函数和 mysqli_fetch_object() 函数的区别 219

学习笔记二：mysqli_prepare() 函数和 mysqli_stmt_prepare() 函数的区别 220

9.4　小结 220

第 10 章　PDO 数据库抽象层 221

10.1　什么是 PDO 221

10.1.1　PDO 概述 221

10.1.2　PDO 的特点 222

10.1.3　安装 PDO 222

10.2　PDO 连接数据库 223

10.2.1　PDO 构造函数 223

10.2.2　DSN 详解 224

10.3　在 PDO 中执行 SQL 语句 224

10.4　在 PDO 中获取结果集 226

10.4.1　fetch() 方法 226

10.4.2　fetchAll() 方法 229

10.4.3　fetchColumn() 方法 231

10.5　在 PDO 中捕获 SQL 语句中的错误 232

10.5.1　默认模式 233

10.5.2　警告模式 234

10.5.3　异常模式 235

10.6　PDO 中的错误处理 236

　　10.6.1　errorCode() 方法 236

　　10.6.2　errorInfo() 方法 236

10.7　PDO 中的事务处理 237

10.8　学习笔记 239

　　学习笔记一：为什么 PDO 能够防止 SQL 注入 239

　　学习笔记二：PDO 类和 PDOStatement 类的关系 239

10.9　小结 239

第 11 章　文件系统 240

11.1　文件处理 241

　　11.1.1　打开 / 关闭文件 241

　　11.1.2　从文件中读取数据 242

　　11.1.3　将数据写入文件 249

　　11.1.4　操作文件 250

11.2　目录处理 251

　　11.2.1　打开 / 关闭目录 251

　　11.2.2　浏览目录 252

　　11.2.3　操作目录 253

11.3　文件上传 254

　　11.3.1　配置 php.ini 文件 254

　　11.3.2　预定义变量 $_FILES 255

　　11.3.3　文件上传函数 258

　　11.3.4　多文件上传 262

11.4　文件下载 265

11.5　学习笔记 268

　　学习笔记一：file() 函数和 file_get_contents() 函数的区别 268

　　学习笔记二：设置表单属性 enctype 268

11.6　小结 268

第 12 章　图形图像处理技术 269

12.1　在 PHP 中加载 GD 库 269

12.2　GD 库的应用 270

　　12.2.1　创建简单的图像 270

　　12.2.2　使用 GD2 函数库在照片上添加文字 270

12.2.3 使用图像处理技术生成验证码 272

12.3 JpGraph 图像绘制库 277

12.3.1 JpGraph 的下载 277

12.3.2 JpGraph 的中文配置 278

12.3.3 JpGraph 的使用 278

12.4 JpGraph 典型应用 280

12.4.1 使用柱形图统计图书月销售量 280

12.4.2 使用折线图统计三本图书的销售量 282

12.4.3 使用 3D 饼形图统计各类商品的年销售额比率 284

12.5 学习笔记 285

学习笔记一：JpGraph 中文乱码 285

学习笔记二：如何使用 JpGraph 的其他图形 285

12.6 小结 286

第 13 章 PHP 与 AJAX 技术 287

13.1 AJAX 概述 288

13.1.1 什么是 AJAX 288

13.1.2 AJAX 的开发模式 288

13.1.3 AJAX 的优点 289

13.2 AJAX 使用的技术 289

13.2.1 AJAX 与 JavaScript 289

13.2.2 XMLHttpRequest 对象 289

13.3 AJAX 技术的典型应用 293

13.3.1 应用 AJAX 技术检测用户名 293

13.3.2 使用 jQuery 的 AJAX 操作函数 298

13.4 学习笔记 301

学习笔记一：浏览器兼容性问题 301

学习笔记二：使用 jQuery 的 AJAX 方法 301

13.5 小结 301

第 14 章 ThinkPHP 框架 302

14.1 ThinkPHP 简介 302

14.1.1 ThinkPHP 框架的特点 302

14.1.2 环境要求 303

14.1.3 下载 ThinkPHP 框架 304

14.2　ThinkPHP 基础 304
    14.2.1　目录结构 304
    14.2.2　自动生成目录 305
    14.2.3　快速生成新模块 307
    14.2.4　模块化设计 309
    14.2.5　执行流程 310
    14.2.6　命名规范 310
14.3　ThinkPHP 的配置 311
    14.3.1　配置格式 312
    14.3.2　调试配置 313
14.4　ThinkPHP 的控制器 313
    14.4.1　控制器的创建 313
    14.4.2　输入变量 316
    14.4.3　请求类型 317
    14.4.4　URL 生成 318
    14.4.5　跳转和重定向 319
    14.4.6　AJAX 返回 320
14.5　ThinkPHP 的模型 322
    14.5.1　模型定义 322
    14.5.2　实例化模型 323
    14.5.3　连接数据库 325
    14.5.4　连贯操作 325
    14.5.5　CURD 操作 327
14.6　ThinkPHP 的视图 333
    14.6.1　模板定义 333
    14.6.2　模板赋值 334
    14.6.3　指定模板文件 334
14.7　内置 ThinkTemplate 模板引擎 338
    14.7.1　变量输出 338
    14.7.2　使用函数 340
    14.7.3　内置标签 340
    14.7.4　模板继承 341
14.8　学习笔记 341
    学习笔记一：什么是单一入口 341

学习笔记二：为什么要使用 MVC 设计模式 342

14.9　小结 342

第三篇　项目篇

第 15 章　51 购商城 343

15.1　系统功能设计 343

15.1.1　系统功能结构 343

15.1.2　系统业务流程 344

15.2　系统开发必备 345

15.2.1　系统开发环境 345

15.2.2　文件夹组织结构 345

15.3　数据库设计 346

15.3.1　数据库概要说明 346

15.3.2　数据库逻辑设计 347

15.4　前台用户模块设计 349

15.4.1　会员注册模块 349

15.4.2　会员登录模块 353

15.5　前台首页模块设计 353

15.5.1　商品分类模块 355

15.5.2　商品列表模块 360

15.6　购物车模块设计 361

15.6.1　添加商品至购物车 361

15.6.2　查看购物车商品 363

15.6.3　清空购物车 365

15.6.4　添加收货地址 366

15.6.5　提交订单 369

15.7　后台模块设计 370

15.7.1　管理员登录模块 371

15.7.2　后台首页 372

15.7.3　商品模块 373

15.7.4　订单模块 374

15.7.5　其他模块 375

15.8　小结 376

第一篇 基础篇

第 1 章 PHP 起步

随着 PHP 7 的发布，PHP 的性能已经得到突破性的进展，在服务器端语言的使用数量上已经遥遥领先。要使用 PHP，首先要搭建 PHP 开发环境。由于大多数初学者使用 Windows 操作系统，所以针对 Windows 用户，本章会详细介绍 phpStudy 集成开发环境的下载、安装及使用。最后详细介绍 PhpStorm 开发工具的下载、安装及设置。

1.1 搭建 PHP 开发环境

在使用 PHP 前，首先需要搭建 PHP 开发环境。对 PHP 语言的初学者来说，Apache、PHP 及 MySQL 的安装和配置较为复杂，这时可以选择集成安装环境快速安装及配置 PHP 服务器。集成安装环境就是将 Apache、PHP 和 MySQL 等服务器软件整合在一起，免去了单独安装、配置服务器带来的麻烦，实现了 PHP 开发环境的快速搭建。

目前比较常用的集成安装环境有 phpStudy、WampServer 和 AppServer 等，它们都集成了 Apache 服务器、PHP 预处理器及 MySQL 服务器。本书以 phpStudy 为例介绍 PHP 服务器的安装与配置。由于 phpStudy 的版本会不断更新，因此这里以常用的 phpStudy 2016（以下简称 phpStudy）为例介绍 phpStudy 的下载与安装。

1.1.1 phpStudy 的下载与安装

phpStudy 的官方网址为：http://www.phpstudy.net，通过访问 phpStudy 的官方网站就可以下载 phpStudy。

下面以 Windows 7（64 位）系统为例，讲解 phpStudy 的安装步骤。

（1）下载完 phpStudy 安装文件的压缩包后，首先对该压缩包进行解压缩，然后双击 phpStudy 2016.exe 安装文件，此时将弹出如图 1.1 所示的对话框。选择存储路径，单击"确定"按钮，运行效果如图 1.2 所示。

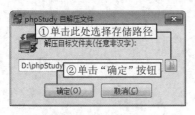

图 1.1　phpStudy 解压对话框

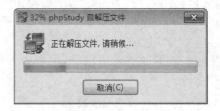

图 1.2　解压文件进度条

（2）解压文件完成后会弹出防止重复初始化的确认对话框，如图 1.3 所示。单击"是"按钮后进入 phpStudy 的启动页面，如图 1.4 所示。

图 1.3　防止重复初始化的确认对话框

图 1.4　phpStudy 启动页面

在 Apache 服务器和 MySQL 服务器启动成功之后，即完成了 phpStudy 的安装操作。打开浏览器，在地址栏中输入 http://localhost/ 或 http://127.0.0.1/ 后按 <Enter> 键，如果运行结果出现如图 1.5 所示的页面，则说明 phpStudy 安装成功。

📋 学习笔记

> 如果提示"没有安装 VC 9 运行库"，则需要到微软官方网站下载它。

（3）phpStudy 启动失败时的解决方法。

● 防火墙拦截。

为了减少出错，安装路径不得有汉字。如果有防火墙开启，则会提示是否信任 httpd、mysqld 运行，请选择全部允许。

● 80 端口已经被别的程序占用，如 IIS、迅雷等。

由于端口问题无法启动时，依次单击"其他选项菜单"→"环境端口检测"→"环境端口检测"→"检测端口"→"尝试强制关闭相关进程并启动"，如图 1.6 所示。

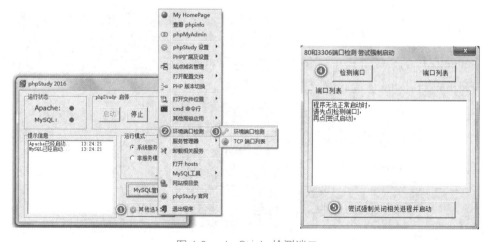

phpStudy 探针 for phpStudy 2014　　　　　　　　　not 不想显示 phpStudy 探针

服务器参数

服务器域名/IP地址	localhost(127.0.0.1)
服务器标识	Windows NT BYY-PC 6.1 build 7600 (Windows 7 Ultimate Edition) i586

服务器操作系统	Windows 内核版本：NT	服务器解译引擎	Apache/2.4.7 (Win32) OpenSSL/0.9.8y PHP/5.3.28
服务器语言	zh-CN	服务器端口	80
服务器主机名	BYY-PC	绝对路径	D:/phpStudy/WWW
管理员邮箱	admin@phpStudy.net	探针路径	D:/phpStudy/WWW/l.php

PHP已编译模块检测

Core bcmath calendar ctype date ereg filter ftp hash iconv json mcrypt SPL
odbc pcre Reflection session standard mysqlnd tokenizer zip zlib libxml dom PDO bz2
SimpleXML wddx xml xmlreader xmlwriter apache2handler Phar curl gd mbstring mysql mysqli pdo_mysql
PDO_ODBC pdo_sqlite sockets SQLite sqlite3 xmlrpc xsl mhash

PHP相关参数

PHP信息（phpinfo）：	PHPINFO	PHP版本（php_version）：	5.3.28
PHP运行方式：	APACHE2HANDLER	脚本占用最大内存（memory_limit）：	128M
PHP安全模式（safe_mode）：	×	POST方法提交最大限制（post_max_size）：	8M
上传文件最大限制（upload_max_filesize）：	2M	浮点型数据显示的有效位数（precision）：	14
脚本超时时间（max_execution_time）：	30秒	socket超时时间（default_socket_timeout）：	60秒
PHP页面根目录（doc_root）：	×	用户根目录（user_dir）：	×
dl()函数（enable_dl）：	×	指定包含文件目录（include_path）：	×
显示错误信息（display_errors）：	√	自定义全局变量（register_globals）：	×
数据反斜杠转义（magic_quotes_gpc）：	×	"<?...?>"短标签（short_open_tag）：	√
"<% %>"ASP风格标记（asp_tags）：	×	忽略重复错误信息（ignore_repeated_errors）：	×
忽略重复的错误源（ignore_repeated_source）：	×	报告内存泄漏（report_memleaks）：	√
自动字符串转义（magic_quotes_gpc）：	×	外部字符串自动转义（magic_quotes_runtime）：	×
打开远程文件（allow_url_fopen）：	√	声明argv和argc变量（register_argc_argv）：	×
Cookie 支持：	√	拼写检查（ASpell Library）：	×
高精度数学运算（BCMath）：	√	PREL相容语法（PCRE）：	√
PDF文档支持：	×	SNMP网络管理协议：	×
VMailMgr邮件处理：	×	Curl支持：	√
SMTP支持：	√	SMTP地址：	localhost
默认支持函数（enable_functions）：	请点这里查看详细！		
被禁用的函数（disable_functions）：			

图 1.5　phpStudy 安装成功运行页面

图 1.6　phpStudy 检测端口

1.1.2　PHP 服务器的启动与停止

PHP 服务器主要包括 Apache 服务器和 MySQL 服务器。重新启动计算机后，在默认

状态下，Apache 服务器和 MySQL 服务器是停止的，下面介绍在 phpStudy 中启动与停止这两种服务器的方法。

1. 启动服务器和停止服务器

双击 phpStudy 快捷方式图标打开 phpStudy，打开后的页面如图 1.7 所示，单击"启动"按钮即可同时启动 Apache 服务器和 MySQL 服务器，启动后的结果如图 1.8 所示。

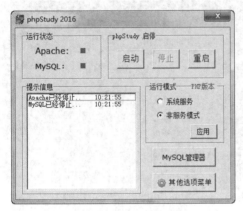

图 1.7　phpStudy 的打开页面　　　　　　图 1.8　启动服务器

如果想要停止 Apache 服务器和 MySQL 服务器，只需要单击图 1.8 中的"停止"按钮即可。另外，单击图 1.8 中的"重启"按钮还可以重启这两种服务器。

2. 设置开机自动启动服务

在 phpStudy 的启动界面中选择"系统服务"单选按钮，然后单击"应用"按钮，即可实现开机自动启动服务的功能，如图 1.9 所示。

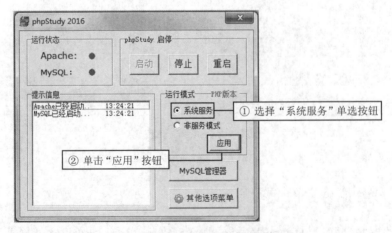

图 1.9　设置开机自动启动服务

1.1.3 phpStudy 的常用设置

phpStudy 的强大之处在于其配置的灵活性，用户可以根据个人需求方便快捷地配置相关设置。下面介绍 phpStudy 的一些常用配置。

1．PHP 版本切换

phpStudy 启动后，默认使用的 PHP 版本是 Apache + PHP 5.3，如果你的项目需要使用其他服务器（如 Nginx）或其他 PHP 版本，则可以使用 phpStudy 快速切换。依次单击"其他选项菜单"→"PHP 版本切换"→"PHP 版本选择"中的"Apache + PHP 7.0n"→"应用"，如图 1.10 所示。

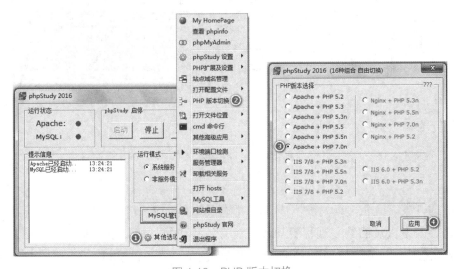

图 1.10　PHP 版本切换

📋 **学习笔记**

> PHP 5.3、PHP 5.4 和 Apache 是用 VC 9 编译的，使用时必须安装 VC 9 运行库才能运行；PHP 5.5、PHP 5.6 是用 VC 11 编译的，使用时必须安装 VC 11 运行库才能运行；PHP 7.0、PHP 7.1 是用 VC 14 编译的，使用时必须安装 VC 14 运行库才能运行。

2．开启 PHP 扩展设置

在开发某些项目时，会使用 PHP 扩展库中的扩展。在通常情况下，如果要开启某个扩展，以 php_fileinfo.dll（Bzip2 压缩函数库）为例，则需要打开 php.ini 文件，修改后的代码如下：

```
extension=php_fileinfo.dll // 去除前面的分号
```

现在，使用 phpStudy 开启扩展，操作过程将变得非常简单，依次单击"其他选项菜单"→"PHP 扩展及设置"→"PHP 扩展"，然后勾选相应的扩展即可，如图 1.11 所示。

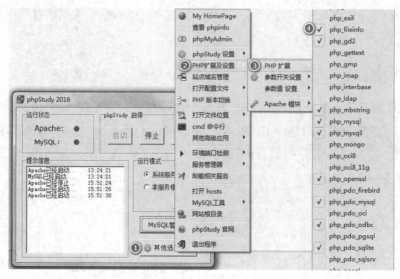

图 1.11　开启 PHP 扩展

1.2　PhpStorm 的下载与安装

PHP 的开发工具很多，每种开发工具都有各自的优势。在编写程序时，一款好的开发工具会使开发人员的编码过程更加轻松、有效和快捷，达到事半功倍的效果。本书中是以 PhpStorm 为开发工具对 PHP 程序进行开发的。应用 PhpStorm 开发 PHP 程序有许多优点，它可以提高用户效率，提供智能代码补全、快速导航及即时检查错误的功能。PhpStorm 的版本会不断更新，这里以常用的 PhpStorm 9.0.3（以下简称 PhpStorm）为例，介绍 PhpStorm 的下载与安装。

1.2.1　PhpStorm 的下载

PhpStorm 是 JetBrains 公司开发的一款商业的 PHP 集成开发工具，其不同版本可以通过官方网站进行下载。下载地址为：http://www.jetbrains.com/phpstorm。

下载 PhpStorm 的步骤如下。

（1）在浏览器中输入 http://www.jetbrains.com/phpstorm，按 <Enter> 键进入 PhpStorm 的主页面，然后单击 Download 按钮，如图 1.12 所示。

图 1.12　PhpStorm 的主页面

（2）在弹出的页面中单击 Previous versions 超链接，如图 1.13 所示。

图 1.13　单击 Previous versions 超链接

（3）此时进入 PhpStorm 不同版本的下载页面，单击页面中的 PhpStorm-9.0.3.exe 超链接，如图 1.14 所示。

PhpStorm 9

Initial release date: July 8, 2015
Latest version: PhpStorm 9.0.3 (build 141.3058, May 11, 2016)

单击该超链接准备下载

Platform	PhpStorm
Windows	PhpStorm-9.0.3.exe
Mac OS X	PhpStorm-9.0.3.dmg
Mac OS X 10.10+ w/ bundled JDK 1.8	PhpStorm-9.0.3-custom-jdk-bundled.dmg
Unix	PhpStorm-9.0.3.tar.gz
ZIP	PhpStorm-9.0.3.zip

图 1.14　PhpStorm 9.0.3 的下载页面

（4）在弹出的对话框中单击"下载"按钮，即可将 PhpStorm 的安装文件下载到本地计算机上。

1.2.2 PhpStorm 的安装

PhpStorm 的安装步骤如下。

（1）双击下载的 PhpStorm-9.0.3.exe 安装文件，打开 PhpStorm 的安装欢迎页面，单击 Next 按钮，如图 1.15 所示。

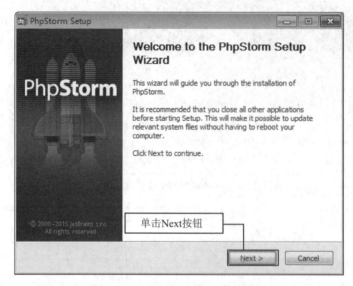

图 1.15　PhpStorm 安装欢迎页面

（2）在弹出的 PhpStorm 许可协议页面中单击 I Agree 按钮，如图 1.16 所示。

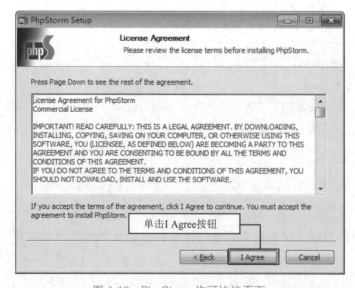

图 1.16　PhpStorm 许可协议页面

（3）在弹出的选择安装路径页面中设置 PhpStorm 的安装路径，这里将安装路径设置为 D:\PhpStorm 9.0.3。设置好 PhpStorm 的安装路径后，单击 Next 按钮，如图 1-17 所示。

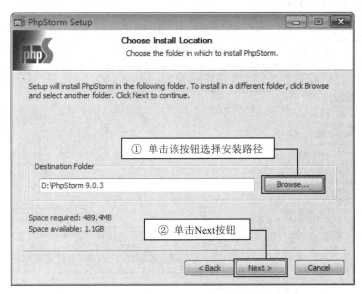

图 1.17　PhpStorm 选择安装路径页面

（4）在弹出的 PhpStorm 安装选项页面中可以设置是否创建 PhpStorm 的桌面快捷方式，还可以选择创建关联文件。设置完成后单击 Next 按钮，如图 1.18 所示。

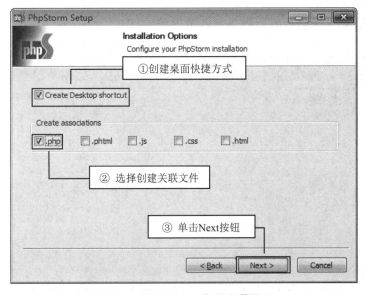

图 1.18　PhpStorm 安装选项页面

（5）在弹出的页面中单击 Install 按钮开始安装 PhpStorm，如图 1.19 所示。

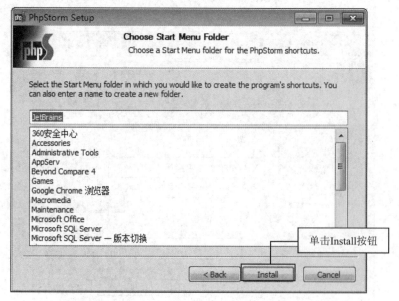

图 1.19　单击 Install 按钮

（6）PhpStorm 正在安装页面如图 1.20 所示。

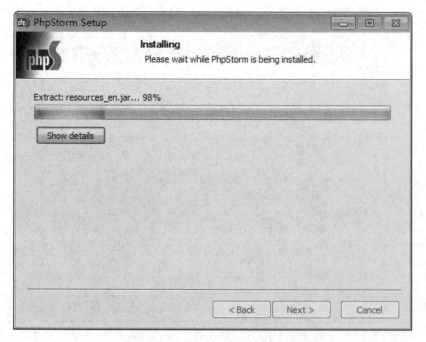

图 1.20　PhpStorm 正在安装页面

（7）安装结束后打开如图 1.21 所示的完成安装页面，在该页面中选择 Run PhpStorm 复选框，然后单击 Finish 按钮即可运行 PhpStorm。

图 1.21　PhpStorm 完成安装页面

（8）首次运行 PhpStorm 时，会弹出如图 1.22 所示的对话框，提示用户是否需要导入 PhpStorm 上一版本的配置，这里保持默认选项即可。

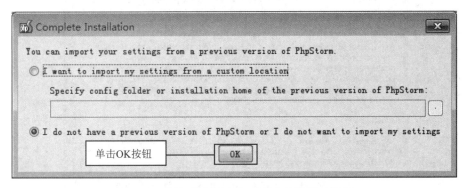

图 1.22　提示是否导入上一版本的配置对话框

（9）单击 OK 按钮，打开 PhpStorm 的许可证激活页面。由于 PhpStorm 是收费软件，因此这里选择的是 30 天试用版。如果想使用正式版，则可以通过官方渠道购买。然后单击 OK 按钮，如图 1.23 所示。

图 1.23　PhpStorm 许可证激活页面

（10）在弹出的 PhpStorm 许可协议页面中，选中 Accept all terms of the license 复选框接受许可协议，然后单击 OK 按钮，如图 1.24 所示。

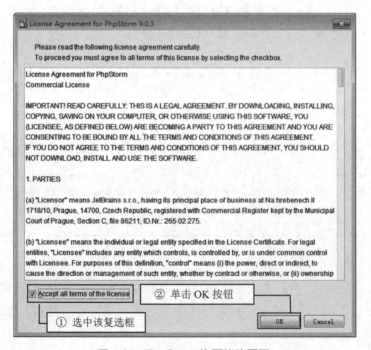

图 1.24　PhpStorm 许可协议页面

（11）此时将打开 PhpStorm 的欢迎页面，同时弹出 PhpStorm 的初始配置对话框，如图 1.25 所示。这里保持默认选项即可，直接单击 OK 按钮关闭初始配置对话框。

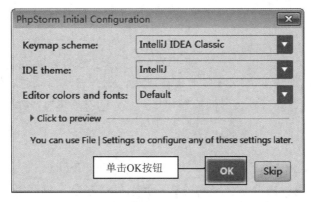

图 1.25　PhpStorm 初始配置对话框

（12）此时将进入 PhpStorm 的欢迎页面，如图 1.26 所示。这就表示 PhpStorm 启动成功了。

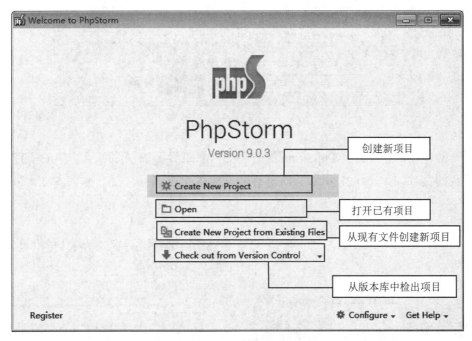

图 1.26　PhpStorm 的欢迎页面

1.3 PhpStorm 的基本操作

1.3.1 创建 PHP 项目

PhpStorm 安装完成后，如果还没有创建项目，则在首次启动时将进入到如图 1.26 所示的欢迎页面。在该页面可以执行创建新项目、打开已有项目等操作。

创建 PHP 项目的具体步骤如下。

（1）在 PhpStorm 的欢迎页面中单击 Create New Project 按钮，打开 Create New Project 对话框，如图 1.27 所示。首先选择项目存储路径，这里将项目文件夹存储在 D:\phpStudy\WWW 目录下，然后输入新创建的项目名称 myProject，最后单击 OK 按钮即可完成 PHP 新项目的创建。

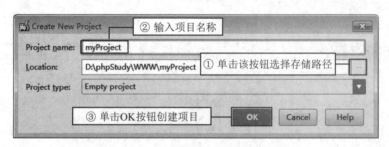

图 1.27 创建新项目对话框

（2）创建项目后会打开 PhpStorm 的主界面，在主界面的左侧显示新建的项目名称及自动生成的文件，如图 1.28 所示。同时会弹出如图 1.29 所示的提示框，单击 Close 按钮将其关闭。

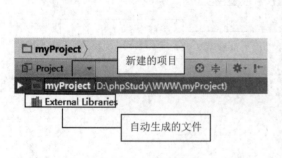

图 1.28 创建项目后的主界面

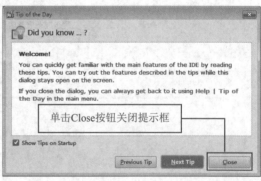

图 1.29 提示框

📋 **学习笔记**

在默认情况下，每次打开 PhpStorm 时都会弹出如图 1.29 所示的提示框。如果不想弹出该提示框，则取消勾选图 1.29 中的 Show Tips on Startup 复选框即可。

如果应用 PhpStorm 创建过项目，打开 PhpStorm 后会进入 PhpStorm 的主界面，主界面中会默认打开之前创建过的项目，并弹出如图 1.29 所示的提示框，可以单击 Close 按钮将其关闭，然后新建一个 PHP 项目，具体步骤如下。

（1）选择菜单栏中的 File → New Project 命令，如图 1.30 所示。选择该命令后，将弹出如图 1.31 所示的 Create New Project 对话框。在对话框中首先选择项目存储路径，将项目文件夹存储在 D:\phpStudy\WWW 目录下，然后输入新创建的项目名称 test，最后单击 OK 按钮创建项目。

图 1.30　选择 New Project 命令

图 1.31　创建新项目对话框

（2）此时会弹出 Open Project 对话框，如图 1.32 所示。单击 This Window 按钮，在当前窗口中打开创建的项目，此时在主界面的左侧会显示新建的项目名称及自动生成的文件，如图 1.33 所示。

图 1.32　打开项目对话框

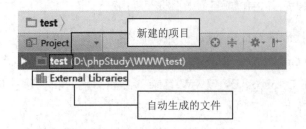

图 1.33　新建的项目目录

学习笔记

　　如果在创建项目时弹出如图 1.34 所示的对话框，则说明 WWW 目录下已经存在该项目名称的文件夹，此时单击 Yes 按钮将其替换即可。

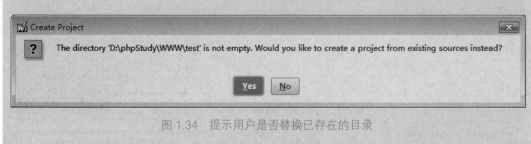

图 1.34　提示用户是否替换已存在的目录

1.3.2　打开已有项目

应用 PhpStorm 还可以打开已有项目，具体方法如下。

（1）选择菜单栏中的 File → Open Directory 命令，如图 1.35 所示。单击该命令后，将弹出如图 1.36 所示的 Select Path 对话框。

（2）在图 1.36 所示的对话框中选择要打开的项目，然后单击 OK 按钮，会弹出 Open Project 对话框，如图 1.37 所示。在该对话框中可以对项目的打开方式进行选择，单击

This Window 按钮即可在当前窗口中打开项目。

图 1.35　单击 Open Directory 命令

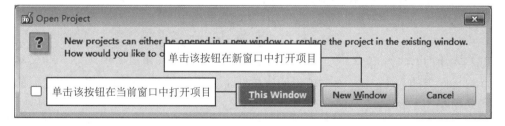

图 1.36　选择要打开的项目

图 1.37　打开项目对话框

1.3.3　在项目中创建文件夹和文件

在 PHP 项目创建完成之后，接下来就可以在项目中创建文件夹和文件了。下面介绍在项目中创建文件夹及文件的方法。

1. 在项目中创建文件夹

在项目 myProject 中创建一个名为 css 的文件夹，具体步骤如下。

（1）在项目名称 myProject 上单击鼠标右键，在弹出的快捷菜单中依次选择 New →
Directory 命令，如图 1.38 所示。

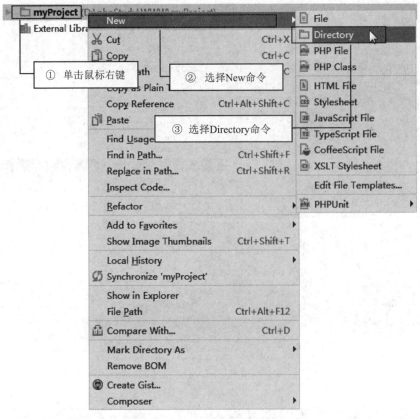

图 1.38　在项目中创建文件夹

（2）选择 Directory 命令后，将弹出新建文件夹对话框，如图 1.39 所示，在文本框中
输入新建文件夹的名称 css，然后单击 OK 按钮，完成文件夹 css 的创建，创建后的项目
文件夹结构如图 1.40 所示。

图 1.39　输入新建文件夹名称

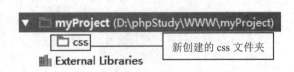

图 1.40　创建后的项目文件夹结构

2. 在项目中创建 PHP 文件

在项目 myProject 中创建一个 PHP 文件 index.php，具体步骤如下。

（1）在项目名称 myProject 上单击鼠标右键，在弹出的快捷菜单中依次选择 New →
PHP File 命令，如图 1.41 所示。

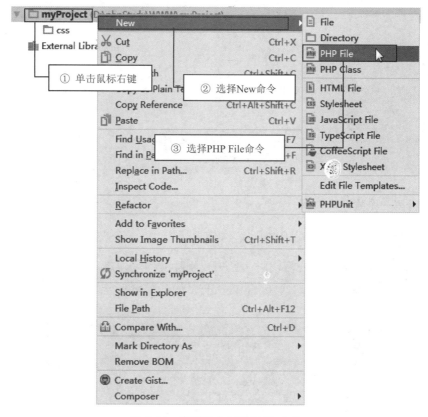

图 1.41　在项目中创建 PHP 文件

（2）选择 PHP File 命令后，弹出新建 PHP 文件对话框，如图 1.42 所示，在文本框中
输入 PHP 文件的名称 index，然后单击 OK 按钮，完成 index.php 文件的创建。此时，开
发工具会自动打开创建的 index.php 文件，如图 1.43 所示。

图 1.42　输入 PHP 文件的名称

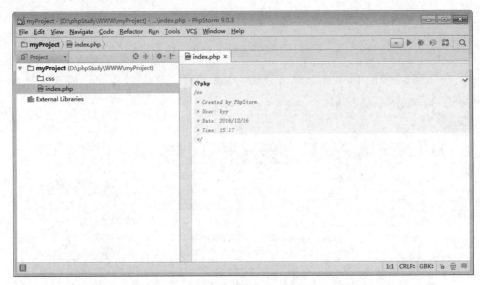

图 1.43 自动打开创建的 index.php 文件

3. 运行第一个程序

下面来编写并运行第一个 PHP 程序，具体步骤如下。

（1）在 index.php 文件中编写代码，首先要删除文件创建之后默认生成的代码，然后在页面中编写代码，输出字符串"Hello World!"，如图 1.44 所示。

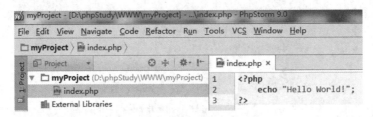

图 1.44 在文件中编写代码

（2）打开浏览器，在地址栏中输入 http://localhost/myProject/index.php，按 <Enter> 键即可查看 index.php 页面的运行结果，如图 1.45 所示。

图 1.45 运行第一个 PHP 程序

1.4 PhpStorm 的常用设置

PhpStorm 的功能十分强大，它可以帮助用户快速有效地完成项目的创建，为用户操作提供方便。下面介绍在程序开发过程中 PhpStorm 的一些常用设置。

1.4.1 设置文件编码格式

现在的 PHP 标准要求 PHP 文件的编码格式为 UTF-8，下面介绍两种设置文件编码格式的方法。

1. 设置项目的编码格式

为保证整个项目的编码格式为 UTF-8，在创建完项目前，先设置项目的编码格式。选择菜单栏中的 File → Settings 命令，在弹出对话框的搜索栏中输入 encodings，将 Project Encoding 设置为 UTF-8，具体操作如图 1.46 所示。

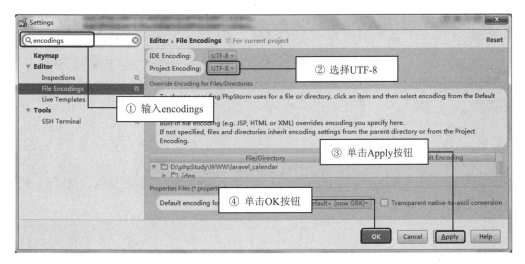

图 1.46 设置 PhpStorm 的编码格式

2. 更改单个文件的编码格式

当从外面复制一个文件到项目中时，如果该文件的编码格式为 GBK，则需要将其更改为 UTF-8。此时，可以使用 PhpStorm 更改单个文件的编码格式。使用 PhpStorm 打开该文件，单击 PhpStorm 右下角的文件编码（如 GBK），在弹出的列表中选择 UTF-8，然后在弹出的对话框中单击 Convert 按钮，具体操作如图 1.47 所示。

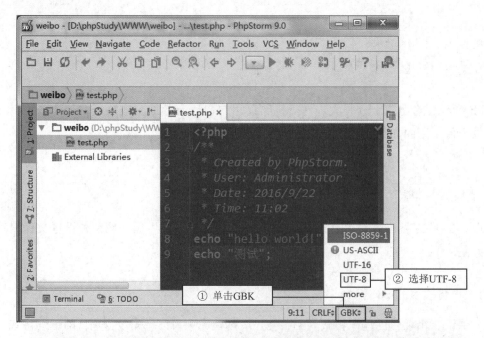

图 1.47　更改编码为 UTF-8

1.4.2　其他常用设置

在 PhpStorm 的 Settings 选项中，还可以设置 PhpStorm 的主题、字体、颜色等。此外，还可以为 PhpStorm 添加实用插件，更多功能请查阅官方网站。

1.5　小结

本章主要介绍了在 Windows 下如何搭建 PHP 开发环境，包括 phpStudy 集成环境的下载、安装和使用等知识。接着介绍了 PhpStorm 开发工具的下载、安装及设置。此外，还编写了第一个 PHP 程序——输出 "Hello World!"。希望读者通过本章的学习对 PHP 有一个初步的了解，并能够配置好开发环境，为接下来的开发之旅做好准备。

第2章　PHP 语言基础

无论是初出茅庐的"菜鸟"，还是资历深厚的"高手"，没有扎实的基础做后盾都是不行的。PHP 的特点是易学、易用，但这并不代表随随便便就可以熟练掌握。随着知识的深入，PHP 会越来越难学，基础的重要性也越加明显。掌握了基础，就等于有了坚固的地基。

2.1　PHP 标记风格

PHP 和其他几种 Web 语言一样，都是使用一对标记对将 PHP 代码部分包含的，以便和 HTML 代码相区分。PHP 一共支持 4 种标记风格，下面分别对其进行介绍。

① XML 风格

```
01  <?php
02      echo " 这是 XML 风格的标记 ";
03  ?>
```

XML 风格的标记是本书所使用的标记，也是推荐使用的标记，服务器不能禁用它。该风格的标记在 XML、XHTML 中都可以使用。

② 脚本风格

```
01  <script language="php">
02      echo ' 这是脚本风格的标记 ';
03  </script>
```

③ 简短风格

```
<? echo ' 这是简短风格的标记 '; ?>
```

④ ASP 风格

```
01  <%
02      echo ' 这是 ASP 风格的标记 ';
03  %>
```

📋 **学习笔记**

如果要使用简短风格和 ASP 风格的标记，需要在 php.ini 文件中对其进行设置。打开 php.ini 文件，将 short_open_tag 和 asp_tags 都设置为 On，重启 Apache 服务器即可。

📋 **学习笔记**

这里推荐使用 XML 风格的标记，其原因可以参考 2.9 节的 PHP 编码规范。

2.2 PHP 注释的应用

注释即代码的解释和说明，一般放到代码的上方或代码的尾部（放尾部时，代码和注释之间以 <tab> 键进行分隔，以方便程序阅读），用来说明代码或函数的编写人、用途、时间等。注释不会影响到程序的执行，因为在执行程序时，注释部分会被解释器忽略不计。

PHP 支持 3 种风格的注释。

① 单行注释（//）

这是一种来源于 C++ 语法的注释模式，可以写在 PHP 语句的上面，也可以写在 PHP 语句的后面。

```
01  <?php
02      // 这是写在 PHP 语句上面的单行注释
03      echo '使用 C++ 风格的注释';
04  ?>
```

```
01  <?php
02      echo '使用 C++ 风格的注释';      // 这是写在 PHP 语句后面的单行注释
03  ?>
```

② 多行注释（/*…*/）

这是一种来源于 C 语法的注释模式，可以分为块注释和文档注释。

块注释：

```
01  <?php
02      /*
03      $a = 1;
04      $b = 2;
```

```
05      echo ($a + $b);
06      */
07      echo 'PHP 的多行注释 ';
08  ?>
```

文档注释：

```
01  <?php
02  /* 说明：项目工具类
03   * 作者：mrsoft
04   * E-mail:mingrisoft@mingrisoft.com
05   */
06  class Util
07  {
08      /**
09       * 方法说明：给字符串加前缀
10       * 参数：String $str
11       * 返回值：String
12       */
13      function addPrefix ($str)
14      {
15          $str.= 'mingri';
16          return $str;
17      }
18  }
19  ?>
```

🗒 学习笔记

多行注释是不允许进行嵌套操作的。

③ # 号风格的注释（#）

```
01  <?php
02      echo ' 这是 # 号风格的注释 ';              # 这是 UNIX 风格的单行注释
03  ?>
```

🗒 学习笔记

在单行注释中的内容不要出现 "?>" 标志，因为这会使解释器认为 PHP 脚本结束，而不去执行 "?>" 后面的代码。例如：

```
01  <?php
02      echo ' 这样会出错的！！！！！！ '              // 解释器不会看到 ?> 后面的代码
03  ?>
```

上述代码的运行结果为：

这样会出错的！！！！！解释器不会看到 ?> 后面的代码

2.3 PHP 的数据类型

2.3.1 数据类型

PHP 一共支持 8 种原始数据类型，其中包括四种标量类型，即 integer（整型）、float/double（浮点型）、string（字符串型）和 boolean（布尔型）；两种复合数据类型，即 array（数组）和 object（对象）；两种特殊数据类型，即 resource（资源）与 null（空）。数据类型及说明如表 2.1 所示。

表 2.1 数据类型及说明

类　　型	说　　明
integer（整型）	整型只能包含整数，可以是正数或负数
float（浮点型）	浮点型用于存储数字，和整型不同的是它有小数位
string（字符串型）	字符串型就是连续的字符序列，可以是计算机所能表示的一切字符的集合
boolean（布尔型）	这是很简单的类型。只有两个值，即真（true）和假（false）
array（数组）	数组用来保存具有相同类型的多个数据项
object（对象）	对象用来保存类的实例
resource（资源）	资源是一种特殊的变量类型，保存了到外部资源的一个引用，如打开文件、数据库连接、图形画布区域等
null（空）	没有被赋值、已经被重置或被赋值为特殊值 null 的变量

输出个人信息

本实例将使用 echo 语句输出个人信息，包括"姓名""性别""年龄""身高""体重"，代码如下：

```
01  <?php
02      $name = "明日科技小助手";
03      $gender = "女";
04      $age  = 18;
05      $height = 170;
06      $weight = 45.5;
07      echo "姓名：".$name."<br>";
```

```
08      echo "性别 :".$gender."<br>";
09      echo "年龄 :".$age." 岁 <br>";
10      echo "身高 :".$height." 厘米 <br>";
11      echo "体重 :".$weight." 公斤 <br>";
12  ?>
```

上述代码中，包含的数据类型有字符串型、整型和浮点型，运行结果如图 2.1 所示。

图 2.1　个人信息输出结果

📋 **学习笔记**

> 　　上述代码中，"."是字符串连接符，"<br>"是换行标记，"echo"是 PHP 的输出语句，可将文本内容显示在浏览器上。常用的输出语句还有 var_dump() 函数和 print_r() 函数。

2.3.2　数据类型转换

PHP 是弱类型语言（或动态语言），不需要像 C 语言一样在使用变量前必须先声明变量的类型。在 PHP 中，变量的类型是由赋给它的值确定的。例如：

```
01  <?php
02      $var1 = 'Hello World';          // 给变量 var1 赋值
03      $var2 = 521;                    // 给变量 var2 赋值
04  ?>
```

📋 **学习笔记**

> 　　代码中"="不是数学中的"等于"，它是赋值操作符，将"="右边的值赋给"="左边的变量。

　　上述代码中，变量 var1 为字符串型，变量 var2 为整型。虽然 PHP 不需要先声明变量的类型，但是有时仍然需要用到类型转换。PHP 中的类型转换非常简单，只需在变量前加上用括号括起来的类型名称即可。类型强制转换如表 2.2 所示。

表 2.2 类型强制转换

转换操作符	转换类型	举例
(int)，(integer)	转换为整型	(int)$boo、(integer)$str
(bool)，(boolean)	转换为布尔型	(bool)$num、(boolean)$str
(string)	转换为字符串型	(string)$boo
(array)	转换为数组	(array)$str
(float)，(double)，(real)	转换为浮点型	(float)$str、(double)$str
(object)	转换为对象	(object)$str
(unset)	转换为 null	(unset)$str

📋 学习笔记

在进行类型转换的过程中应该注意以下内容：转换为布尔型时，null、0 和未赋值的变量或数组会被转换为 false，其他为 true。转换为整型时，布尔型的 false 转换为 0，true 转换为 1；浮点型的小数部分被舍去；如果字符串型以数字开头就截取到非数字位，否则输出 0。

类型转换还可以通过 settype() 函数来完成，该函数可以将指定的变量转换成指定的数据类型。

```
bool settype ( mixed $var, string $type )
```

参数 var 为指定的变量，参数 type 为指定的类型，参数 type 有 7 个可选值，即 boolean、float、integer、array、null、object 和 string。如果转换成功则返回 true，否则返回 false。

当字符串型转换为整型或浮点型时，如果字符串是以数字开头的，就会先把数字部分转换为整型，再舍去后面的字符串；如果数字中含有小数点，则会取到小数点前一位。

将指定的字符串进行类型转换

本实例使用以上两种方法将指定的字符串进行类型转换，并比较两种方法之间的不同。代码如下：

```
01  <?php
02      $num = '3.1415926r*r';                      // 声明一个字符串变量
03      echo '将字符串型数据转化为整型的结果是：';
```

```
04        echo (int)$num;                          // 使用 integer 转换类型
05        echo '<br>';
06        $result = settype($num,'integer');        // 使用 settype 函数转换类型
07        echo '使用 settype 函数转换变量 $num 类型，函数的返回值为: '.$result;
08        echo '<br>';
09        echo '输出转化后 $num 的值: '.$num;         // 输出原始变量 $num
10    ?>
```

运行结果如图 2.2 所示。

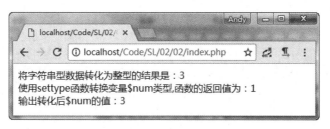

图 2.2　类型转换

可以看到，使用 (int) 能直接输出转换后的变量类型，并且原变量不发生任何变化。而使用 settype() 函数返回的是布尔值，也就是 true，原变量发生了改变。在实际应用中，可根据实际情况自行选择转换方式。

2.3.3　检测数据类型

PHP 还内置了检测数据类型的系列函数，可以对不同类型的数据进行检测，判断其是否属于某种数据类型，如果属于某种数据类型则返回 true，否则返回 false。检测数据类型的函数如表 2.3 所示。

表 2.3　检测数据类型的函数

函　　数	检测类型说明	举　　例
is_bool	检查变量是否为布尔型	is_bool(true)、is_bool(false)
is_string	检查变量是否为字符串型	is_string('string')、is_string(1234)
is_float/is_double	检查变量是否为浮点型	is_float(2.1415)、is_float('2.1415')
is_integer/is_int	检查变量是否为整型	is_integer(34)、is_integer('34')
is_null	检查变量是否为 null	is_null(null)
is_array	检查变量是否为数组	is_array($arr)
is_object	检查变量是否为一个对象	is_object($obj)
is_numeric	检查变量是否为数字或由数字组成的字符串	is_numeric('5')、is_numeric('bccd110')

由于检测数据类型的函数的功能和用法都是相同的，下面使用 is_numeric() 函数来检测变量中的数据是否全由数字组成，从而了解并掌握 is 系列函数的用法。代码如下：

```php
01  <?php
02      $boo = "043112345678";                       // 声明一个全由数字组成的字符串变量
03      if(is_numeric($boo)){                        // 判断该变量是否全由数字组成
04          echo "Yes,the \$boo is a phone number: $boo!"; // 如果是，输出该变量
05      }else{
06          echo "Sorry,This is an error!";          // 否则，输出错误语句
07      }
08      if(is_null($boo)){                           // 判断变量是否为 null
09          echo "<p>$boo is null</p>";
10      }else{
11          echo "<p>$boo is not null</p>";
12      }
13  ?>
```

输出结果如下：

```
Yes,the $boo is a phone number: 043112345678!
043112345678 is not null
```

2.4   PHP 常量

常量是一个简单值的标识符（名字）。如同其名称所暗示的，在脚本执行期间该值不能改变，常量默认为大小写敏感。一个常量由英文字母、下画线和数字组成，但数字不能作为首字符出现。传统上常量标识符总是大写的。

2.4.1   定义常量

在 PHP 中使用 define() 函数来定义常量，该函数的语法格式为：

```
define(string $constant_name,$mixed value,$case_sensitive=false)
```

该函数有以下 3 个参数。

● constant_name：必选参数，常量名称，即标识符。

● value：必选参数，常量的值。

● case_sensitive：可选参数，指定是否大小写敏感，默认为 false，表示大小写敏感。

定义完常量后，使用常量名可以直接获取常量值。例如：

```
01  <?php
02      define ("MESSAGE","我是一名 PHP 程序员");
03      echo "MESSAGE is:".MESSAGE."<br>";        // 输出常量 MESSAGE
04      echo "Message is:".Message."<br>";        // 输出错误提示，因为常量区分大小写
05  ?>
```

运行结果如下：

MESSAGE is：我是一名 PHP 程序员
Notice：Use of undefined constant Message

2.4.2　预定义常量

在 PHP 开发过程中，开发者们经常会使用一些通用的信息，PHP 已经将这些信息定义为常量，不需要开发者重新定义，这就是预定义常量。PHP 的预定义常量如表 2.4 所示。

表 2.4　PHP 的预定义常量

常　量　名	功　　能
__FILE__	默认常量，PHP 程序文件名
__LINE__	默认常量，PHP 程序行数
PHP_VERSION	内建常量，PHP 程序的版本，如 php6.0.0-dev
PHP_OS	内建常量，执行 PHP 解析器的操作系统名称，如 Windows
TRUE	该常量是一个真值（true）
FALSE	该常量是一个假值（false）
NULL	一个 null 值
E_ERROR	该常量指到最近的错误处
E_WARNING	该常量指到最近的警告处
E_PARSE	该常量指到解析语法有潜在问题处
E_NOTICE	该常量为发生不寻常处的提示但不一定是错误处

📋 学习笔记

　　__FILE__ 和 __LINE__ 中的"__"是两条下画线，而不是一条"_"。

📋 学习笔记

　　表 2.4 中以 E_ 开头的预定义常量，是 PHP 的错误调试部分。如需详细了解，请参考 error_reporting() 函数。

预定义常量与用户自定义常量在使用上没什么差别，直接获取常量值即可。例如，下面使用预定义常量输出 PHP 中的信息。代码如下：

```php
01  <?php
02      echo " 当前文件路径： ".__FILE__;                // 输出 __FILE__ 常量
03      echo "<br> 当前行数：".__LINE__;                 // 输出 __LINE__ 常量
04      echo "<br> 当前 PHP 版本信息：".PHP_VERSION;     // 输出 PHP 版本信息
05      echo "<br> 当前操作系统：".PHP_OS ;              // 输出系统信息
06  ?>
```

运行结果如下：

```
当前文件路径： D:\phpStudy\WWW\Code\test.php
当前行数：3
当前 PHP 版本信息：5.5.30
当前操作系统：WINNT
```

📋 **学习笔记**

根据每个用户操作系统和软件版本的不同，所得到的结果也不一定相同。

2.5　PHP 变量

把一个值赋给一个名字，例如把值"明日科技小助手"赋给 $name，$name 就称为变量。在大多数编程语言中，都把这种情况称为"把值存储在变量中"。在计算机内存中的某个位置，字符串序列 " 明日科技小助手 " 已经存在。你不需要知道它们到底在哪里，只需要告诉 PHP 这个字符串序列的名字是 $name，从现在开始就要通过这个名字来引用这个字符串序列。这个过程就像快递存放处一样，内存就像一个巨大的货物架，在 PHP 中使用变量就像给快递贴标签，如图 2.3 所示。

顾客的快递存放在货物架上，上面贴着写有编号的标签。当顾客来取快递时，并不需要知道它们存放在这个大型货架的具体位置，只需要提供编号，快递员就会把快递交送到顾客手上。实际上，顾客的快递可能并不在原先所放的位置，不过快递员会记录快递的位置，要取回顾客的快递，只需要提供顾客的编号即可。变量也一样，你不需要知道信息存储在内存中的哪个位置，只需要记住存储变量时所用的名字即可。

图 2.3　货物架中贴着标签的快递

2.5.1　变量赋值及使用

在 PHP 中使用变量之前不需要声明变量（PHP 4 之前需要声明变量），只需为变量赋值即可。PHP 中的变量名称用"$+ 标识符"表示。标识符是由字母、数字和下画线组成的，并且不能以数字开头。另外，变量名是区分大小写的。

变量赋值是指给变量赋予一个具体的数据值，对于字符串和数字类型的变量，可以通过"="来实现，其格式为：

```
$name = value;
```

对变量命名时，要遵循变量命名规则。下面的变量命名是合法的：

```
01  <?php
02      $thisCup="oink";
03      $_Class="roof ";
04  ?>
```

下面的变量命名则是非法的：

```
01  <?php
02      $11112_var=11112;           // 变量名不能以数字开头
03      $@spcn = "spcn";            // 变量名不能以字母或下画线以外的其他字符开头
04  ?>
```

除了直接赋值，还有两种方式可以为变量赋值。一种是变量间的赋值，变量间的赋值是指赋值后两个变量使用各自的内存，互不干扰，代码如下：

```
01  <?php
02      $string1 = "mingribook";    // 为变量 $string1 赋值
03      $string2 = $string1;        // 使用 $string1 初始化 $string2
04      $string1 = "mrbccd";        // 改变变量 $string1 的值
05      echo $string2;              // 输出变量 $string2 的值
06  ?>
```

结果如下：

```
mingribook
```

变量间的赋值就像在网上买了一个商品，一天后又下单买了相同的商品。这样在快递存放处就有两个一样的快递，这两个快递占用两个不同的货架位置，互不干扰。

另一种是引用赋值。从 PHP 4 开始，PHP 引入了引用赋值的概念。引用赋值的概念是用不同的名字访问同一个变量内容，当改变其中一个变量的值时，另一个变量的值也跟着发生变化。使用 & 符号来表示引用，例如，变量 \$j 是变量 \$i 的引用，当给变量 \$i 赋值后，\$j 的值也跟着发生变化。代码如下：

```
01  <?php
02      $i = "mingribook";      // 为变量 $i 赋值
03      $j = & $i;              // 使用引用赋值，这时 $j 已被赋值为 mingribook
04      $i = "mrbccd";          // 重新给 $j 赋值
05      echo $j;                // 输出变量 $j
06      echo "<br>";
07      echo $i;                // 输出变量 $i
08  ?>
```

结果如下：

```
mrbccd
mrbccd
```

引用赋值就像在填写快递信息时，为避免和因重名被别人误取快递，在"收货人"位置上写了两个名字，一个是真名，另一个是昵称。尽管是两个名字，但却是同一个商品，占用同一个货架。

📋 **学习笔记**

复制和引用的区别在于：复制是将原变量的内容复制下来，开辟一个新的内存空间来保存，而引用则是给变量的内容再取一个名字。

2.5.2　PHP 预定义变量

PHP 还提供了很多非常实用的预定义变量，通过这些预定义变量可以获取用户会话、用户操作系统的环境和本地操作系统的环境等信息。常用的预定义变量如表 2.5 所示。

表 2.5　常用的预定义变量

变量的名称	说　　明
$_SERVER['SERVER_ADDR']	当前运行脚本所在的服务器的 IP 地址
$_SERVER['SERVER_NAME']	当前运行脚本所在的服务器主机的名称。如果该脚本运行在一个虚拟主机上，则该名称是由虚拟主机设置的值决定的
$_SERVER['REQUEST_METHOD']	访问页面时的请求方法。如 GET、HEAD、POST、PUT 等，如果请求的方式是 HEAD，则 PHP 脚本将在送出头信息后终止（这意味着在产生任何输出后，不再有输出缓冲）
$_SERVER['REMOTE_ADDR']	正在浏览当前页面用户的 IP 地址
$_SERVER['REMOTE_HOST']	正在浏览当前页面用户的主机名。反向域名解析基于该用户的 REMOTE_ADDR
$_SERVER['REMOTE_PORT']	用户连接到服务器时所使用的端口
$_SERVER['SCRIPT_FILENAME']	当前执行脚本的绝对路径名。注意：如果脚本在 CLI 中被执行，作为相对路径，如 "file.php" 或 "../file.php"，$_SERVER['SCRIPT_FILENAME'] 将包含用户指定的相对路径
$_SERVER['SERVER_PORT']	服务器所使用的端口，默认为 80。如果使用 SSL 安全连接，则这个值为用户设置的 HTTP 端口
$_SERVER['SERVER_SIGNATURE']	包含服务器版本和虚拟主机名的字符串
$_SERVER['DOCUMENT_ROOT']	当前运行脚本所在的文档根目录。在服务器配置文件中定义
$_COOKIE	通过 HTTPCookie 传递到脚本的信息。这些 Cookie 多数是在执行 PHP 脚本时通过 setcookie() 函数设置的
$_SESSION	包含与所有会话变量有关的信息。$_SESSION 变量主要应用于会话控制和页面之间值的传递
$_POST	包含通过 POST 方法传递的参数的相关信息。$_POST 变量主要用于获取通过 POST 方法提交的数据
$_GET	包含通过 GET 方法传递的参数的相关信息。$_GET 变量主要用于获取通过 GET 方法提交的数据
$GLOBALS	由所有已定义全局变量组成的数组。变量名就是该数组的索引。它可以称得上是所有超级变量的超级集合

2.6 PHP 操作符

"+""–""*""/"都称为操作符。这是因为它们会操作或处理符号两边的数字。"="也是一个操作符,称为赋值操作符,我们可以用它为一个变量赋值。操作符就是会对它两边的对象有影响或有操作的符号。这种影响可能是赋值、检查或改变一个或多个这样的对象。PHP 的操作符主要包括算术操作符、字符串操作符、赋值操作符、逻辑操作符、比较操作符、递增或递减操作符和条件操作符,这里只介绍一些常用的操作符。

2.6.1 算术操作符

算术操作符是处理四则运算的符号,在数字处理中应用得最多。常用的算术操作符如表 2.6 所示。

表 2.6　常用的算术操作符

名　称	操　作　符	举　例
加法运算	+	$a + $b
减法运算	–	$a–$b
乘法运算	*	$a * $b
除法运算	/	$a / $b
取余数运算	%	$a % $b

📋 **学习笔记**

在算术操作符中使用 % 求余,如果被除数($a)是负数,那么取得的结果也是一个负数。

计算坐车去某个地方需要花费多长时间

本实例将编写一个程序,计算以 80 千米 / 小时的速度行驶 200 千米需要花费多长时间,答案为时 / 分的格式,如 X 小时 Y 分钟。相应的公式(用文字表述)是"时间等于距离除以速度"。代码如下:

```
01  <?php
02      $s = 200;                    // 距离
03      $v = 80;                     // 速度
```

```
04      $h = $s/$v;                    // 时间
05      echo '需要花费 '.$h.' 小时 ';
06      echo '<br>';
07      /** 转化为时、分格式 **/
08      $h1 = (int)$h;                 // 时间取整
09      $m  = ($h - $h1)*60;           // 将小数部分转化为分钟
10      echo ' 转化为时 / 分格式后为：'.$h1.' 小时 '.$m.' 分钟 ';
11  ?>
```

运行结果如图 2.4 所示。

图 2.4　需要花费的时间

2.6.2　字符串操作符

字符串操作符只有一个，即英文的句号 "."。它将两个字符串连接起来，结合成一个新的字符串。

例如，将"明日科技"和"有限公司"连接起来。代码如下：

```
01  <?php
02      $str1 = " 明日科技 ";              // 声明一个字符串变量
03      $str2 = " 有限公司 ";              // 声明另一个字符串变量
04      $str = $str1.$str2;            // 使用 "." 操作符将两个变量连接
05      echo $str;
06  ?>
```

结果为：

明日科技有限公司

📋 **多学两招**

对于字符串型数据，既可以用单引号，又可以用双引号。分别应用单引号和双引号来输出同一个变量，其输出结果完全不同，双引号输出的是变量的值，而单引号输出的是变量名字符串。例如：

```
01    <?php
02        $i = ' 明日科技 ';                        // 声明一个字符串变量
03        echo "$i";                              // 用双引号输出, 结果为: 明日科技
04        echo '$i';                              // 用单引号输出, 结果为: $i
05    ?>
```

2.6.3　赋值操作符

赋值操作符是把基本赋值操作符 "=" 右边的值赋给左边的变量或者常量。PHP 中的赋值操作符如表 2.7 所示。

表 2.7　PHP 的赋值操作符

操　作	符　号	举　例	展 开 形 式	意　义
赋值	=	$a=3	$a=3	将右边的值赋给左边
加等于	+=	$a+= 2	$a=$a+2	将右边的值加到左边
减等于	-=	$a-= 3	$a=$a-3	将右边的值从左边的值中减去
乘等于	*=	$a*=4	$a=$a * 4	将左边的值乘以右边的值
除等于	/=	$a/= 5	$a=$a / 5	将左边的值除以右边的值
连接字符	.=	$a.= 'b'	$a=$a.'b'	将右边的字符加到左边
取余数	%=	$a%= 5	$a=$a % 5	将左边的值对右边的值取余数

📋 **学习笔记**

混淆 "=" 和 "==" 是编程中最常见的错误之一。

2.6.4　递增或递减操作符

两个加号 "++" 连接在一起, 称为递增操作符。两个减号 "--" 连接在一起, 称为递减操作符。递增或递减操作符有两种使用方法, 一种是将操作符放在变量前面, 即先将变量进行加 1 或减 1 的运算后再将值赋给原变量, 称为前置递增或递减操作符。如图 2.5 所示, 先加 1 后赋值。另一种是将操作符放在变量后面, 即先返回变量的当前值, 然后变量的当前值进行加 1 或减 1 的运算, 称为后置递增或递减操作符。如图 2.6 所示, 先赋值后加 1。

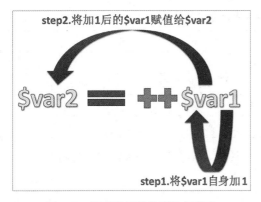

图 2.5　前置递增操作符执行顺序

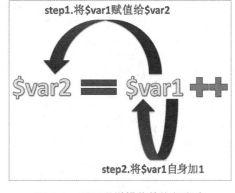

图 2.6　后置递增操作符执行顺序

例如，定义两个变量，将这两个变量分别利用递增操作符和递减操作符进行操作，并输出结果。代码如下：

```php
01  <?php
02      // 前置递增
03      $a = 3;
04      $b = ++$a;
05      echo " 前置递增运算后 a 值为 :".$a;
06      echo "<br>";
07      echo "b 值为 :".$b;
08      echo "<br>";
09      // 后置递增
10      $c = 3;
11      $d = $c++;
12      echo " 后置递增运算后 c 值为 :".$c;
13      echo "<br>";
14      echo "d 值为 :".$d;
15  ?>
```

运行结果如下：

前置递增运算后 a 值为 :4
b 值为 :4
后置递增运算后 c 值为 :4
d 值为 :3

2.6.5　逻辑操作符

逻辑操作符用来组合逻辑运算的结果，是程序设计中一组非常重要的操作符。PHP 中的逻辑操作符如表 2.8 所示。

表 2.8 PHP 中的逻辑操作符

操 作 符	举 例	结 果 为 真
&& 或 and（逻辑与）	$m and $n	当 $m 和 $n 都为真时
|| 或 or（逻辑或）	$m || $n	当 $m 为真或 $n 为真时
xor（逻辑异或）	$m xor $n	当 $m、$n 为一真一假时
!（逻辑非）	!$m	当 $m 为假时

在逻辑判断时，经常要使用逻辑操作符，在后续章节中也会使用到逻辑操作符。

2.6.6　比较操作符

比较操作符就是对变量或表达式的结果进行大小、真假等比较，如果比较结果为真，则返回 true，如果比较结果为假，则返回 false。PHP 中的比较操作符如表 2.9 所示。

表 2.9 PHP 中的比较操作符

操 作 符	说 明	举 例
<	小于	$m<$n
>	大于	$m>$n
<=	小于或等于	$m<=$n
>=	大于或等于	$m>=$n
==	相等	$m= =$n
!=	不等	$m!=$n
===	恒等	$m= = = $n
!==	非恒等	$m!=$n

其中，不太常见的就是 === 和 !==。如果 $a === $b，则说明 $a 和 $b 不只是数值上相等，而且两者的类型也一样。例如 false 和 0，在判断时，它们的关系是相等（==）的，但不是恒等（===）的。

2.6.7　条件操作符

条件操作符（?:），也称为三元操作符，用于根据一个表达式在另两个表达式中选择一个，而不是在两个语句或程序中选择。条件操作符最好放在括号里使用。

例如，应用条件操作符实现一个简单的判断功能，如果正确则输出"条件运算"，否则输出"没有该值"，代码如下：

```
01  <?php
02      $value=100;                                      // 声明一个整型变量
03      echo ($value==true)?"条件运算":"没有该值";        // 对整型变量进行判断
04  ?>
```

上述代码运行结果为：

条件运算

2.6.8　操作符的优先级

操作符的优先级是指在应用中哪一个操作符先计算，哪一个操作符后计算，与数学四则运算遵循的"先乘除，后加减"规则是一个道理。

PHP 操作符在运算中遵循的规则是：优先级高的运算先执行，优先级低的运算后执行，同一优先级的运算按照从左到右的顺序执行，也可以像四则运算那样使用圆括号，圆括号内的运算先执行。表 2.10 从高到低列出了操作符的优先级。同一行中的操作符具有相同优先级，此时它们的结合方向决定求值顺序。

表 2.10　操作符的优先级

类　　型	说　　明
clone，new	clone 和 new
[	array()
++，--	递增 / 递减操作符
~, -, (int), (float), (string), (array), (object), (bool), @	类型转换
instanceof	类型
!	逻辑操作符
*, /, %	算术操作符
+, -	算术操作符和字符串操作符
<<, >>	位操作符
<, <=, >, >=, <>	比较操作符
==, !=, ===, !==	比较操作符
&	位操作符和引用
^	位操作符
|	位操作符
&&	逻辑操作符
||	逻辑操作符
?:	条件操作符
=, +=, -=, *=, /=, .=, %=, &=, |=, ^=, <<=, >>=	赋值操作符

续表

类　　型	说　　明
and	逻辑操作符
xor	逻辑操作符
or	逻辑操作符

这么多的级别，如果想都记住是不太现实的，也没有必要。如果表达式很复杂，而且包含了较多操作符，则可以使用括号，例如：

```php
01 <?php
02     $a and (($b != $c) or (5 * (50 - $d)));
03 ?>
```

这样就会减少出现逻辑错误的可能。

2.7　PHP 表达式

表达式是构成 PHP 程序语言的基本元素，也是 PHP 十分重要的组成元素。基本的表达式形式是常量和变量，如 $m=20，表示将值 20 赋给变量 $m。表达式是 PHP 重要的基石。简单的表达式如下所示：

```php
01 <?PHP
02     $num = 12;
03     $a = "word" ;
04 ?>
```

上述代码是由两个表达式组成的脚本，即 $num=12 和 $a="word"。此外，还可以进行连续赋值，例如：

```php
01 <?php
02     $b = $a = 5;
03 ?>
```

因为 PHP 赋值操作是按照从右到左的顺序进行的，所以变量 $b 和 $a 都被赋值为 5。

在 PHP 的代码中，使用分号";"来区分表达式，表达式也可以包含在括号内。可以这样理解：一个表达式再加上一个分号，就是一条 PHP 语句。

📖 学习笔记

在编写程序时，应该注意不要漏写表达式后面的分号";"。

2.8　PHP 函数

函数就是可以完成某个工作的代码块，它就像小朋友搭房子用的积木一样，可以反复使用，在使用的时候不用考虑它的内部组成。PHP 函数可以分为两类，第一类是内置函数，即 PHP 自身函数，只需要根据函数名调用即可。PHP 备受欢迎的一个原因就是拥有大量的内置函数，包括字符串操作函数和数组操作函数等。例如 var_dump() 函数就是输出变量的函数。第二类是自定义函数，就是由用户自己定义的、用来实现特定功能的函数。内置函数可以通过查阅 PHP 开发手册来学习，下面讲解自定义函数。

2.8.1　定义和调用函数

创建函数的基本语法格式为：

```php
<?php
    function fun_name($str1,$str2,$strn){
        fun_body;
    }
?>
```

上述代码的参数说明如下。

- function：声明自定义函数时必须使用到的关键字。
- fun_name：自定义函数的名称。
- $str1,$str2,…,$strn：函数的参数。
- fun_body：自定义函数的主体，是功能实现部分。

当函数被定义好后就要调用这个函数。调用函数的操作十分简单，只需要引用函数名并赋予正确的参数即可完成函数的调用。

例如，定义了一个函数 example()，计算传入的参数的平方，然后连同表达式和结果全部输出。代码如下：

```php
01  <?php
02      /* 声明自定义函数 */
03      function example($num){
04          echo "$num * $num = ".$num * $num;  // 输出计算后的结果
05      }
06      example(10);                              // 调用函数
07  ?>
```

结果如下：

```
10 * 10 = 100
```

📋 **学习笔记**

如果定义了一个函数，但是从未调用这个函数，那么这些代码将不会执行。

2.8.2 在函数间传递参数

在调用函数时，有时需要向函数传递参数，参数传递的方式有按值传递、按引用传递和默认参数。

1. 按值传递

按值传递是常用的参数传递方式，将调用者括号内的值依次传递给函数括号内的值。从下面的例子中验证函数接收参数的顺序。代码如下：

```php
01  <?php
02      function test($parameter1,$parameter2,$parameter3){
03          echo '$parameter1 是：'.$parameter1."<br>";
04          echo '$parameter2 是：'.$parameter2."<br>";
05          echo '$parameter3 是：'.$parameter3;
06      }
07      test(1,2,3);
08  ?>
```

运行结果如下：

```
$parameter1 是：1
$parameter2 是：2
$parameter3 是：3
```

2. 按引用传递

按引用传递就是将参数的内存地址传递到函数中。这时，在函数内部的所有操作都会影响到调用者参数的值。按引用传递就是传递参数值时在原基础上加 & 号即可。

下面举例说明按值传递和按引用传递的区别。

- 按值传递：张三和李四是同事，张三有一间独立的办公室，张三给李四提供建筑材料，李四也建造了一个跟张三一模一样的办公室，他们俩在各自的办公室办公，彼此独立。

- 按引用传递：由于公司工费紧张，将李四安排到张三的办公室。二人各有一把钥匙，公用办公室的资源，张三和李四就会相互影响。

例如，下面的代码中，在第一个参数前添加一个 & 号。

```php
01 <?php
02     function test(&$parameter1,$parameter2,$parameter3){
03         echo '$parameter1 是：'.$parameter1."<br>";
04         $parameter1++;
05         echo '$parameter2 是：'.$parameter2."<br>";
06         echo '$parameter3 是：'.$parameter3."<br>";
07     }
08
09     $number1 = 1;
10     $number2 = 2;
11     $number3 = 3;
12     test($number1,$number2,$number3);
13     echo "<br>";
14     echo '$number1 是：'.$number1."<br>";
15     echo '$number2 是：'.$number2."<br>";
16     echo '$number3 是：'.$number3."<br>";
17 ?>
```

运行结果如下：

```
$parameter1 是：1
$parameter2 是：2
$parameter3 是：3

$number1 是：2
$number2 是：2
$number3 是：3
```

从运行结果中可以看出，第一个参数 &$parameter1 使用引用传递后，函数体内改变 $parameter1 的值，调用者的参数 $number1 也相应改变，而 $number2 和 $number3 的值则没有改变。

3. 默认参数（可选参数）

还有一种设置参数的方式，即默认参数。可以指定某个参数为默认参数，将默认参数放在参数列表末尾，并且给它指定一个默认值。

例如，使用默认参数实现一个简单的价格计算功能，设置自定义函数 values 的参数 $tax 为默认参数，其默认值为空。第一次调用该函数，给参数 $tax 赋值 0.25，输出价格；第二次调用该函数，不给参数 $tax 赋值，输出价格。代码如下：

```php
01 <?php
02     function values($price,$tax=0){    // 定义一个函数，其中的一个参数初始值为 0
03         $price=$price+($price*$tax);    // 声明一个变量 $price，等于两个参数的运算结果
04         echo " 价格 :$price<br>";         // 输出价格
05     }
06     values(100,0.25);                   // 为可选参数赋值 0.25
07     values(100);                        // 没有给可选参数赋值
08 ?>
```

结果如下：

```
价格 :125
价格 :100
```

📋 **学习笔记**

> 当使用默认参数时，默认参数必须放在非默认参数的最右侧，否则函数可能出错。

2.8.3 从函数中返回值

我们已经知道，可以向函数发送信息（参数），不过函数还可以向调用者发回信息。从函数中返回的值称为结果（result）或返回值（return value）。函数将返回值传递给调用者的方式是使用关键字 return。return 将函数的值返回给函数的调用者，即将程序控制权返回到调用者的作用域。

计算购物车中商品总价

本实例将模拟淘宝购物车功能，并计算购物车中商品总价。购物车中有如下商品信息：

手机单价 5000 元，购买数量 2 台；电脑单价 8000 元，购买数量 10 台。

操作步骤为：先定义一个函数，将其命名为 total，该函数的作用是输入商品的单价和数量，然后计算商品总金额，最后返回商品总金额。代码如下：

```php
01 <?php
02     // 定义 total 函数，计算商品总价
03     function total($price,$number){
04         $total = $price * $number;
05         return $total;
06     }
07     $sum = 0;
08     $phone    = total(5000,2);     // 调用函数，计算手机价格
09     $computer = total(8000,10);    // 调用函数，计算电脑价格
```

```
10       $sum = $phone + $computer;
11       echo " 合计 ".$sum." 元 ";
12  ?>
```

上述代码的结果如下：

> 合计 90000 元

return 语句一次只能返回一个参数，即只能返回一个值，不能一次返回多个值。如果要返回多个值，就要在函数中定义一个数组，将返回值存储在数组中返回。

2.8.4 变量作用域

你可能注意到，有些变量在函数之外，有些变量则在函数之内，它们必须在有效范围内使用，如果变量超出有效范围，则变量也失去意义了。变量的作用域如表 2.11 所示。

表 2.11 变量的作用域

作 用 域	说 明
局部变量	在函数内部定义的变量，其作用域是所在函数
全局变量	在所有函数以外定义的变量，其作用域是整个 PHP 文件，但在用户自定义函数内部是不可用的。如果希望在用户自定义函数内部使用全局变量，则要使用 global 关键字声明它
静态变量	能够在函数调用结束后仍保留变量值，当再次回到其作用域时，又可以继续使用原来的值。而一般变量在函数调用结束后，其存储的值将被清除，所占的内存空间被释放。使用静态变量时，先用关键字 static 来声明变量，把关键字 static 放在要定义的变量之前

在函数内部定义的变量，其作用域为所在函数，如果在函数外赋值，将被认为是完全不同的另一个变量。在退出声明变量的函数时，该变量及相应的值就会被清除。

比较局部变量和全局变量

比较在函数内赋值的变量（局部变量）和在函数外赋值的变量（全局变量），代码如下：

```
01  <?php
02      $example=" 在 ...... 函数外.";                    // 声明全局变量
03      function example(){
04          $example="...... 在函数内 ......";             // 声明局部变量
05          echo " 在函数内输出的内容是：$example.<br>";    // 输出局部变量
06      }
07      example();                                        // 调用函数，输出变量值
08      echo " 在函数外输出的内容是：$example.<br>";        // 输出全局变量
09  ?>
```

运行结果如图 2.7 所示。

> ← C ① localhost/Code/SL/03/08/index.php
>
> 在函数内输出的内容是：......在函数内.......
> 在函数外输出的内容是：在......函数外.

图 2.7 输出局部变量和全局变量

2.9 PHP 编码规范

如今的 Web 开发，不再是一个人就可以全部完成的了，尤其是一些大型的项目，要十几个人甚至几十个人来共同完成。在开发过程中，会有新的开发人员参与进来，那么新的开发人员在阅读前开发人员留下的代码时，就会有疑问了——这个变量起到什么作用？那个函数实现什么功能？ TmpClass 类在哪里被使用到了？等等。这时，编码规范的重要性就体现出来了。

以 PHP 开发为例，编码规范就是在融合了开发人员长时间积累下来的经验之后，形成的一种良好统一的编程风格，这种良好统一的编程风格会在团队开发或二次开发时起到事半功倍的效果。编码规范是一种总结性的说明和介绍，并不是强制性的规则。

PSR 是 PHP Standard Recommendations 的简写，是由 PHP FIG 组织制定的 PHP 规范，是 PHP 开发的实践标准。PHP 标准组提出并发布了一系列的风格建议，其中一部分是关于代码风格的，即 PSR-0、PSR-1、PSR-2 和 PSR-4。这些建议只是一些被其他项目所遵循的规则，如 Drupal、Zend、Symfony、CakePHP、phpBB、AWS SDK、FuelPHP、Lithium 等。

2.9.1 PSR-1 编码规范

本节规范制定了代码基本元素的相关标准，以确保共享的 PHP 代码间具有较高程度的技术互通性。

- PHP 代码文件必须以 <?php 或 <?= 标记开始。
- PHP 代码文件必须以不带 BOM 的 UTF-8 编码。
- PHP 代码中应该只定义类、函数、常量等声明，或其他会产生副作用的操作（如生成文件输出及修改 .ini 配置文件等），二者只能选其一。

命名空间及类必须符合 PSR 的自动加载规范：PSR-4 中的一个。根据规范，每个类都独立为一个文件，且命名空间至少有一个层次：顶级的组织名称（vendor name）。类的命名必须遵循 StudlyCaps 式的以大写字母开头的驼峰命名规范。

　　PHP 5.3 及以后版本的代码必须使用正式的命名空间。例如：

```
01  <?php
02  //PHP 5.3 及以后版本的写法
03  namespace Vendor\Model;
04
05  class Foo
06  {
07  }
```

　　PHP 5.2.x 及之前的版本应该使用伪命名空间的写法，约定俗成使用顶级的组织名称（vendor name）如 Vendor_ 为类前缀。例如：

```
01  <?php
02  //PHP 5.2.x 及之前版本的写法
03  class Vendor_Model_Foo
04  {
05  }
```

　　类中的常量所有字母都必须大写，单词间用下画线分隔，例如：

```
01  <?php
02  namespace Vendor\Model;
03
04  class Foo
05  {
06      const VERSION = '1.0';
07      const DATE_APPROVED = '2012-06-01';
08  }
```

　　方法名称必须遵循 camelCase 式的以小写字母开头的驼峰命名规范。

2.9.2　PSR-2 编码规范

本节规范是 [PSR-1][] 基本代码规范的继承与扩展。

● 代码必须遵循 PSR-1 中的编码规范。

● 代码必须使用 4 个空格符而不是 <Tab> 键进行缩进。

● 每行的字符数应该软性保持在 80 个之内，理论上不可多于 120 个，但一定不可有硬性限制。

● 每个 namespace 命名空间声明语句和 use 声明语句块后面，必须插入一个空白行。

- 类的开始花括号 "{" 必须写在函数声明后自成一行，结束花括号 "}" 也必须写在函数主体后自成一行。

- 方法的开始花括号 "{" 必须写在函数声明后自成一行，结束花括号 "}" 也必须写在函数主体后自成一行。

- 类的属性和方法必须添加访问修饰符（private、protected 及 public），abstract 及 final 必须声明在访问修饰符之前，而 static 必须声明在访问修饰符之后。

- 控制结构的关键字后必须要有一个空格符，而调用方法或函数时则一定不可有空格符。

- 控制结构的开始花括号 "{" 必须写在声明的同一行，而结束花括号 "}" 必须写在函数主体后自成一行。

- 控制结构的开始花括号 "{" 后和结束花括号 "}" 前一定不可有空格符。

以下代码简单地展示了以上大部分规范：

```php
01  <?php
02  namespace Vendor\Package;
03
04  use FooInterface;
05  use BarClass as Bar;
06  use OtherVendor\OtherPackage\BazClass;
07
08  class Foo extends Bar implements FooInterface
09  {
10      public function sampleFunction($a, $b = null)
11      {
12          if ($a === $b) {
13              bar();
14          } elseif ($a > $b) {
15              $foo->bar($arg1);
16          } else {
17              BazClass::bar($arg2, $arg3);
18          }
19      }
20
21      final public static function bar()
22      {
23          // 方法的内容
24      }
25  }
```

2.10　小结

本章主要介绍了 PHP 语言的基础知识，包括数据类型、常量、变量、操作符、表达式和自定义函数，并详细介绍了各种类型之间的转换、系统预定义的常量、变量、操作符优先级和如何使用函数，最后又介绍了 PHP 编码规范。基础知识是一门语言的核心，希望初学者能牢牢掌握本章的知识，这样对以后的学习和发展能起到事半功倍的效果。

第3章 流程控制语句

学习了 PHP 语言基础后，相信读者对 PHP 语言的基本运算有了一些了解，那么现在试着计算下面几个问题：输出 10 以内的偶数、计算 100 的阶乘、列举 1000 以内的所有素数。本章就来学习使用 PHP 语言中的流程控制语句解决上述问题。PHP 的流程控制语句有两种：条件控制语句和循环控制语句。合理使用这些控制语句可以使程序流程清晰、可读性强，从而提高程序开发效率。

3.1 条件控制语句

在生活中，我们总是要做出许多决策，程序也一样。下面给出几个常见的例子：

- 如果购买商品成功，用户余额减少，用户积分增多。
- 如果输入的用户名和密码正确，提示登录成功，则可以进入网站，否则，提示登录失败。
- 如果用户使用微信登录，则使用微信扫一扫；如果使用 QQ 登录，则输入 QQ 号和密码；如果使用微博登录，则输入微博号和密码；如果使用手机号登录，则输入手机号和密码。

以上示例就是程序中的条件控制语句。按照条件选择执行不同的代码片段。条件控制语句主要有 if、if...else、if...elseif...else 和 switch，下面分别进行讲解。

3.1.1 if 语句

PHP 的 if 语句的格式为：

```php
<?php
    if （表达式）
        语句；
?>
```

如果表达式的值为真，就顺序执行语句；否则，就会跳过该语句再往下执行。如果需要执行的语句不止一条，那么可以使用 {}，在 {} 中的语句被称为语句组，其格式为：

```php
<?php
    if( 表达式 ){
        语句 1;
        语句 2;
        ...
    }
?>
```

if语句的流程就像一辆运行的火车，从 A 站出发，可以直接到达 C 站，也可以经过 B 站，然后再到达 C 站，如图 3.1 所示。

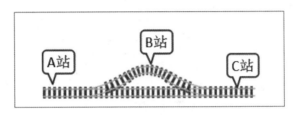

图 3.1　if 语句流程控制示意图

判断随机数是不是偶数

本实例使用 rand() 函数生成一个随机数 $num，然后判断这个随机数是不是偶数，如果是偶数，则输出结果。代码如下：

```php
01  <?php
02      $num = rand(1,20);              // 使用 rand() 函数生成一个随机数
03      echo '$num = '.$num;            // 打印随机数
04      if ($num % 2 == 0){             // 判断变量 $num 是否为偶数
05          echo "<br>$num 是偶数。";
06      }
07  ?>
```

运行结果如图 3.2 所示。

图 3.2　判断随机数是不是偶数

学习笔记

rand() 函数的作用是取得一个随机的整数。每次刷新页面后，会生成一个新的随机数，可能与图 3.2 所示的运行结果不同。

3.1.2 if...else 语句

在大部分情况下，总是需要在满足某个条件时执行一条语句，而在不满足该条件时执行其他语句，这时可以使用 if...else 语句。if...else 语句的语法格式为：

```php
<?php
    if( 表达式 ){
        语句 1;
    }else{
        语句 2;
    }
?>
```

该语句的含义为：如果表达式的值为真，则执行语句 1；如果表达式的值为假，则执行语句 2。就像一辆运行的火车，有两条轨道可以选择，如图 3.3 所示。

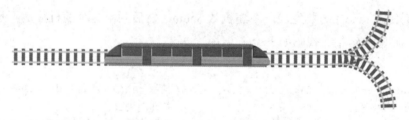

图 3.3　if...else 语句流程控制示意图

首先使用 rand() 函数生成一个随机数 $num，然后判断这个随机数是偶数还是奇数，再根据不同结果显示不同的字符串。代码如下：

```php
01  <?php
02      $num = rand(1,20);                      // 使用 rand() 函数生成一个随机数
03      if ($num % 2 == 0){                     // 判断变量 $num 是否为偶数
04          echo '变量 '.$num.' 是偶数。';       // 如果为偶数
05      }else {
06          echo '变量 '.$num.' 是奇数。';       // 如果为奇数
07      }
08  ?>
```

3.1.3　elseif 语句

if...else 语句只能选择两种结果：要么执行语句 1，要么执行语句 2。但有时会出现两种以上的选择，例如：一个班的考试成绩，如果是 90 分以上的，则为"优秀"；如果是 60 分～ 90 分之间的，则为"良好"；如果是低于 60 分的，则为"不及格"。这时可以使用 elseif 语句，elseif 语句的语法格式为：

```php
<?php
    if( 表达式 1){
        语句 1;
    }elseif( 表达式 2){
        语句 2;
    }…
    else{
        语句 n;
    }
?>
```

elseif 语句的流程就像一辆运行的火车，从 A 站出发到达 B 站，有多条线路可以选择，根据铁路局的不同指示，选择相应的路线，如图 3.4 所示。

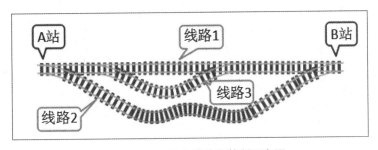

图 3.4　elseif 语句的流程控制示意图

判断今天是这个月的上旬、中旬或下旬

本实例将通过 elseif 语句，判断今天是这个月的上旬、中旬或下旬。代码如下：

```php
01  <?php
02      $month = date("n");                          // 设置月份变量 $month
03      $today = date("j");                          // 设置日期变量 $today
04      if ($today >= 1 and $today <= 10){           // 判断日期变量是否在 1 ～ 10 之间
05          echo "今天是 ".$month."月 ".$today."日，是本月上旬 "; // 如果是，说明是本月上旬
06      }elseif($today > 10 and $today <= 20){       // 否则判断日期变量是否在 11 ～ 20 之间
07          echo "今天是 ".$month."月 ".$today."日，是本月中旬 "; // 如果是，说明是本月中旬
```

```
08      }else{                          // 如果上面两个判断都不符合要求，则输出默认值
09          echo "今天是".$month."月".$today."日，是本月下旬"; // 说明是本月下旬
10      }
11  ?>
```

运行结果如图 3.5 所示。

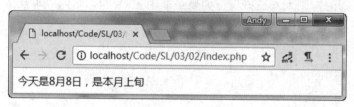

图 3.5　判断今天是本月上旬、中旬或下旬

3.1.4　switch 语句

虽然 elseif 语句可以进行多种选择，但如果条件较多时，就会变得十分烦琐。为了避免 if 语句过于冗长，并且要提高程序的可读性，可以使用 switch 分支控制语句。switch 语句的语法格式如下：

```php
<?php
    switch(变量或表达式){
        case 常量表达式 1:
            语句 1;
            break;
        case 常量表达式 2:
            …
        case 常量表达式 n:
            语句 n;
            break;
        default:
            语句 n+1;
    }
?>
```

switch 语句根据变量或表达式的值，依次与 case 中的常量表达式的值相比较，如果不相等，则继续查找下一个 case；如果相等，则执行对应的语句，直到 switch 语句结束或遇到 break 为止。一般来说，switch 语句最终都有一个默认值 default，如果在前面的 case 中没有找到相符的条件，则输出默认语句，这和 else 语句类似。

选择第三方登录接口

明日学院网站支持第三方登录，第三方登录包括 qq 登录、微信登录、微博登录等。根据不同的登录方式，需要调用相应的第三方接口，这时，可以根据网址中传递值的不同，使用 switch 语句判断用户选择了哪一个第三方应用，然后调用该应用的接口。代码如下：

```php
01  <?php
02      // 接收传递的参数，并使用三目运算符判断赋值
03      $type = isset($_GET['type']) ? $_GET['type'] : '';
04      // 根据参数值，执行不同的操作
05      switch($type)
06      {
07          case 'qq':
08              echo " 执行 qq 登录流程 ";
09              break;
10          case 'wechat':
11              echo " 执行微信登录流程 ";
12              break;
13          case 'weibo':
14              echo " 执行微博登录流程 ";
15              break;
16          default:
17              echo " 执行普通登录流程 ";
18      }
19  ?>
```

运行结果如图 3.6 所示。

图 3.6　switch 多重判断语句

📋 **学习笔记**

> switch 语句在执行时，即使遇到符合要求的 case 语句段，也会继续往下执行，直到 switch 语句结束。为了避免浪费时间和资源，一定要在每个 case 语句段后加上 break 语句。这里 break 语句的意思是跳出当前循环，在 3.3.1 节中将详细介绍 break 语句。

3.2 循环控制语句

对大多数人来说，反复做同样的事情会让人厌烦，但是对计算机而言，它们却非常擅长去完成重复的任务。计算机程序通常会周而复始地重复同样的步骤，这称为循环。循环主要有两种类型。

重复一定次数的循环，称为计数循环，例如 for 循环。

重复直至发生某种情况时结束的循环，称为条件循环（conditional loop），因为只要条件为真，这种循环就会一直持续下去，例如 while 循环和 do...while 循环。

3.2.1 for 循环语句

for 循环是 PHP 的计数循环结构，它的语法格式为：

```php
<?php
    for (初始化表达式；条件表达式；迭代表达式){
        语句；
    }
?>
```

其中，初始化表达式在第一次循环时无条件取一次值；条件表达式在每次循环开始前求值，如果值为真，则执行循环体里面的语句，否则跳出循环，继续往下执行；迭代表达式在每次循环后被执行。for 循环语句的流程控制图如图 3.7 所示。

我们以现实生活中的例子来理解 for 循环的执行流程。在体育课上，体育老师要求同学们沿着环形操场跑步 3 圈。老师从 0 开始计数，每次跑完 1 圈，将数量加 1。当完成第 3 圈时，同学会停下来，即循环结束。

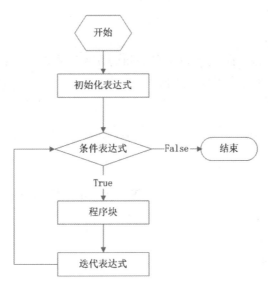

图 3.7　for 循环语句的流程控制图

通过 for 循环来计算 100 的阶乘

通过 for 循环来计算 100 的阶乘，即 1*2*3*4…*100。具体代码如下：

```php
01 <?php
02     $sum = 1;                          // 声明整型变量 $sum
03     for ($i = 1;$i <=100;$i++){
04         $sum *= $i;                    // 当 $i 小于或等于 100 时，计算阶乘
05     }
06     echo "100 的阶乘是 ".$sum;
07 ?>
```

上述代码中，第一步，执行 for 循环的初始表达式，即为 $i 赋值为 1。第二步，判断条件表达式，即 $i 是否小于或等于 100，如果判断的结果为 True，则执行下面的程序块，将 $sum 乘以当前的 $i，否则跳出循环，不再继续执行。第三步，执行迭代表达式，即将 $i 加 1。此时，第一次循环结束，$i 的值为 2。然后判断 $i 是否小于或等于 100，重复第一次的操作。当 $i 为 100 时，执行第 100 次程序块代码。然后 $i 继续迭代，值为 101。此时，判断表达式的结果为 False，循环结束，不再执行，运行结果如图 3.8 所示。

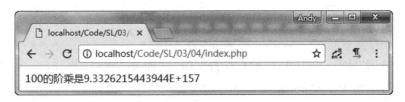

图 3.8　for 循环计算 100 的阶乘

📋 **学习笔记**

> 在 for 语句中无论采用的是循环变量递增的方式还是循环变量递减的方式，前提都一定要保证循环能够结束，无期限的循环（死循环）将导致程序崩溃。

3.2.2　while 循环语句

while 循环是 PHP 中条件循环语句的一种，它的语法格式为：

```php
<?php
    while (expr)
        statement
?>
```

当表达式的值为真时，将执行循环体内的语句。执行结束后，再返回到表达式继续进行判断。直到表达式的值为假，才跳出循环。

while 循环语句的流程控制图如图 3.9 所示。

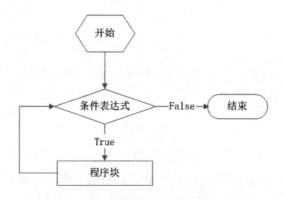

图 3.9　while 循环语句的流程控制图

我们同样以沿着操场跑步的例子来理解 while 循环。这一次，老师没有要求同学们跑几圈，而是要求当听到老师吹的哨子声时就停下来。同学们每跑一圈，可能会请求老师吹一次哨子。如果老师吹哨子，则停下来，即循环结束。否则，继续跑步，即执行循环。

输出 10 以内的偶数

本示例将依次判断 1 ～ 10 以内的数是否为偶数，如果是偶数，则输出；如果不是偶数，则继续执行下一次循环。代码如下：

```
01  <?php
02      $num = 1;                      // 声明一个整型变量 $num
03      $str = "10 以内的偶数为：";      // 声明一个字符变量 $str
04      while($num <= 10){             // 判断变量 $num 是否小于或等于 10
05          if($num % 2 == 0){         // 如果 $num 小于或等于 10，则判断 $num 是否为偶数
06              $str .= $num." ";      // 如果当前变量为偶数，则添加到字符变量 $str 的后面
07          }
08          $num++;                    // 变量 $num 加 1
09      }
10      echo $str;                     // 循环结束后，输出字符串 $str
11  ?>
```

while 循环输出 10 以内的偶数的运行结果如图 3.10 所示。

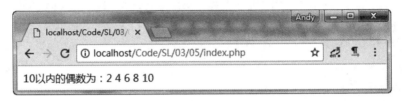

图 3.10　while 循环输出 10 以内的偶数的运行结果

3.2.3　do...while 循环语句

while 循环语句还有另一种形式，即 do...while 循环语句。二者的区别在于，do...while 循环语句要比 while 循环语句多循环一次。当 while 表达式的值为假时，while 循环直接跳出当前循环；而 do...while 循环语句则是先执行一遍程序块，然后再对表达式进行判断。do...while 循环语句的流程控制图如图 3.11 所示。

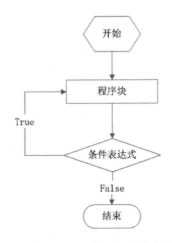

图 3.11　do...while 循环语句的流程控制图

依然以沿着操场跑步的例子来理解 do...while 循环语句。这一次，老师要求同学们先跑 1 圈，然后当听到老师吹的哨子声时再停下来。

对比 while 循环语句和 do...while 循环语句的区别

分别使用 while 循环语句和 do...while 循环语句执行相同的代码块，即使用 echo 语句输出一段内容，并对比这两个语句的区别，代码如下：

```php
01 <?php
02     $num = 1;                              // 声明一个整型变量 $num
03     while($num != 1){                      // 使用 while 循环语句输出
04         echo "执行 while 循环";            // 这句话不会输出
05     }
06     do{                                    // 使用 do...while 循环语句输出
07         echo "执行 do...while 循环";       // 这句话会输出
08     }while($num != 1);
09 ?>
```

运行结果如图 3.12 所示。

图 3.12　while 循环语句和 do...while 循环语句的区别

3.3　跳转语句

当循环条件一直满足时，程序将会一直执行下去，就像一辆迷路的车，在某个地方不停地转圈。如果希望在中间离开循环，也就是 for 循环结束计数之前，或者 while 循环找到结束条件之前，有以下两种方法离开循环。

- continue：直接跳转到循环的下一次迭代。
- break：完全终止循环。

3.3.1　break 语句

break 语句可以终止当前的循环，包括 while、do...while、for 和 switch 在内的所有控制语句。以独自一人沿着操场跑步为例，计划跑步 10 圈，可是在跑到第 2 圈的时候，遇到自己的女神或男神，于是果断停下来，终止跑步，这样就提前终止循环。

使用 break 语句终止循环

使用一个 while 循环，while 后面的表达式的值为 true，即为一个无限循环。在 while 程序块中将声明一个随机数变量 $tmp，只有当生成的随机数等于 10 时，使用 break 语句跳出循环。代码如下：

```php
01  <?php
02    while(true){                        // 使用 while 循环
03        $tmp = rand(1,20);              // 声明一个随机数变量 $tmp
04        echo $tmp." ";                  // 输出随机数
05        if($tmp == 10){                 // 判断随机数是否等于 10
06            echo "<p>变量等于 10，终止循环 ";
07            break;                      // 如果等于 10，则使用 break 语句跳出循环
08        }
09    }
10  ?>
```

运行结果如图 3.13 所示。

图 3.13　使用 break 语句跳出循环

3.3.2　continue 语句

continue 语句的作用没有 break 语句的作用强大，continue 语句只能终止本次循环从而进入下一次循环中，continue 语句也可以指定跳出几重循环。

以独自一人沿着操场跑步为例，计划跑步 10 圈，当跑到第 2 圈一半的时候，遇到自己的女神或男神也在跑步，于是果断停下来，跑回起点等待，制造一次完美邂逅，然后从第 3 圈开始继续。

使用 continue 语句跳出循环

使用 for 循环输出 0 到 4，当 $i 等于 2 时，执行 continue 语句，此时不执行下面的

print 语句，跳出该循环，继续执行 $i 等于 3 的语句。代码如下：

```
01  <?php
02      for ($i = 0; $i < 5; ++$i) {
03          if ($i == 2){
04              continue;
05          }
06          print "$i\n";
07      }
08  ?>
```

运行结果如图 3.14 所示。

图 3.14   continue 语句跳出循环

3.4   学习笔记

学习笔记一：if...else 执行顺序

当判断条件既满足 if 条件又满足 else 条件时，程序该如何执行呢？程序运行时，会遵循由上至下的顺序。当遇到第一个满足的条件时，会选择第一个 if 条件，执行内部的代码块，跳过其余的代码块。

学习笔记二：while 循环语句和 do...while 循环语句的区别

while 循环语句是先判断循环条件，条件为真的时候，就执行循环体完成操作，并一直循环，直到 False 时退出循环。

do...while 循环语句和 while 循环语句非常相似，和一般的 while 循环语句相比主要的区别是，do...while 循环语句保证会执行一次（表达式的真值在每次循环结束后检查），然而在一般的 while 循环语句中就不一定了（表达式的真值在循环开始时检查，如果一开始就为 False 则整个循环立即终止）。

3.5　小结

本章通过几个简单的数学题学习了 PHP 的流程控制语句。流程控制语句是程序中必不可少的，也是变化十分丰富的技术。无论是入门的数学公式，还是高级的复杂算法，都是通过这几个简单的语句来实现的。相信读者学习完本章之后，通过不断练习和总结，能够掌握一套自己的学习方法和技巧。

第 4 章 字符串操作与正则表达式

在 Web 编程中，字符串总会被大量生成和处理。正确使用和处理字符串，对 PHP 程序员来说越来越重要。本章从简单的字符串定义一直引导读者到复杂的正则表达式，希望广大读者能够通过本章的学习，了解和掌握 PHP 字符串，能够举一反三，为了解和学习其他字符串处理技术奠定良好的基础。

4.1 字符串的定义方法

字符串，顾名思义，就是将一堆字符串联在一起。字符串简单的定义方法是使用英文单引号（' '）或英文双引号（" "）包含字符。另外，还可以使用定界符指定字符串。

4.1.1 使用单引号或双引号定义字符串

字符串通常以串的整体作为操作对象，一般用双引号或单引号标识一个字符串。单引号和双引号在使用上有一定的区别。

下面分别使用双引号和单引号来定义一个字符串。例如：

```php
01 <?php
02     $str1 = "I Like PHP";              // 使用双引号定义一个字符串
03     $str2 = 'I Like PHP';              // 使用单引号定义一个字符串
04     echo $str1;                        // 输出双引号中的字符串
05     echo $str2;                        // 输出单引号中的字符串
06 ?>
```

结果如下：

```
I Like PHP
I Like PHP
```

从运行的结果中可以看出，对于定义的普通字符串看不出二者之间的区别。通过对变量的处理，即可轻松地理解二者之间的区别。例如：

```php
01  <?php
02      $test = "PHP";
03      $str = "I Like $test";
04      $str1 = 'I Like $test';
05      echo $str;                    // 输出双引号中的字符串
06      echo $str1;                   // 输出单引号中的字符串
07  ?>
```

结果如下：

```
I Like PHP
I Like $test
```

从上述代码中可以看出，双引号中的内容是经过 PHP 的语法分析器解析过的，任何变量在双引号中都会转换为它的值进行输出显示；而单引号中的内容是"所见即所得"的，无论有无变量，都当作普通字符串进行原样输出。

学习笔记

> 　单引号字符串和双引号字符串在 PHP 中的处理是不同的。双引号字符串中的内容可以被解释并且被替换，而单引号字符串中的内容则作为普通字符串进行处理。

4.1.2　使用定界符定义字符串

定界符（<<<）是从 PHP 4.0 开始支持的。定界符用于定义格式化的大文本，格式化指的是文本中的格式将被保留，所以文本中不需要使用转义字符。使用时在其后接一个标识符，然后是字符串，最后是同样的标识符结束字符串。定界符的格式如下：

```
$string = <<< str
        要输出的字符串。
str
```

其中 str 为指定的标识符，读者可以自己设定标识符，切记要前后保持一致。

例如，使用 Heredoc 句法结构输出变量中的值，它和双引号没什么区别，其中包含的变量也被替换成实际数值，代码如下：

```php
01  <?php
02  $i = ' 显示该行内容 '; // 声明变量 $i
03  echo <<<EOT
```

```
04   这和双引号没有什么区别，\$i 同样可以被输出出来。<p>
05   \$i 的内容为：$i
06   EOT;
07   ?>
```

运行结果如下：

这和双引号没有什么区别，$i 同样可以被输出出来。

$i 的内容为：显示该行内容

学习笔记

结束标识符必须单独另起一行，并且不允许有空格。在标识符前后有其他符号或字符，也会发生错误。

4.2   字符串操作

字符串操作在 PHP 编程中占有重要的地位，几乎所有输入与输出都会用到字符串。尤其在 PHP 项目开发过程中，为了实现某项功能，经常需要对某些字符串进行特殊处理，如获取字符串的长度、截取字符串、替换字符串等。在本节中将对 PHP 常用的字符串操作技术进行详细的讲解，并通过具体的实例加深对字符串函数的理解。

4.2.1   去除字符串首尾空格和特殊字符

用户在输入数据时，可能会无意中输入多余的空格，或在一些情况下，字符串前后不允许出现空格和特殊字符，此时就需要去除字符串中的空格和特殊字符。可以使用 PHP 中提供的 trim() 函数去除字符串左右两边的空格和特殊字符，也可以使用 ltrim() 函数去除字符串左边的空格和特殊字符，或使用 rtrim() 函数去除字符串右边的空格和特殊字符。

1. trim() 函数

trim() 函数用于去除字符串首尾处的空白字符（或其他字符）。trim() 函数语法格式如下：

```
string trim(string $str [,string $charlist]);
```

trim() 函数的参数说明如下。

● str：操作的字符串。

● charlist：为可选参数，一般要列出所有希望过滤的字符，也可以使用 ".." 列出一个字符范围。如果不设置该参数，则所有可选字符都将被删除。如果 trim() 函数不指定 charlist 参数，则 trim() 函数将去除表 4.1 中的字符。

● 返回值：过滤后的字符串。

表 4.1　不指定 charlist 参数的 trim() 函数去除的字符

参　数　值	说　　明
\0	NULL，空值
\t	tab，制表符
\n	换行符
\x0B	垂直制表符
\r	回车符
" "	空格

📋 学习笔记

除了以上默认的过滤字符列表，还可以在 charlist 参数中提供要过滤的特殊字符。

去除搜索框中字符串左右两边的空格

明日学院网站中有搜索课程和社区的功能，当在输入框中输入关键词并单击"搜索"按钮时，程序会先处理用户输入的关键词，将关键词左右的空格去除。使用 trim() 函数实现该功能，具体代码如下：

```php
01  <?php
02      $keyword = '  PHP 开发   ';
03      echo "用户输入的关键字是：".$keyword;
04      $keyword = trim($keyword);
05      echo "<br>";
06      echo "使用 trim 函数处理后关键字是：".$keyword;
07  ?>
```

运行结果如图 4.1 所示。

图 4.1　trim() 函数去除左右空格

2. ltrim() 函数

ltrim() 函数用于去除字符串左边的空格或指定字符。ltrim() 函数参数与 trim() 函数的参数相同。ltrim() 函数语法格式如下：

string **ltrim**(string $**str** [,string $**charlist**]);

例如，使用 ltrim() 函数去除字符串左边的空格及特殊字符 "(:@_@"，代码如下：

```
01  <?php
02      $str="  (:@_@  创图书编撰伟业  @_@:)    ";
03      echo ltrim($str);                    // 去除字符串左边的空格
04      echo "<br>";                         // 执行换行
05      echo ltrim($str," (:@_@ ");          // 去除字符串左边的特殊字符 (:@_@
06  ?>
```

结果如下：

```
(:@_@ 创图书编撰伟业 @_@:)
创图书编撰伟业 @_@:)
```

3. rtrim() 函数

rtrim() 函数用于去除字符串右边的空格或指定字符。rtrim() 函数语法格式如下：

string **rtrim**(string $**str** [,string $**charlist**]);

例如，使用 rtrim() 函数去除字符串右边的空格及特殊字符 "@_@:)"，代码如下：

```
01  <?php
02      $str="  (:@_@  展软件开发雄风  @_@:)    ";
03      echo rtrim($str);                    // 去除字符串右边的空格
04      echo "<br>";                         // 执行换行
05      echo rtrim($str," @_@:)");           // 去除字符串右边的特殊字符 @_@:)
06  ?>
```

结果如下：

```
(:@_@ 展软件开发雄风 @_@:)
(:@_@ 展软件开发雄风
```

4.2.2　获取字符串的长度

在 PHP 中常见的计算字符串长度的函数有：strlen() 和 mb_strlen()。当字符全是英文字符的时候，二者的功能是一样的。但是，当字符串中包含中文字符时，所占字节有所不同。先来了解一下英文字符和中文字符所占字节的情况。

数字、英文、小数点、下画线和空格占 1 字节，一个汉字可能会占 2 ～ 4 字节，具体占几字节取决于采用的什么编码。汉字在 GBK/GB2312 编码中占 2 字节，在 UTF-8/unicode 中一般占 3 字节（或 2 ～ 4 字节）。由于本书中所有文件均使用 UTF-8 编码，即一个汉字占 3 字节。

下面讲解如何使用 strlen() 函数和 mb_strlen() 函数获取指定字符串的长度。

1. strlen() 函数

strlen() 函数主要用于获取指定字符串的长度。strlen() 函数语法格式如下：

```
int strlen(string $str)
```

参数和返回值如下。

- str：需要计算长度的字符串。
- 返回值：如果成功则返回字符串 str 的长度；如果 str 为空，则返回 0。

例如，使用 strlen() 函数来获取指定字符串的长度，代码如下：

```php
01  <?php
02      $str = "明日学院官方网站：www.mingrisoft.com";
03      echo "字符串长度为：".strlen($str);
04  ?>
```

在上述代码中"明日学院官方网站："均为中文字符，每个中文字符占 3 字节，共占 27 字节。"www.mingrisoft.com"均为英文字符，每个英文字符占 1 字节，共占 18 字节。上述代码运行结果如下：

```
字符串长度为：45
```

2. mb_strlen() 函数

由于 strlen() 函数无法正确处理中文字符串，它得到的只是字符串所占的字节数，因此可以采用 mb_strlen() 函数来解决这个问题。

mb_strlen() 函数主要用于获取指定字符串的长度。mb_strlen() 函数语法格式如下：

```
mixed mb_strlen ( string $str , string $encoding = mb_internal_encoding() )
```

参数和返回值如下。

- str：需要计算长度的字符串。
- encoding：字符编码。如果省略，则使用内部字符编码。
- 返回值：返回具有 encoding 编码的字符串 $str 包含的字符数。多字节的字符被记为 1。如果给定的 encoding 无效则返回 FALSE。

mb_strlen() 函数的用法和 strlen() 函数的用法类似，只不过它有第二个可选参数用于指定字符编码。例如得到 UTF-8 的字符串 $str 的长度，可以用 mb_strlen($str,'UTF-8')。如果省略第二个参数，则会使用 PHP 的内部编码，内部编码可以通过 mb_internal_encoding() 函数得到。

📋 学习笔记

mb_strlen() 函数并不是 PHP 核心函数，使用前需要确保在 php.ini 中加载了 php_mbstring.dll，即确保 "extension=php_mbstring.dll" 这一行代码存在并且没有被注释掉，否则会出现未定义函数的问题。

判断注册的用户名是否为 3 ～ 18 位

明日学院注册页面中，用户注册时输入的用户名必须为 3 ～ 18 位中文字符或英文字符，既可以是全中文字符，又可以是全英文字符或者中英文字符混合。使用 mr_strlen() 函数实现该功能，代码如下：

```php
01  <?php
02      /** 定义 checkUsername 函数 **/
03      function checkUsername($username){
            // 使用 mb_strlen() 函数获取字符串长度
04          $length = mb_strlen($username,'UTF-8');
            // 判断字符串长度是否满足 3 ～ 18
05
06          if($length < 3 or $length > 18){
07              $message = " 不满足注册条件，用户名应该为 3 ～ 18 位 ";
08          }else{
09              $message = " 满足注册条件，可以注册 ";
10          }
11          return $message;
12      }
13      $username1 = ' 明日 ';                // 定义变量
14      $username2 = ' 明日 MR';              // 定义变量
15      $result1 =  checkUsername($username1); // 调用 checkUsername()，传递 $username1
16      $result2 =  checkUsername($username2);// 调用 checkUsername()，传递 $username2
17      echo '$username1'.$result1;        // 输出结果
18      echo "<br>";
19      echo '$username2'.$result2;        // 输出结果
20  ?>
```

运行结果如图 4.2 所示。

图 4.2　判断用户名是否满足条件

4.2.3　截取字符串

PHP 对字符串截取可以采用内置函数 substr() 和 mb_substr() 实现。通常使用 substr() 函数截取英文字符，mb_substr() 函数截取中文字符或中英文混合字符。

1. substr() 函数

substr() 函数语法格式如下：

```
string substr ( string $str, int $start [, int $length])
```

参数和返回值如下。

- str：指定字符串对象。
- start：指定开始截取字符串的位置。如果参数 start 为负数，则从字符串的末尾开始截取。
- length：可选参数，指定截取字符的个数，如果 length 为负数，则表示截取到倒数第 length 个字符。
- 返回值：返回提取的子字符串，或者在失败时返回 FALSE。

学习笔记

substr() 函数中，参数 start 的指定位置是从 0 开始计算的，即字符串中的第一个字符表示为 0，如图 4.3 所示。

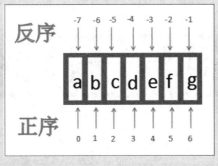

图 4.3　start 开始位置

使用 substr() 函数截取字符串中指定长度的字符，代码如下：

```php
01  <?php
02      $str = "She is a well-read girl";
03      echo substr($str,0);                // 从第 1 个字符开始截取
04      echo "<br>";                        // 执行换行
05      echo substr($str,4,14);             // 从第 5 个字符开始连续截取 14 个字符
06      echo "<br>";                        // 执行换行
07      echo substr($str,-4,4);             // 从倒数第 4 个字符开始截取 4 个字符
08      echo "<br>";                        // 执行换行
09      echo substr($str,0,-4);             // 从第 1 个字符开始截取，到倒数第 4 个字符
10  ?>
```

运行结果如下：

```
She is a well-read girl
is a well-read
girl
She is a well-read
```

由于在 UTF-8 编码下，一个汉字占 3 字节，所以在使用 substr() 函数时，可能出现截取汉字不完整的情况。例如，使用 substr() 函数截取字符串 "Hi 明日科技"，代码如下：

```php
01  <?php
02      $string  = "Hi 明日科技 ";
03      echo substr($string,0,7);
04  ?>
```

上述代码中，start 为 0，length 为 7，即从第一个位置开始，截取 7 字节，如图 4.4 所示。由于在第 7 个字符位置，汉字 "日" 没有被截取完成，将会出现汉字乱码的情况，运行结果如图 4.5 所示。

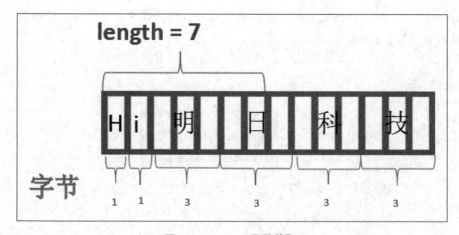

图 4.4　substr() 函数截取

图 4.5　substr() 函数截取汉字乱码

2. mb_substr () 函数

针对 substr() 函数截取汉字乱码的问题，可以使用 mb_substr() 函数来解决。mb_substr() 函数语法格式如下：

```
string mb_substr ( string $str , int $start [, int $length = NULL [, string
$encoding = mb_internal_encoding() ]] )
```

参数和返回值如下。

- str：从该 string 中提取子字符串。

- start：str 中要截取的第一个字符的位置。

- length：可选参数，指定截取字符的个数，如果 length 为负数，则表示取到倒数第 length 个字符。

- encoding：字符编码。如果省略，则使用内部字符编码。

- 返回值：根据 start 和 length 参数返回 str 中指定的部分。

截取列表页中过长的标题

在明日学院网站"最新动态"专栏中，显示所有最新课程标题的列表。为了保持整个页面的合理布局，需要对一些超长标题进行部分显示，使用 substr() 函数截取超长文本的部分字符串，剩余的部分用"…"代替。具体代码如下：

```php
01 <?php
02    /** 列表页内容 **/
03    $row1 = "11.5 继承泛型类与实现泛型接口（下）";
04    $row2 = "11.4 继承泛型类与实现泛型接口（上）";
05    $row3 = "11.3 限制泛型：泛型通配符 ";
06    $row4 = "11.2 限制泛型：泛型继承类和接口 ";
07    $row5 = "11.1 泛型类 ";
08    $row6 = "10.7 枚举实现接口 ";
09    $row7 = "10.6 枚举的类成员 ";
10    $row8 = "10.5 枚举常用方法 ";
11    /** 定义字符串截取函数 **/
12    function getSubstr($string){
13        if(mb_strlen($string,"UTF-8")>15){     // 如果文本的字符串长度大于 15 个字符
```

```
                      // 输出文本的前 15 个字符，然后输出省略号
14            echo mb_substr($string,0,15,"UTF-8")."…";
15        }else{
16            echo $string;                    // 直接输出文本
17        }
18        echo "<br>";
19    }
20    /** 调用 getSubstr() 函数，输出截取后的结果 **/
21    getSubstr($row1);
22    getSubstr($row2);
23    getSubstr($row3);
24    getSubstr($row4);
25    getSubstr($row5);
26    getSubstr($row6);
27    getSubstr($row7);
28 ?>
```

运行结果如图 4.6 所示。

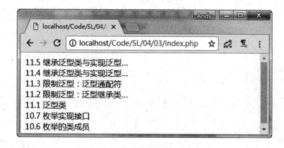

图 4.6　mb_substr() 函数截取字符串

4.2.4　检索字符串

PHP 中提供了很多应用于字符串查找的函数，常用的有 strstr() 函数和 strpos() 函数。

1. strstr() 函数

获取一个指定字符串在另一个字符串中首次出现的位置到后者末尾的子字符串。strstr() 函数语法格式如下：

```
    string strstr ( string $haystack , mixed $needle [, bool $before_needle =
false ] )
```

参数和返回值如下。

- haystack：指定从该字符串中进行搜索。

- needle：指定搜索的对象。如果 needle 不是一个字符串，那么它将被转化为整型并作为字符的序号来使用。

- before_needle：可选参数，默认为 false。若为 true，strstr() 函数将返回 needle 在 haystack 中的位置之前的部分。

- 返回值：返回 haystack 字符串从 needle 第一次出现的位置开始到 haystack 结尾的字符串。

例如，获取"Hi 明日科技"字符串中"明日"以后的内容。代码如下：

```php
01 <?php
02     $string  = "Hi 明日科技 ";
03     echo strstr($string," 明日 ");
04 ?>
```

运行程序，实现结果如下：

明日科技

📋 学习笔记

strstr() 函数区分字母的大小写，如果不区分大小写，则可以使用 stristr() 函数。

根据邮箱地址获取用户名和服务器名

使用 strstr() 函数，根据邮箱地址获取用户名和服务器名。代码如下：

```php
01 <?php
02     $email  = 'mingrisoft@163.com';
03     $domain = strstr($email, '@');
04     echo ' 邮箱服务器是 :'.$domain. '<br>';        // 输出：@163.com
05     $user = strstr($email, '@', true);            // 使用 strstr() 函数
06     echo ' 用户名 是 :'.$user;                     // 输出：mingrisoft
07 ?>
```

运行结果如图 4.7 所示。

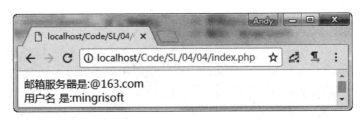

图 4.7　strstr() 函数获取用户名和服务器名

strstr() 函数与其正好相反，该函数是从字符串倒序的位置开始检索字符串的。

2. strpos() 函数

查找字符串首次出现的位置，返回数字首次出现的位置。strpos() 函数语法格式如下：

```
mixed strpos ( string $haystack , mixed $needle [, int $offset = 0 ] )
```

参数和返回值如下。

- haystack：必要参数，指定从该字符串中进行搜索。
- needle：必要参数，指定搜索的对象。如果 needle 不是一个字符串，那么它将被转化为整型并作为字符的序号来使用。
- offset：可选参数，默认为 0。如果提供了此参数，那么搜索会从字符串该字符数的起始位置开始统计。
- 返回值：返回 needle 存在于 haystack 字符串起始的位置。同时注意字符串位置是从 0 开始的，而不是从 1 开始的。如果没找到 needle，那么将返回 FALSE。

本函数区分字母的大小写，如果不区分大小写，则可以使用 stripos() 函数。

例如，获取"Hi 明日科技"字符串中"明日"以后的内容。代码如下：

```
01  <?php
02      $string  = "Hi 明日科技 ";
03      echo strpos($string," 明日 ");
04  ?>
```

程序运行结果如下：

明日科技

strrpos() 函数与其正好相反，该函数用于计算指定字符串在目标字符串中最后一次出现的位置。strrpos() 函数也区分大小写，如果不用区分大小写，则可以使用 strripos() 函数。

4.2.5　替换字符串

通过字符串的替换技术可以实现对指定字符串中的指定字符进行替换。字符串的替换技术可以通过以下两个函数实现：str_replace() 函数和 substr_replace() 函数。

1.　str_replace() 函数

使用新的子字符串替换原始字符串中被指定要替换的字符串。str_replace() 函数语法格式如下：

```
mixed str_replace ( mixed $search, mixed $replace, mixed $subject [, int &$count])
```

将所有在参数 subject 中出现的参数 search 以参数 replace 取代，参数 &count 表示取代字符串执行的次数。本函数区分大小写。

参数和返回值如下。

- search：必要参数，要搜索的值，可以使用 array 来提供多个值。
- replace：必要参数，指定替换的值。
- subject：必要参数，要被搜索和替换的字符串或数组。
- count：可选参数，如果被指定，则它的值将被设置为替换发生的次数。
- 返回值：替换后的字符串或数组。

例如，将文本中的指定字符串"某某"替换为**，并且输出替换后的结果，代码如下：

```
01  <?php
02      $str2=" 某某 ";                                  // 定义字符串常量
03      $str1="**";                                      // 定义字符串常量
04      $str=" 某某公司是一家以计算机软件技术为核心的高科技企业,涉及生产、管理、控制、仓贮、物流、
05          营销、服务等某某行业 ";                        // 定义字符串常量
06      echo str_replace($str2,$str1,$str,$count);        // 输出替换后的字符串
07      echo "<br>";
08      echo " 替换数量: ".$count." 个 ";
09  ?>
```

运行结果如下：

　　** 公司是一家以计算机软件技术为核心的高科技企业,涉及生产、管理、控制、仓贮、物流、营销、服务等 ** 行业
　　替换数量: 2 个

学习笔记

该函数在执行替换的操作时区分大小写，如果不需要对大小写加以区分，则可以使用 str_ireplace() 函数。

2. substr_replace() 函数

对指定字符串中的部分字符串进行替换。substr_replace() 函数语法格式如下：

```
mixed substr_replace ( mixed $string , mixed $replacement , mixed $start
[, mixed $length ] )
```

参数和返回值如下。

- string：指定要操作的原始字符串，可以是字符串或数组。

- replacement：指定替换后的新字符串。

- start：指定替换字符串开始的位置。正数表示替换从字符串的第 start 位置开始；负数表示替换从字符串的倒数第 start 位置开始；0 表示替换从字符串中的第一个字符开始。

- length：可选参数，指定返回的字符串长度。默认值是整个字符串。正数表示被替换的子字符串的长度；负数表示待替换的子字符串结尾处距离字符串末端的字符个数；0 表示将 repl 插入 string 的 start 位置处。

- 返回值：返回结果字符串。如果 string 是个数组，那么也将返回一个数组。

学习笔记

如果参数 start 设置为负数，而参数 length 数值小于或等于 start 数值，那么 length 的值自动为 0。

将手机号中间 4 位数字用 **** 替换

明日学院网站举办抽奖活动，活动结束后将获奖用户姓名和手机号公布在网站上，为保护用户隐私，将获奖用户的手机号中间 4 位用 **** 替换，实现该功能的代码如下：

```
01 <?php
02     /** 定义 3 个用户 **/
03     $username1 = '张三';
04     $username1_phone = '40084978981';
05     $username2 = '李四';
```

```
06       $username2_phone = '40084978981';
07       $username3 = ' 王五 ';
08       $username3_phone = '40084978981';
09       $replace = '****'; // 替换的字符串
10       /** 输出替换后的结果 **/
11       echo ' 姓名: '.$username1." 手机号: ".substr_replace($username1_phone,$replace,3,4);
12       echo "<br>";
13       echo ' 姓名: '.$username2." 手机号: ".substr_replace($username2_phone,$replace,3,4);
14       echo "<br>";
15       echo ' 姓名: '.$username3." 手机号: ".substr_replace($username3_phone,$replace,3,4);
16   ?>
```

运行结果如图 4.8 所示。

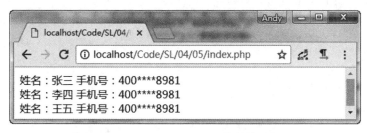

图 4.8　substr_replace() 函数替换手机号

4.2.6　分割字符串、合成字符串

在 PHP 中提供了分割字符串和合成字符串的函数，它们都与数组相关。数组就是一组数据的集合，把一系列数据组织起来，形成一个可操作的整体。数组的知识会在第 5 章讲解，先来了解一下如何分割字符串和合成字符串。

1. 分割字符串

explode() 函数按照指定的规则对一个字符串进行分割，返回值为数组。explode() 函数语法格式如下：

```
array explode ( string $delimiter , string $string [, int $limit ] )
```

参数和返回值如下。

● delimiter：边界上的分隔字符。

● string：指定将要被进行分割的字符串。

● limit：可选参数，如果设置了 limit，则返回的数组最多包含 limit 个元素，而最后的元素将包含 $string 的剩余部分。

- 返回值：此函数返回由字符串组成的 array，每个元素都是 string 的一个子串，它们被字符串 delimiter 作为边界点分割出来。

输出被 @ 的好友名称

在微博 @ 好友时，输入"@mr @mrsoft @ 明日科技"（好友名称之间用一个空格区分），即可同时 @ 三个好友，使用 explode() 函数，输出被 @ 的好友名称。实现该功能的代码如下：

```php
01  <?php
02      $string = "@mr @mrsoft @ 明日科技 ";      // 定义字符串
03      $array  = explode(' ',$string);        // 根据空格拆分字符串
04      echo "您 @ 的好友有：<br>";
05      /** 遍历数组 **/
06      for($i=0;$i<3;$i++){
07          echo trim($array[$i],'@')."<br>";   //$i 为数组下标
08      }
09  ?>
```

运行结果如图 4.9 所示。

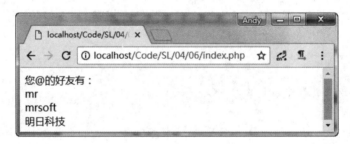

图 4.9　输出被 @ 的好友名称

📋 学习笔记

在默认情况下，数组第一个元素的索引为 0。关于数组的相关知识将在第 5 章中进行详细讲解。

2. 合成字符串

implode() 函数可以将数组的内容组合成一个新字符串。implode() 函数语法格式如下：

string **implode**(string $**glue**, array $**pieces**)

参数和返回值如下。

- glue：指定分隔符。

- pieces：指定要被合并的数组。

- 返回值：返回一个字符串，其内容为由 glue 分割开的数组的值。

例如，使用 implode() 函数将数组中的内容以 @ 为分隔符进行连接，从而组合成一个新的字符串，代码如下：

```php
01 <?php
02     $str="PHP 编程词典 @NET 编程词典 @ASP 编程词典 @JSP 编程词典 "; // 定义字符串常量
03     $str_arr = explode("@",$str);                      // 应用标识 @ 分割字符串
04     $string = implode("@",$str_arr);                   // 将数组合成字符串
05     echo $string;                                       // 输出字符串
06 ?>
```

结果为：

PHP 编程词典 @NET 编程词典 @ASP 编程词典 @JSP 编程词典

学习笔记

implode() 函数和 explode() 函数是两个相对的函数，implode() 函数用于合成字符串，explode() 函数用于分割字符串。

4.3　正则表达式

4.3.1　正则表达式简介

在编写处理字符串的程序或网页时，经常会查找符合某些复杂规则的字符串。正则表达式就是用于描述这些规则的工具。换言之，正则表达式就是记录文本规则的代码。对接触过 DOS 的用户来说，如果想匹配当前文件夹下的所有文本文件，则可以输入 "dir *.txt" 命令，按 <Enter> 键后所有 ".txt" 文件将会被列出来。这里的 "*.txt" 即可理解为一个简单的正则表达式。

4.3.2　行定位符

行定位符用来描述字符串的边界。"^" 表示行的开始；"$" 表示行的结尾。例如：

　　^tm

该表达式表示要匹配字符串 tm 的开始位置是行头，如 tm equal Tomorrow Moon 就可

以匹配，而 Tomorrow Moon equal tm 则不匹配。如果使用：

    tm$

则后者可以匹配而前者不能匹配。如果要匹配的字符串可以出现在字符串的任意部分，那么可以直接写成：

    tm

这样两个字符串就都可以匹配了。

4.3.3 元字符

现在你已经知道几个很有用的元字符了，如"^""$"。正则表达式里还有很多元字符，下面来看看元字符的示例：

    \bmr\w*\b

匹配以字母"mr"开头的单词，首先从某个单词开始处 (\b) 匹配字母"mr"，接着是任意数量的字母或数字 (\w*)，最后是单词结束处 (\b)。该表达式可以匹配"mrsoft""mrbook""mr123456"等。常用的元字符如表 4.2 所示。

表 4.2 常用的元字符

元 字 符	说 明
.	匹配除换行符以外的任意字符
\w	匹配字母或数字或下画线或汉字
\s	匹配任意的空白符
\d	匹配数字
\b	匹配单词的开始或结束
^	匹配字符串的开始
$	匹配字符串的结束

4.3.4 限定符

在前面章节的例子中，使用 (\w*) 匹配任意数量的字母或数字。如果想匹配特定数量的数字，那么该如何表示呢？正则表达式提供了限定符（指定数量的字符）来实现该功能。如匹配 8 位 QQ 号可用如下表示式：

    ^\d{8}$

常用的限定符如表 4.3 所示。

表 4.3 常用的限定符

限 定 符	说 明	举 例
?	匹配前面的字符零次或一次	colou?r,该表达式可以匹配 colour 和 color
+	匹配前面的字符一次或多次	go+gle,该表达式可以匹配的范围从 gogle 到 goo…gle
*	匹配前面的字符零次或多次	go*gle,该表达式可以匹配的范围从 ggle 到 goo…gle
{n}	匹配前面的字符 n 次	go{2}gle,该表达式只匹配 google
{n,}	匹配前面的字符最少 n 次	go{2,}gle,该表达式可以匹配的范围从 google 到 goo…gle
{n,m}	匹配前面的字符最少 n 次,最多 m 次	employe{0,2},该表达式可以匹配 employ、employe 和 employee 3 种情况

4.3.5 字符类

用正则表达式查找数字和字母是很简单的,因为已经有了对应这些字符集合的元字符(如 \d, \w),如果要匹配没有预定义元字符的字符集合(比如元音字母 a、e、i、o、u),应该怎么办?很简单,只需要在方括号里列出它们就可以了,比如 [aeiou] 就匹配任何一个英文元音字母,[.?!] 匹配标点符号(. 或 ? 或 !)。也可以轻松地指定一个字符范围,比如 [0-9] 的含意与 \d 就是完全一致的,即一位数字;同理 [a-z0-9A-Z_] 也完全等同于 \w(如果只考虑英文)。

4.3.6 排除字符

前面的例子是匹配符合命名规则的变量。现在反过来,匹配不符合命名规则的变量,正则表达式提供了"^"元字符,这个元字符在 4.3.1 节中出现过,表示行的开始,而在这里将会把这个元字符放到方括号中,表示排除。例如:

```
[^a-zA-Z]
```

该表达式匹配的就是不以字母开头的变量名。

4.3.7 选择字符

试想一下,如何匹配身份证号码?首先需要了解一下身份证号码的规则。身份证号码的长度为 15 位或 18 位。如果为 15 位时,则全为数字;如果为 18 位时,则前 17 位为数字,最后一位是校验位,可能为数字或字符 X。

在前面的描述中,包含着条件选择的逻辑,这就需要使用选择字符(|)来实现。该字符可以理解为"或",匹配身份证的表达式可以写成如下方式:

```
^\d{15}$)|(^\d{18}$)|(^\d{17}(\d|X|x)$
```

该表达式的意思是匹配 15 位数字或者 18 位数字，或者 17 位数字和最后一位。最后一位可以是数字或是 X 也或是 x。

4.3.8 转义字符

正则表达式中的转义字符（\）和 PHP 中的大同小异，都是将特殊字符（如"."".""?""\"等）变为普通字符。列举一个 IP 地址的实例，用正则表达式匹配诸如 127.0.0.1 这种格式的 IP 地址。如果直接使用点字符，则格式为：

```
[0-9]{1,3}(.[0-9]{1,3}){3}
```

这显然不对，因为"."可以匹配一个任意字符。这时，不仅是 127.0.0.1 这种格式的 IP，连 127101011 这样的字符串也会被匹配出来。所以在使用"."时，需要使用转义字符（\）。修改后上面的正则表达式的格式为：

```
[0-9]{1,3}(\.[0-9]{1,3}){3}
```

📋 **学习笔记**

> 括号在正则表达式中也算是一个元字符。

4.3.9 分组

通过 4.3.8 节中的例子，相信读者已经对小括号的作用有了一定的了解。小括号的第一个作用就是可以改变限定符的作用范围，如"|""*""^"等。来看下面的一个表达式：

```
(thir|four)th
```

这个表达式的意思是匹配单词 thirth 或 fourth，如果不使用小括号，那么就变成了匹配单词 thir 和 fourth 了。

小括号的第二个作用是分组，也就是子表达式，如(\.[0-9]{1,3}){3}，就是对分组 (\.[0-9]{1,3}) 进行重复操作。

4.4 正则表达式在 PHP 中的应用

PHP 中提供了两套支持正则表达式的函数库，即 PCRE 函数库和 POSIX 函数库。PCRE 函数库在执行效率上要略优于 POSIX 函数库，所以这里只讲解 PCRE 函数库中的函数。PCRE 函数库中常用的函数如表 4.4 所示。

表 4.4　PCRE 函数库中常用的函数

函　　数	说　　明
preg_filter	执行一个正则表达式搜索和替换
preg_grep	返回匹配模式的数组条目
preg_last_error	返回最后一个 PCRE 正则执行产生的错误代码
preg_match_all	执行一个全局正则表达式匹配
preg_match	执行匹配正则表达式
preg_quote	转义正则表达式字符
preg_replace_callback	执行一个正则表达式搜索并且使用一个回调进行替换
preg_replace	执行一个正则表达式的搜索和替换
preg_split	通过一个正则表达式分割字符串

下面讲解如何使用 PHP 中常用的 preg_match() 函数。

preg_match() 函数用于执行匹配正则表达式，函数语法如下：

```
int preg_match ( string $pattern , string $subject [, array &$matches] )
```

参数和返回值如下。

- pattern：要搜索的模式，字符串类型。
- subject：输入字符串。
- matches：可选参数，如果提供了参数 matches，它将被填充为搜索结果。$matches[0] 将包含完整模式匹配到的文本，$matches[1] 将包含第一个捕获子组匹配到的文本，以此类推。
- 返回值：返回 pattern 的匹配次数。它的值将是 0 次（不匹配）或 1 次，因为 preg_match() 函数在第一次匹配后将会停止搜索。如果发生错误则 preg_match() 函数返回 FALSE。

查找匹配个数

在明日学院注册页面中，需要对用户输入的手机号码格式进行检测，以避免用户手误导致注册失败。使用 preg_match() 函数能够实现该功能，具体代码如下：

```php
01  <?php
02      $mobile1 = '12888888888';                              // 手机号码 1
03      $mobile2 = '13578982158';                              // 手机号码 2
04      /** 定义检测手机号码格式的函数 **/
05      function checkMobile($mobile){
```

```
06            if(preg_match('/1[34578]\d{9}$/',$mobile)){         // 判断格式是否正确
07                echo $mobile." 手机号格式正确 ";                 // 输出正确的信息
08            }else{
09                echo $mobile." 手机号格式错误 ";                 // 输出错误的信息
10            }
11        }
12
13    checkMobile($mobile1);                                       // 调用检测方法
14    echo "<br>";
15    checkMobile($mobile2);                                       // 调用检测方法
16 ?>
```

运行结果如图 4.10 所示。

图 4.10　preg_match() 函数检测手机号码格式

📋 学习笔记

> preg_match_all() 函数用于执行一个全局正则表达式匹配。它会一直搜索 subject 直到结尾。

4.5　学习笔记

学习笔记一：慎用 strlen() 函数处理中文字符

使用 strlen() 函数计算时，一个 UTF-8 的中文字符是 3 个长度，所以 "中文 a 字 1 符" 长度是 3*4+2=14，在 mb_strlen 计算时，选定内码为 UTF-8，则会将一个中文字符作为长度 1 来计算，所以 "中文 a 字 1 符" 长度是 6。

学习笔记二：strstr() 函数和 strpos() 函数的区别

这两个函数都可用于查找字符串首次出现的位置，并且都区分大小写。二者不同的是，strstr() 函数返回的是一个字符串，即从首次出现的位置到输入的字符串结束。而 strpos() 函数返回的是一个数字，即字符串首次出现的数字位置，注意从 0 开始计数。

4.6　小结

本章主要对常用的字符串操作技术进行了详细的讲解，其中去除字符串首尾空格、获取字符串的长度、截取字符串和字符串的查找与替换等都是需要重点掌握的操作技术。此外，还介绍了正则表达式的基础知识。这些内容也是作为一个 PHP 程序员必须要熟悉和掌握的知识。相信通过本章的学习，读者能够举一反三，对所学知识灵活运用，从而开发出实用的 PHP 程序。

第 5 章　PHP 数组应用

数组是对大量数据进行有效组织和管理的手段之一，通过数组的强大功能，可以对大量性质相同的数据进行存储、排序、插入及删除等操作，从而可以有效地提高程序开发效率及改善程序的编写方式。PHP 作为市面上最流行的 Web 开发语言之一，凭借其代码开源、升级速度快等特点，其对数组的操作能力更加强大，尤其是 PHP 为程序开发人员提供了大量方便、易懂的数组操作函数，使 PHP 深受广大 Web 开发人员的青睐。

5.1　什么是数组

数组，顾名思义，本质上就是一系列数据的组合。在这个组合中，每个数据都是独立的，可以对每个单独的数据进行分配和读取，然而这一系列数据必须是同一种类型的，不能属于不同类型。在程序设计中引入数组可以更有效地管理和处理数据。我们可以单独定义 a、b、c、d、e 这 5 个变量，也可以定义一个数组，包含这 5 个变量，如图 5.1 所示。

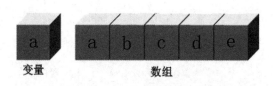

图 5.1　变量和一维数组的概念图

数组中的每个实体都包含两项：键（也称为下标）和值。可以通过键值来获取相应数组元素。这就像篮球球员和球衣号码一样，如 NBA 芝加哥公牛队乔丹球衣号码是 23 号，那么，公牛队就是一个数组，23 就是数组的键，乔丹就是键对应的值。我们可以通过球衣号码找到对应的球员。

5.2 创建数组

在 PHP 中创建数组的方式主要有两种：一种是应用 array() 函数创建数组，另一种是直接通过为数组元素赋值的方式创建数组。

5.2.1 使用 array() 函数创建数组

可以用 array() 函数来新建一个数组，该数组接受任意数量用逗号分隔的键（key）=>值（value）对，格式如下：

```
array(  key =>  value,
...
        )
```

📋 学习笔记

> 键可以是一个整数 integer 或字符串 string，如果省略了索引，则会自动产生从 0 开始的整数索引。如果索引是整数，则下一个产生的索引将是目前最大的整数索引 +1。如果定义了两个完全一样的索引，则后面一个索引会覆盖前一个索引。值可以是任意类型的，如果值是数组类型时，就是二维数组。

应用 array() 函数声明数组时，数组下标既可以是数值索引又可以是关联索引。数组下标与数组元素值之间用 "=>" 进行连接，不同数组元素之间用逗号进行分隔。

应用 array() 函数定义数组比较灵活，可以在函数体中只给出数组元素值，而不必给出键值。例如：

```
01  <?php
02      $array = array ("asp", "php", "jsp");          // 定义数组
03      echo "<pre>";
04      print_r($array);                              // 输出数组元素
05  ?>
```

结果为：

```
Array
(
    [0] => asp
    [1] => php
```

```
    [2] => jsp
)
```

📋 **学习笔记**

自 PHP 5.4 起可以使用短数组定义语法，用 [] 替代 array()，如 $array = ["asp"，"php"，"jsp"];。

PHP 提供创建数组的 array() 语言结构。在使用其中的数据时，可以直接利用它们在数组中的排列顺序取值，这个顺序称为数组的下标。例如：

```
01  <?php
02      $array = array ("asp", "php", "jsp");                    // 定义数组
03      echo $array[ 1 ];                                        // 输出数组元素
04  ?>
```

结果为：

```
    php
```

📋 **学习笔记**

使用这种方式定义数组时，下标默认是从 0 开始的，而不是从 1 开始的，然后依次增加 1。所以下标为 2 的元素是指数组的第 3 个元素。

例如，下面将通过 array() 函数创建数组，代码如下：

```
01  <?php
02      $array=array("1"=>" 编 ","2"=>" 程 ","3"=>" 词 ","4"=>" 典 ");     // 声明数组
03      print_r($array);                                        // 输出数组元素
04      echo "<br>";
05      echo $array[1];                                         // 输出数组元素的值
06      echo $array[2];                                         // 输出数组元素的值
07      echo $array[3];                                         // 输出数组元素的值
08      echo $array[4];                                         // 输出数组元素的值
09  ?>
```

结果为：

```
    Array ( [1] => 编 [2] => 程 [3] => 词 [4] => 典 )
    编程词典
```

5.2.2　通过赋值方式创建数组

PHP 中另一种比较灵活的数组创建方式是直接为数组元素赋值。如果在创建数组时不知道所创建数组的大小，或在实际编写程序时数组的大小可能发生改变，采用这种创建数组的方法较好。

为了加深读者对这种数组声明方式的理解，下面通过具体实例对这种数组声明方式进行讲解，代码如下：

```php
01  <?php
02      $array[1]=" 编 ";
03      $array[2]=" 程 ";
04      $array[3]=" 词 ";
05      $array[4]=" 典 ";
06      print_r($array);       // 输出所创建数组的结构
07  ?>
```

结果为：

```
Array ([1] => 编 [2] => 程 [3] => 词 [4] => 典)
```

📋 **学习笔记**

> 通过直接为数组元素赋值的方式创建数组时，要求同一数组元素中的数组名相同，上述示例中都赋值给 $array。

5.3　数组的类型

PHP 支持两种数组：索引数组（indexed array）和关联数组（associative array），前者使用数字作为键，后者使用字符串作为键。

5.3.1　数字索引数组

PHP 数字索引一般表示数组元素在数组中的位置，它由数字组成，数字索引数组默认索引值从数字 0 开始，不需要特别指定，PHP 会自动为索引数组的键名赋一个整数值，然后从这个值开始自动增量，当然，也可以指定从某个位置开始保存数据。我们可以使用数字索引定义 NBA 全明星数组，如图 5.2 所示。

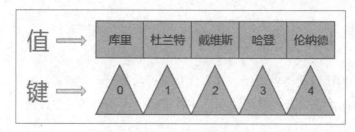

图 5.2　NBA 全明星数组数字索引

例如，创建两个数组 $project1 和 $project2，具体代码如下：

```php
01  <?PHP
02      $project1 = array('明日科技','明日学院','明日图书','明日论坛'); // 不用下标
        // 下标从 1 开始递增
03      $project2 = array(1=>'明日科技','明日学院','明日图书','明日论坛');
04      print_r($project);                  // 输出数组
05      echo "<br>";
06      print_r($project1);                 // 输出数组
07  ?>
```

运行结果如下：

```
Array ( [0] => 明日科技 [1] => 明日学院 [2] => 明日图书 [3] => 明日论坛 )
Array ( [1] => 明日科技 [2] => 明日学院 [3] => 明日图书 [4] => 明日论坛 )
```

5.3.2　关联数组

关联数组的键名可以是数值和字符串混合的形式，而不像数字索引数组的键名只能为数字，在一个数组中，只要键名中有一个不是数字，那么这个数组就称为关联数组。以水果名称和价格的数组为例，键为水果名称，值为水果价格，如图 5.3 所示。

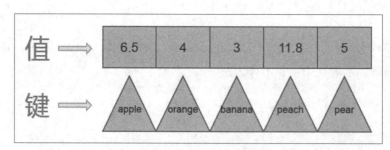

图 5.3　关联数组示意图

创建一个关联数组，代码如下：

```php
01  <?php
02      $newarray = array("first"=>1,"second"=>2,"third"=>3);
```

```
03    echo $newarray["second"];
04    echo "<br>";
05    $newarray["third"]=8;
06    echo $newarray["third"];
07 ?>
```

结果为：

```
2
8
```

📋 **学习笔记**

> 关联数组的键名可以是任意一个整数或字符串。如果键名是一个字符串，则不要忘记给这个键名或索引加上一个定界修饰符——单引号（'）或双引号（"）。

5.4　多维数组

数组不一定就是一个关键字和值的简单列表，数组中的每个位置还可以保存另一个数组。使用这种方法，可以创建一个二维数组。以某酒店的楼层和房间号为例，如图 5.4 所示，每一个楼层都是一个一维数组，楼层数本身又构成了一个数组，这样一间酒店就构成了一个二维数组。

楼层	房间号						
一楼	1101	1102	1103	1104	1105	1106	1107
二楼	2101	2102	2103	2104	2105	2106	2107
三楼	3101	3102	3103	3104	3105	3106	3107
四楼	4101	4102	4103	4104	4105	4106	4107
五楼	5101	5102	5103	5104	5105	5106	5107
六楼	6101	6102	6103	6104	6105	6106	6107
七楼	7101	7102	7103	7104	7105	7106	7107

图 5.4　二维表结构的楼层和房间号

表常用二维数组表示，表中的信息以行和列的形式表示，第一个下标代表元素所在的行，第二个下标代表元素所在的列。下面使用具体的实例来创建一个二维数组，代码如下：

```
01 <?php
02    $str = array (
```

```
03          " 书籍 "=>array (" 文学 "," 历史 "," 地理 "),
04          " 体育用品 "=>array ("m"=>" 足球 ","n"=>" 篮球 "),
05          " 水果 "=>array (" 橙子 ",8=>" 葡萄 "," 苹果 ") );          // 声明数组
06      echo "<pre>";
07      print_r ( $str) ;                                            // 输出数组元素
08  ?>
```

运行结果如图 5.5 所示。

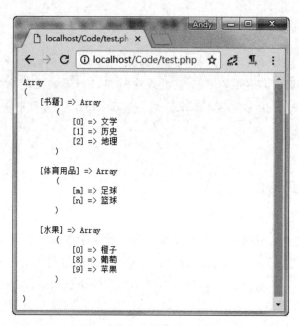

图 5.5　输出二维数组运行结果

上面的代码实现了一个二维数组，按照同样的思路，将二维数组中最底层元素替换成数组，就可以创建一个三维数组。下面使用具体的实例来创建一个三维数组，代码如下：

```
01  <?php
02      // 创建数组
03      $str = array (
04          " 书籍 "=>array (" 文学 "=>array(' 红楼梦 ',' 西游记 ')," 历史 "=>array(' 上下
五千年 ')),
05          " 体育用品 "=>array ("m"=>" 足球 ","n"=>" 篮球 "),
06          " 水果 "=>array (" 橙子 ",8=>" 葡萄 "," 苹果 ")
07      );
08      echo "<pre>";
09      print_r ( $str) ;   // 输出数组元素
10  ?>
```

运行结果如图 5.6 所示。

```
Array
(
    [书籍] => Array
        (
            [文学] => Array
                (
                    [0] => 红楼梦
                    [1] => 西游记
                )

            [历史] => Array
                (
                    [0] => 上下五千年
                )

        )

    [体育用品] => Array
        (
            [m] => 足球
            [n] => 篮球
        )

    [水果] => Array
        (
            [0] => 橙子
            [8] => 葡萄
            [9] => 苹果
        )

)
```

图 5.6　输出三维数组运行结果

5.5　遍历数组

遍历数组中的所有元素是一种常用的操作，在遍历的过程中可以完成查询等功能。在生活中，如果想要去商场买一件衣服，就要在商场中逛一遍，看看是否有想要的衣服，逛商场的过程就相当于遍历数组的操作。在 PHP 中遍历数组的方法有多种，下面介绍常用的 foreach 遍历数组。

使用 foreach 遍历数组

例如对于一个存有大量网址的数组变量 $url，如果应用 echo 语句一个个输出，将会非常烦琐，而通过 foreach 结构遍历数组则可轻松获取数据信息，代码如下：

```php
01  <?php
02      // 声明数组
03      $url = array('明日学院 '=>'www.mingrisoft.com',
04                   'PHP 官网 '=>'www.mrbccd.com',
05                   'PHP 之道 '=>'https://laravel-china.github.io/php-the-right-way'
06      );
07      // 遍历数组
```

```
08    foreach ( $url as $key=>$link ) {
09        echo $key.":".$link.'<br>';
10    }
11 ?>
```

运行结果如图 5.7 所示。

图 5.7　foreach 遍历数组运行结果

在上述代码中，PHP 为 $url 的每个元素依次执行循环体（echo 语句）一次，将 $link 赋值给当前元素的值，其中 $key 为数组的键值，各元素按数组内部顺序进行处理。

5.6　统计数组元素个数

在 PHP 中，使用 count() 函数对数组中的元素个数进行统计。count() 函数语法格式如下：

```
int count ( mixed $array [, int $mode])
```

参数和返回值如下。

- array：必要参数。输入的数组。
- mode：可选参数。COUNT_RECURSIVE（或 1），如选中此参数，本函数将递归地对数组计数。对计算多维数组的所有单元尤其有用。此参数的默认值为 0。
- 返回值：返回 array 中的单元数量。

例如，使用 count() 函数统计数组元素的个数，代码如下：

```
01 <?php
02    $array = array("PHP 函数参考大全 ","PHP 程序开发范例宝典 ",
03                    "PHP 网络编程自学手册 ","PHP5 从入门到精通 ");
04    echo count($array);   // 统计数组元素的个数，输出结果为 4
05 ?>
```

运行结果如下：

4

例如，使用 count() 函数递归地统计数组中图书数量并输出，代码如下：

```
01  <?php
02  // 声明一个二维数组
03  $array = array("php" => array("PHP 函数参考大全 ",
04                                 "PHP 程序开发范例宝典 ",
05                                 "PHP 数据库系统开发完全手册 "),
06               "asp" => array("ASP 经验技巧宝典 ")
07  );
08  echo count($array,COUNT_RECURSIVE); // 递归统计数组元素的个数，2+4=6
09  ?>
```

结果为：

```
6
```

📋 学习笔记

在统计二维数组时，如果直接使用 count() 函数则只会显示到一维数组的个数，所以参数设为 COUNT_RECURSIVE（或 1），对计算多维数组的所有单元尤其有用。

5.7　查询数组中的指定元素

array_search() 函数可以在数组中搜索给定的值，找到后返回键名，否则返回 false。

array_search() 函数语法格式如下：

```
mixed array_search ( mixed $needle, array $haystack [, bool $strict])
```

参数和返回值如下。

- needle：指定在数组中搜索的值。

- haystack：指定被搜索的数组。

- strict：为可选参数，默认值为 false。如果值为 true，还将在数组中检查给定值的类型。

- 返回值：如果找到了 needle 则返回它的键，否则返回 false。

查询数组中的指定元素

在购物车中，当更改商品数量时，该商品的总价也会随之更改。代码如下：

```
01  <?php
```

```
02  $name = " 智能机器人 @ 数码相机 @ 天翼 3G 手机 @ 瑞士手表 ";  // 定义字符串
03  $price ="14998@2588@2666@66698";
04  $counts = "1@2@3@4";
05  $arrayid=explode("@",$name);          // 将商品名称的字符串转换到数组中
06  $arraynum=explode("@",$price);        // 将商品价格的字符串转换到数组中
07  $arraycount=explode("@",$counts);     // 将商品数量的字符串转换到数组中
08  if(isset($_POST['Submit']) && $_POST['Submit']==true){
09      $id=$_POST['name'];               // 获取要更改的元素名称
10      $num=$_POST['counts'];            // 获取要更改的值
11      $key=array_search($id,$arrayid); // 在数组中搜索给定的值，如果成功则返回键名
12      $arraycount[$key]=$num;           // 更改商品数量
13      $counts=implode("@",$arraycount);        // 将更改后的商品数量添加到购物车中
14  }
15  ?>
16
17  <!DOCTYPE html>
18  <head>
19      <meta charset="utf-8">
20      <title>PHP 零基础 </title>
21      // 引入 Bootstrap 前端框架
22      <link    href="http://cdn.bootcss.com/bootstrap/3.3.7/css/bootstrap.css"
23              rel="stylesheet">
24      <script src="http://cdn.bootcss.com/jquery/1.11.1/jquery.min.js"></script>
25      <script src="http://cdn.bootcss.com/bootstrap/3.3.7/js/bootstrap.min.js"></script>
26  </head>
27  <body>
28  <div class="col-sm-12 bg-info">
29  <h3 class="col-sm-offset-3">array_search 方法示例 </h3>
30  <table class="table table-bordered ">
31      <tr>
32          <td> 商品名称 </td>
33          <td>价    格（￥）</td>
34          <td>数    量（个）</td>
35          <td>金    额（￥）</td>
36      </tr>
37      <?php
38      for($i=0;$i<count($arrayid);$i++){          //for 循环读取数组中的数据
39      ?>
40          <form name="form1_<?php echo $i;?>" method="post" action="">
41          <tr>
42              <td><?php echo $arrayid[$i]; ?></td>
43              <td><?php echo $arraynum[$i]; ?></td>
44              <td>
45                  <input name="counts" type="text" id="counts"
```

```
46                         value="<?php echo $arraycount[$i]; ?>" >
47                    <input name="name"    type="hidden" id="name"
48                         value="<?php echo $arrayid[$i]; ?>">
49                <input class="btn btn-info"type="submit" name="Submit"
50                         value=" 更改 "></td>
51             <td><?php echo $arraycount[$i]*$arraynum[$i]; ?></td>
52          </tr>
53       </form>
54    <?php
55          }
56    ?>
57 </table>
58 </div>
59 </body>
```

上述代码中，既包含 PHP 处理业务逻辑代码，又包含 HTML 创建表单的代码。运行结果如图 5.8 所示。

图 5.8　更新数组中元素的值

📋 学习笔记

　　HTML 是一种用于创建网页的标准标记语言。可以使用 HTML 来建立自己的 Web 站点。HTML 运行在浏览器上，由浏览器来解析。学习 Web 开发，读者要对 HTML 有基本的了解。第 7 章将会讲解 PHP 与 Web 页面交互的内容。

5.8 获取数组中的最后一个元素

通过 array_pop() 函数获取数组中的最后一个元素。array_pop() 函数语法格式如下：

```
mixed array_pop ( array $array)
```

参数和返回值如下。

- array：输入的数组。

- 返回值：返回数组的最后一个单元，并将原数组的长度减 1，如果数组为空（或不是数组）将返回 null。

例如，应用 array_pop() 函数获取数组中的最后一个元素，代码如下：

```
01 <?php
02     $arr = array ("ASP", "Java", "Java Web", "PHP", "VB");        // 定义数组
03     $array = array_pop ($arr);                        // 获取数组中的最后一个元素
04     echo "被弹出的单元是: $array <br />";                // 输出最后一个元素值
05     print_r($arr);                                // 输出数组结构
06 ?>
```

结果为：

```
被弹出的单元是: VB
Array ( [0] => ASP [1] => Java [2] => Java Web [3] => PHP )
```

5.9 向数组中添加元素

通过 array_push() 函数向数组中添加元素。array_push() 函数将数组当成一个栈，将传入的变量压入该数组的末尾，该数组的长度将增加入栈变量的数目，返回数组新的元素总数。array_push() 函数语法格式如下：

```
int array_push ( array $array, mixed $var [, mixed ...])
```

参数和返回值如下。

- array：指定的数组。

- var：压入数组中的值。

- 返回值：数组新的单元总数。

例如，应用 array_push() 函数向数组中添加元素，代码如下：

```php
01  <?php
02      $array_push = array ("PHP 从入门到精通 ", "PHP 范例手册 "); // 定义数组
        // 添加元素
03      array_push ($array_push, "PHP 开发典型模块大全 ","PHP 网络编程自学手册 ");
04      print_r($array_push);                              // 输出数组结果
05  ?>
```

运行结果如下：

Array ([0] => PHP 从入门到精通 [1] => PHP 范例手册 [2] => PHP 开发典型模块大全 [3] => PHP 网络编程自学手册)

5.10　删除数组中的重复元素

通过 array_unique() 函数可以删除数组中的重复元素。array_unique() 函数将值作为字符串排序，然后每个值只保留第一个键名，忽略后面的所有键名，即删除数组中重复的元素。array_unique() 函数语法格式如下：

array **array_unique** (array $array)

参数和返回值如下。

- array：输入的数组。

- 返回值：过滤后的数组。

删除重复图书

模拟明日图书系统添加图书的操作，如果添加的某本图书已经存在，则删除重复图书。使用 array_push() 函数向数组中添加数据，应用 array_unique() 函数删除数组中的重复元素，代码如下：

```php
01  <?php
02      $array_push = array ("PHP 从入门到精通 ", "PHP 范例手册 ",
03                        "PHP 范例手册 ","PHP 网络编程自学手册 ");// 定义数组
04      array_push ($array_push, "PHP 开发典型模块大全 ","PHP 网络编程自学手册 ");
05      print_r($array_push);                              // 输出数组
06      echo "<br>";
07      $result = array_unique($array_push);               // 删除数组中的重复元素
08      print_r($result);                                  // 输出删除后的数组
09  ?>
```

运行结果如图 5.9 所示。

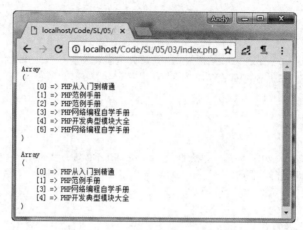

图 5.9　array_unique() 函数删除重复元素

5.11　其他常用数组函数

由于篇幅有限，本章不能将数组函数逐一介绍，在此列举出其他常用数组函数，读者先简单了解一下函数用途。在遇到问题需要使用函数时，可查找 PHP 手册，查找相应函数的用法，实现自己的功能。

5.11.1　数组排序函数

常用的数组排序函数如表 5.1 所示。

表 5.1　常用的数组排序函数

函 数 名 称	描　　述
sort()	对数组进行排序。当本函数结束时数组元素将被从最低到最高重新安排。不保持索引关系
rsort()	对数组逆向排序
asort()	对数组进行排序并保持索引关系
arsort()	对数组进行逆向排序并保持索引关系
ksort()	将数组按照键名排序
krsort()	将数组按照键名逆向排序
natsort()	用"自然排序"算法对数组排序
natcasesort()	用"自然排序"算法对数组进行不区分大小写字母的排序

根据帖子的回复数量排序

明日学院社区中有一个热帖功能，即根据帖子的回复数量由多到少作为热帖的排名顺序。帖子数组如下所示：

```
$data = array(
    array('post_id'=>1,'title'=>' 如何学好 PHP','reply_num'=>582),
    array('post_id'=>2,'title'=>'PHP 数组常用函数汇总 ','reply_num'=>182),
    array('post_id'=>3,'title'=>'PHP字符串常用函数汇总 ','reply_num'=>982)
);
```

实现根据 "reply_num" 由多到少进行排序的功能，代码如下：

```
01  <?php
02      /**
03       * 根据数组中的某个键值大小进行排序，仅支持二维数组
04       *
05       * @param array $array 排序数组
06       * @param string $key 键值
07       * @param bool $asc 默认正序,false 为降序
08       * @return array 排序后数组
09       */
10      function arraySortByKey($array=array(), $key='', $asc = true){
11          $result = array();
12          /** 整理出准备排序的数组 **/
13          foreach ( $array as $k => &$v ) {
14              $values[$k] = isset($v[$key]) ? $v[$key] : '';
15          }
16          unset($v);                              // 销毁变量
17          $asc ? asort($values) : arsort($values);  // 对需要排序键值进行排序
18          /** 重新排列原有数组 **/
19          foreach ( $values as $k => $v ) {
20              $result[$k] = $array[$k];
21          }
22          return $result;
23      }
24      /** 定义数组 **/
25      $data = array(
26                  array('post_id'=>1,'title'=>' 如何学好 PHP','reply_num'=>582),
27                  array('post _ id'=>2,'title'=>'PHP 数组常用函数汇总','reply _ num'=>182),
28                  array('post _ id'=>3,'title'=>'PHP字符串常用函数汇总','reply _ num'=>982)
29      );
        // 调用 arrySortByKey 方法
30      $new_arrray = arraySortByKey($data,'reply_num',false);
31      echo "<pre>";                   // 指定输出格式
32      print_r($new_arrray);           // 输出数组
33  ?>
```

运行结果如图 5.10 所示。

```
Array
(
    [2] => Array
        (
            [post_id] => 3
            [title] => PHP字符串常用函数汇总
            [reply_num] => 982
        )

    [0] => Array
        (
            [post_id] => 1
            [title] => 如何学好PHP
            [reply_num] => 582
        )

    [1] => Array
        (
            [post_id] => 2
            [title] => PHP数组常用函数汇总
            [reply_num] => 182
        )

)
```

图 5.10　帖子排序运行结果

5.11.2　数组计算函数

常用的数组计算函数如表 5.2 所示。

表 5.2　常用的数组计算函数

函 数 名 称	描　　述
array_sum()	计算数组中所有值的和
array_merge()	合并一个或多个数组
array_diff()	计算数组的差集
array_diff_assoc()	带索引检查计算数组的差集
array_intersect()	计算数组的交集
array_intersect_assoc()	带索引检查计算数组的交集

多条件筛选商城商品

本实例将模拟淘宝多条件筛选商品的功能，根据手机品牌筛选出商品数组 $brand，根据手机颜色筛选出商品数组 $color。现选择品牌为"iPhone"，颜色为"土豪金"的手机。使用 array_intersect() 函数实现该功能。代码如下：

```php
01  <?php
```

```
02        $brand = array('iPhone7 土豪金 ',' 华为 P10 宝石蓝 ',' 小米 6 玫瑰红 ');
03        $color = array('iPhone7 土豪金 ',' 华为土豪金 ',' 小米土豪金 ');
04        $result = array_intersect($brand,$color);
05        print_r($result);
06   ?>
```

运行结果如图 5.11 所示。

图 5.11　array_intersect() 函数获取交集

5.12　学习笔记

学习笔记一：数组的索引

为什么索引是从 0 开始的，而不是从 1 开始的呢？这是继承了汇编语言的传统，此外，从 0 开始也更有利于计算机进行二进制的运算和查找。

学习笔记二：使用 count() 函数计算二维数组的长度

count() 函数有两个参数，当第二个参数设为 COUNT_RECURSIVE（或 1），count() 函数将递归地对数组计数。计算如下二维数组的长度，代码如下：

```
01   <?php
02        $numb = array(
03            array(10,15,30),array(10,15,30),array(10,15,30)
04        );
05        echo count($numb,1);
```

输出结果为：

```
12
```

首先遍历的是外面的数组，得出的是 3 个元素，再遍历里面的数组，得出的是 9 个元素，因此结果就是 3+9=12。

5.13 小结

本章的重点是数组的常用操作，这些操作在实际应用中会经常使用。另外，PHP 提供了大量的数组函数，完全可以在开发任务中轻松实现所需要的功能。希望通过对本章的学习，读者能够举一反三，对所学知识进行灵活运用，开发实用的 PHP 程序。

第6章 面向对象的程序设计

面向对象是一种计算机编程架构，比面向过程编程具有更强的灵活性和扩展性。面向对象编程也是一个程序员发展的"分水岭"，很多初学者和略有成就的开发者，就是因为无法理解面向对象而放弃。在这里提醒一下初学者：要想在编程这条路上走得远，就一定要掌握面向对象编程技术。

6.1 面向对象的基本概念

在前面章节中，我们已经学习了使用字符串和数组组织数据，也学习了使用函数把一些代码收集到能够反复使用的单元中。本章介绍的对象使这种收集的思想更向前迈进一步。对象可以把函数和数据收集在一起。下面来了解面向对象的基本概念。

6.1.1 类的概念

世间万物都具有其自身的属性和方法，通过这些属性和方法可以将不同物质区分开。例如，人具有身高、体重和肤色等属性，还可以进行吃饭、学习、走路等能动活动，这些活动可以说是人具有的功能。可以把人看作程序中的一个类，那么人的身高可以看作类中的属性，走路可以看作类中的方法。也就是说，类是属性和方法的集合，这是面向对象编程方式的核心和基础。通过类可以将零散的用于实现某项功能的代码进行有效管理。例如，创建一个运动类，其中包括 5 个属性：姓名、身高、体重、年龄和性别，定义 4 个方法：踢足球、打篮球、举重和跳高。

6.1.2 对象的概念

类只是具备某项功能的抽象模型，在实际应用中还需要对类进行实例化，这样就引入了对象的概念。对象是类进行实例化后的产物，是一个实体。仍然以人为例，"黄种人是人"

这句话没有错误，但反过来说"人是黄种人"这句话是错误的。因为除了有黄种人，还有黑人、白人等，那么"黄种人"就是"人"这个类的一个实例对象。可以这样理解对象和类的关系：对象实际上就是"有血有肉的、能摸得到看得到的"一个类。

6.1.3 面向对象编程的三大特点

面向对象编程的三大特点是封装性、继承性和多态性。

1. 封装性

封装性，也可以称为信息隐藏，就是将一个类的使用和实现分开，只保留有限的接口（方法）与外部联系。对于用到该类的开发人员，只要知道这个类该如何使用即可，而不用去关心这个类是如何实现的。这样做可以让开发人员把精力集中起来专注做别的事情，同时也避免了程序之间的相互依赖而带来不便。

2. 继承性

在现实的世界中，人们可以从他们的父母或其他直系亲属那里继承一些东西。比如，在图 6.1 中，"我"可以继承"爸爸"和"妈妈"的财产。同理，"爸爸"也可以继承"爷爷"和"奶奶"的财产。继承性就是派生类（子类）自动继承一个或多个基类（父类）中的属性与方法，并可以重写或添加新的属性或方法。继承性简化了对象和类的创建，增加了代码的可重用性。

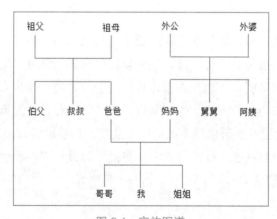

图 6.1　家族图谱

3. 多态性

多态性是指对于不同的类可以有同名的两个（或多个）方法。例如，定义一个"汽车"

类和一个"自行车"类，二者都可以具有不同的"移动"操作。多态性增强了软件的灵活性和重用性。

6.2 PHP 与对象

6.2.1 类的定义

和很多面向对象的语言一样，PHP 也是通过 class 关键字加类名来定义类的。类的格式如下：

```php
<?php
class SportObject{                    // 定义运动类
    //…
}
?>
```

上述代码中两个花括号中间的部分是类的全部内容，如上述 SportObject 就是一个十分简单的类。SportObject 类仅有一个类的骨架，什么功能都没有实现，但这并不影响它的存在。

📋 **学习笔记**

一个类，即一对花括号之间的全部内容都要在一段代码段中，即一个"<?php …?>"之间不能分割成多块，例如下面的格式是不允许的：

```php
<?php
class SportObject{                    // 定义运动类
    //…
?>
<?php
    //…
}
?>
```

6.2.2 成员方法

类中的函数被称为成员方法。函数和成员方法唯一的区别就是，函数实现的是某个独立的功能，而成员方法是实现类中的一个行为，是类的一部分。

下面就创建在 6.2.1 节中编写的运动类，并添加成员方法。将类命名为 SportObject，并添加打篮球的成员方法 beatBasketball()。代码如下：

```php
01  <?php
02      class SportObject{
            // 声明成员方法
03          function beatBasketball($name,$height,$weight,$age,$sex){
04              echo " 姓名: ".$name;              // 方法实现的功能
05              echo " 身高: ".$height;            // 方法实现的功能
06              echo " 年龄: ".$age;               // 方法实现的功能
07          }
08      }
09  ?>
```

该方法的作用是输出申请打篮球人的基本信息，包括姓名、身高和年龄，这些信息是通过方法的参数传进来的。

6.2.3 类的实例化

定义完对象和方法后，并不会真正创建一个对象。这有点像一个汽车的设计图，设计图可以告诉你汽车的外观，但设计图本身不是一个汽车，它能用来帮助制造真正的汽车。那么如何创建对象呢？

首先要对类进行实例化，实例化通过关键字 new 来声明一个对象。然后使用如下格式来调用要使用的方法：

> 对象名 -> 成员方法

在 6.1 节中已经讲过，类是一个抽象的描述，是功能相似的一组对象的集合。如果想用到类中的方法或变量，首先就要把它具体落实到一个实体，也就是对象上。

以 SportObject 类为例，实例化一个对象并调用 playBasketball() 方法。代码如下：

```php
01  <?php
02      class SportObject{
            // 声明成员方法
03          function playBasketball($name,$height,$weight,$age,$sex){
04              if($height>180 and $weight<=100){
05                  return $name.", 符合打篮球的要求 !";        // 方法实现的功能
06              }else{
07                  return $name.", 不符合打篮球的要求 !";      // 方法实现的功能
08              }
09          }
10      }
```

```
11      $sport=new SportObject();
12      echo $sport->playBasketball(' 小明 ','185','80','20周岁 ',' 男 ');
13  ?>
```

结果为：

小明，符合打篮球的要求！

6.2.4　成员变量

类中的变量称为成员变量（也可称为属性或字段）。成员变量用来保存信息数据，或与成员方法进行交互来实现某项功能。例如，在 SportObject 类中定义一个 name（运动员姓名）成员变量，接下来就可以在 playBasketball() 方法中使用该成员变量完成某个功能。

定义成员变量的格式为：

关键字　成员变量名

📋 **学习笔记**

> 关键字可以使用 public、private、protected、static 和 final 中的任意一个。在 6.2.9 节之前，所有实例都使用 public 来修饰。对于关键字的使用，将在 6.2.9 节中进行介绍。

访问成员变量和访问成员方法是一样的。只要把成员方法换成成员变量即可，格式为：

对象名　->　成员变量

定义并实例化运动类 SportObject

首先定义运动类 SportObject，声明 5 个成员变量 $name、$height、$weight、$age 和 $sex。然后定义一个成员方法 playFootball()，用于判断申请的运动员是否适合这个运动项目。最后实例化类，通过实例化返回对象调用指定的方法，根据运动员填写的参数，判断申请的运动员是否符合要求。代码如下：

```
01  <?php
02  class SportObject{
03      public $name;                                 // 定义成员变量
04      public $height;                               // 定义成员变量
05      public $weight;                               // 定义成员变量
06
07      public function playFootball($name,$height,$weight){ // 声明成员方法
08          $this->name=$name;
09          $this->height=$height;
10          $this->weight=$weight;
```

```
11        if($this->height<185 and $this->weight<85){
12            return $this->name.",符合踢足球的要求!";        // 方法实现的功能
13        }else{
14            return $this->name.",不符合踢足球的要求!";      // 方法实现的功能
15        }
16    }
17 }
18 $sport=new SportObject();                                  // 实例化类
19 echo $sport->playFootball('明日','185','80');              // 执行类中的方法
20 ?>
```

运行结果如图 6.2 所示。

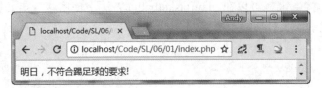

图 6.2 实例化类运行效果

"$this –>"的作用是调用本类中的成员变量或成员方法,这里只要知道其含义即可。在 6.2.8 节中将介绍相关的知识。

无论是使用"$this–>"还是使用"对象名 –>"的格式,后面的变量是没有 $ 符号的,如 $this–> beatBasketBall、$sport–> beatBasketBall。

6.2.5 类常量

既然有变量,当然也会有常量。常量就是不会改变的量,是一个恒值。圆周率是众所周知的一个常量。定义常量可以使用关键字 const,如:

```
const PI= 3.14159;
```

例如,先声明一个常量,再声明一个变量,实例化对象后分别输出两个值,代码如下:

```
01 <?php
02 class SportObject{
```

```
03      const BOOK_TYPE = '计算机图书';              // 声明常量 BOOK_TYPE
04      public $object_name;                        // 声明变量，用来存放商品名称
05      function setObjectName($name){              // 声明方法 setObjectName()
06          $this -> object_name = $name;           // 设置成员变量值
07      }
08      function getObjectName(){                   // 声明方法 getObjectName()
09          return $this -> object_name;
10      }
11  }
12  $book = new SportObject();                      // 实例化对象
13  $book->setObjectName("PHP 类");                 // 调用方法 setObjectName()
14  echo SportObject::BOOK_TYPE." -> ";             // 输出常量 BOOK_TYPE
15  echo $book->getObjectName();                    // 调用方法 getObjectName()
16  ?>
```

结果为：

计算机图书 -> PHP 类

通过代码可以发现，常量的输出和变量的输出是不一样的。常量不需要实例化对象，直接由"类名＋常量名"调用即可。常量输出的格式为：

类名 :: 常量名

📋 **学习笔记**

> 类名和常量名之间的两个冒号"::"称为作用域操作符，使用这个操作符可以在不创建对象的情况下调用类中的常量、变量和方法。关于作用域操作符，将在6.2.8节中进行介绍。

6.2.6　构造方法和析构方法

1. 构造方法

当一个类实例化一个对象时，可能会随着对象初始化一些成员变量。

📋 **学习笔记**

> 初始化表示"开始时做好准备"。在软件开发中对某个对象初始化时，就是把它设置成一种我们期望的形状或条件，以备使用。

如 SportObject 类，现在再添加一些成员变量，类的形式如下：

```
class SportObject{
    public $name;                              // 定义姓名成员变量
    public $height;                            // 定义身高成员变量
    public $weight;                            // 定义体重成员变量
    public $age;                               // 定义年龄成员变量
    public $sex;                               // 定义性别成员变量
}
```

实例化一个 SportObject 类的对象，并对这个类的一些成员变量赋初值。代码如下：

```
$sport=new SportObject(' 明日 ','185','80','20',' 男 '); // 实例化类，并传递参数
$sport ->name=" 明日 ";                         // 为成员变量赋值
$sport ->height=185;                           // 为成员变量赋值
$sport ->weight=80;                            // 为成员变量赋值
$sport ->age=20;                               // 为成员变量赋值
$sport ->sex=" 男 ";                            // 为成员变量赋值
echo $sport->playFootball();                   // 执行方法
```

通过代码可以看到，如果赋初值比较多，写起来就比较麻烦。为此，PHP 引入了构造方法。构造方法是生成对象时自动执行的成员方法，其作用就是初始化对象。构造方法可以没有参数，也可以有多个参数。构造方法的格式如下：

```
void __construct([mixed args [,…]])
```

📋 学习笔记

函数中的 "__" 是两条下画线 "_"。

例如，重写了 SportObject 类和 playFootBall() 方法，下面通过具体实例查看重写后的对象在使用上有哪些不一样。代码如下：

```
01  <?php
02  class SportObject{
03      public $name;                          // 定义成员变量
04      public $height;                        // 定义成员变量
05      public $weight;                        // 定义成员变量
06      public $age;                           // 定义成员变量
07      public $sex;                           // 定义成员变量
        // 定义构造方法
08      public function __construct($name,$height,$weight,$age,$sex){
09          $this->name=$name;                 // 为成员变量赋值
10          $this->height=$height;             // 为成员变量赋值
11          $this->weight=$weight;             // 为成员变量赋值
12          $this->age=$age;                   // 为成员变量赋值
13          $this->sex=$sex;                   // 为成员变量赋值
```

```
14          }
15      public function playFootBall(){                        // 声明成员方法
16          if($this->height<185 and $this->weight<85){
17              return $this->name.", 符合踢足球的要求!";      // 方法实现的功能
18          }else{
19              return $this->name.", 不符合踢足球的要求!";    // 方法实现的功能
20          }
21      }
22  }
23  $sport=new SportObject(' 小明 ','185','80','20',' 男 '); // 实例化类，并传递参数
24  echo $sport->playFootball();                            // 执行类中的方法
```

结果为：

小明，不符合踢足球的要求！

通过代码可以看到，重写后的类，在实例化对象时只需一条语句即可完成赋值。

📋 **学习笔记**

> 构造方法是初始化对象时使用的。如果类中没有构造方法，那么 PHP 会自动生成。自动生成的构造方法没有任何参数，也没有任何操作。

2. 析构方法

析构方法的作用和构造方法正好相反，析构方法是在对象被销毁时调用的，其作用是释放内存。析构方法的格式为：

```
void __destruct ( void )
```

例如，首先声明一个对象 $Sport，然后再销毁对象。使用析构方法十分简单。代码如下：

```
01  <?php
02  class SportObject{
03      public $name;                                       // 定义姓名成员变量
04      public $height;                                     // 定义身高成员变量
05      public $weight;                                     // 定义体重成员变量
06      public $age;                                        // 定义年龄成员变量
07      public $sex;                                        // 定义性别成员变量
        // 定义构造方法
08      public function __construct($name,$height,$weight,$age,$sex){
09          $this->name=$name;                              // 为成员变量赋值
10          $this->height=$height;                          // 为成员变量赋值
11          $this->weight=$weight;                          // 为成员变量赋值
```

```
12          $this->age=$age;                               // 为成员变量赋值
13          $this->sex=$sex;                               // 为成员变量赋值
14      }
15      public function playFootball(){                    // 声明成员方法
16          if($this->height<185 and $this->weight<85){
17              return $this->name.", 符合踢足球的要求！";    // 方法实现的功能
18          }else{
19              return $this->name.", 不符合踢足球的要求！";  // 方法实现的功能
20          }
21      }
22      function __destruct(){                              // 析构方法
23          echo "<p><b>对象被销毁，调用析构函数。</b></p>";
24      }
25  }
26  $sport=new SportObject('明日','185','80','20','男'); // 实例化类，并传递参数
27  ?>
```

结果为：

对象被销毁，调用析构函数。

📋 学习笔记

> PHP 使用的是一种"垃圾回收"机制，能够自动清除不再使用的对象并释放内存。也就是说即使不使用 unset() 函数，析构方法也会被自动调用，这里只是明确一下析构方法在何时被调用。在一般情况下是不需要手动创建析构方法的。

6.2.7 继承和多态

继承和多态的根本作用就是完成代码的重用。下面就来介绍 PHP 的继承和多态。

1. 继承

子类可以继承父类的所有成员变量和成员方法，包括构造方法。当子类被创建时，PHP 会先在子类中查找构造方法。如果子类中有自己的构造方法，则 PHP 会先调用子类中的方法。如果子类中没有自己的构造方法，则 PHP 会调用父类中的构造方法，这就是继承。

例如一个运动类中包含很多方法，这些方法代表不同的体育项目，各种体育项目的方法中有公共的属性，例如，姓名、性别、年龄……但还会有许多不同之处，例如，篮球对身高的要求、举重对体重的要求……如果都由一个 SportObject 类来生成各个对象，除了

那些公共属性，其他属性和方法则需自己手动来写，工作效率得不到提高。这时，可以使用面向对象中的继承来解决这个难题。

下面来看如何通过面向对象中的继承来解决上述问题。继承是通过关键字 extends 来声明的，继承的格式如下：

```
class subClass extends superClass{
...
}
```

📋 **学习笔记**

> subClass 为子类名称，superClass 为父类名称。

使用类的继承实现父类方法

本实例使用 SportObject 类生成了两个子类：PlayBasketBall 和 WeightLifting，两个子类使用不同的构造方法实例化了两个对象 playbasketball 和 weightlifting，并输出信息。代码如下：

```php
01  <?php
02
03  /**
04   * Class SportObject 运动类（父类）
05   */
06  class SportObject{
07      public $name;                                     // 定义姓名成员变量
08      public $age;                                      // 定义年龄成员变量
09      public $weight;                                   // 定义体重成员变量
10      public $sex;                                      // 定义性别成员变量
11      public function __construct($name,$age,$weight,$sex){      // 定义构造方法
12          $this->name=$name;                            // 为成员变量赋值
13          $this->age=$age;                              // 为成员变量赋值
14          $this->weight=$weight;                        // 为成员变量赋值
15          $this->sex=$sex;                              // 为成员变量赋值
16      }
17      function showMe(){                                // 在父类中定义方法
18          echo '这句话不会显示。';
19      }
20  }
21
22  /**
23   * Class PlayBasketBall 篮球类（子类）
```

```
24    */
25  class PlayBasketBall extends SportObject{            // 定义子类，继承父类
26      public $height;                                  // 定义身高成员变量
27      function __construct($name,$height){             // 定义构造方法
28          $this -> height = $height;                   // 为成员变量赋值
29          $this -> name   = $name;                     // 为成员变量赋值
30      }
31      function showMe(){                               // 定义方法
32          if($this->height>185){
33              return $this->name.",符合打篮球的要求！";   // 方法实现的功能
34          }else{
35              return $this->name.",不符合打篮球的要求！";  // 方法实现的功能
36          }
37      }
38  }
39
40  /**
41   * Class WeightLifting 举重类 （子类）
42   */
43  class WeightLifting extends SportObject{             // 继承父类
44      function showMe(){                               // 定义方法
45          if($this->weight<85){
46              return $this->name.",符合举重的要求！";     // 方法实现的功能
47          }else{
48              return $this->name.",不符合举重的要求！";    // 方法实现的功能
49          }
50      }
51  }
52  // 实例化对象
53  $Playbasketball = new PlayBasketBall('明日','190');    // 实例化子类
54  $weightlifting  = new WeightLifting('科技','185','80','20','男');
55  echo $Playbasketball->showMe()."<br>";               // 输出结果
56  echo $weightlifting->showMe()."<br>";
57  ?>
```

运行结果如图 6.3 所示。

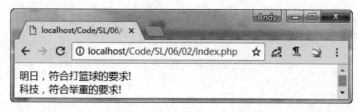

图 6.3　继承父类运行结果

2. 多态

多态就像有一个成员方法让大家去游泳，这个时候有人带游泳圈，有人拿浮板，还有人什么也不带。虽然是同一种成员方法，但是却产生了不同的形态，这就是多态。

例如，定义一个汽车抽象类 Car，它有一个获取速度的成员方法 getSpeed()。现在有三个汽车品牌的子类，分别继承 Car 父类，并且都有一个获取速度的成员方法 getSpeed()。三个不同子类调用同一个方法，将产生三种不同的形态。代码如下：

```php
01 <?php
02 /**
03  * Class Car 定义抽象类 car
04  */
05 abstract class Car {
06     abstract function getSpeed();    // 定义抽象方法
07 }
08
09 /**
10  * Class Toyota 定义 Toyota 类，继承 Car 类
11  */
12 class Toyota extends Car {
13     function getSpeed() {
14         return "Toyota'speed";
15     }
16 }
17 /**
18  * Class Nissan 定义 Nissan 类，继承 Car 类
19  */
20 class Nissan extends Car {
21     function getSpeed() {
22         return "Nissan's speed";
23     }
24 }
25 /**
26  * Class Tesla 定义 Tesla 类，继承 Car 类
27  */
28 class Tesla extends Car {
29     function getSpeed() {
30         return "Tesla's speed";
31     }
32 }
33
34 $car   = new Toyota();           // 实例化 Toyota 类
35 $speed = $car->getSpeed();       // 调用 getSpeed() 成员方法
```

```
36  echo $speed;
37
38  ?>
```

运行结果如下：

```
Toyota'speed
```

6.2.8 "$this->" 和 "::" 的使用

子类不仅可以调用自己的变量和方法，也可以调用父类中的变量和方法。那么对于其他不相关的类成员同样可以调用。

PHP 是通过伪变量 "$this ->" 和作用域操作符 "::" 来实现这些功能的，这两个符号在前面章节的学习中都有过简单的介绍。本节将详细讲解二者的使用方法。

1. 伪变量 "$this->"

在 6.2.3 节 "类的实例化" 中，对如何调用成员方法有了基本的了解，即使用对象名加方法名，其格式为 "对象名 -> 方法名"。但在定义类时（如 SportObject 类），根本无法得知对象的名称是什么。这时如果想调用类中的方法，就要用伪变量 "$this ->"。"$this" 的含义就是本身，所以 "$this->" 只可以在类的内部使用。

例如，当类被实例化后，"$this" 同时被实例化为本类的对象，这时对 "$this" 使用 get_class() 函数，将返回本类的类名。代码如下：

```
01  <?php
02  class example{                                  // 创建类 example
03      function exam(){                            // 创建成员方法
04          if(isset($this)){                       // 判断变量 $this 是否存在
                  // 如果存在，则输出 $this 所属类的名字
05              echo '$this 的值为: '.get_class($this);
06          }else{
07              echo '$this 未定义 ';
08          }
09      }
10  }
11  $class_name = new example();                    // 实例化对象 $class_name
12  $class_name->exam();                            // 调用方法 exam()
13  ?>
```

运行结果如下：

```
$this 的值为: example
```

get_class() 函数返回对象所属类的名字，如果不是对象，则返回 false。

2. 操作符 "::"

相比伪变量 "$this" 只能在类的内部使用，操作符 "::" 可以在没有声明任何实例的情况下访问类中的成员方法或成员变量。使用操作符 "::" 的通用格式为：

关键字 :: 变量名 / 常量名 / 方法名

这里的关键字分为以下三种情况。

- parent 关键字：可以调用父类中的成员变量、成员方法和常量。
- self 关键字：可以调用当前类中的静态成员变量和常量。
- 类名：可以调用本类中的成员变量、常量和成员方法。

例如，依次使用类名、parent 关键字和 self 关键字来调用成员变量和成员方法。读者可以观察输出的结果。代码如下：

```php
01  <?php
02  class Book{
03      const NAME = 'computer';                        // 常量 NAME
04      function __construct(){                          // 构造方法
05          echo '本年度图书类冠军为：'.Book::NAME.'<br>';   // 输出默认值
06      }
07  }
08  class l_book extends Book{                           //Book 类的子类
09      const NAME = 'foreign language';                 // 声明常量
10      function __construct(){                          // 子类的构造方法
11          parent::__construct();                       // 调用父类的构造方法
12          echo '本月图书类冠军为：'.self::NAME.' ';       // 输出本类中的默认值
13      }
14  }
15  $obj = new l_book();                                 // 实例化对象
16  ?>
```

运行结果如下：

```
本年度图书类冠军为：computer
本月图书类冠军为：foreign language
```

📋 **学习笔记**

关于静态变量（方法）的声明及使用可参考 6.2.10 节的相关内容。

6.2.9　数据隐藏

细心的读者看到这里，一定会有一个疑问：面向对象编程的特点之一是封装性，即数据隐藏。但是在前面章节的学习中并没有突出这一点。对象中的所有变量和方法可以随意调用，甚至不用实例化也可以使用类中的方法、变量。这就是面向对象吗？

这当然不是真正的面向对象。如果读者是从本章第 1 节开始学习的，那么应该还记得在 6.2.4 节讲成员变量时所提到的几个关键字：public、private、protected、static 和 final。这些关键字就是用来限定类成员（包括变量和方法）的访问权限的。本节先来学习前 3 个关键字。

📋 **学习笔记**

成员变量和成员方法在关键字的使用上都是一样的。这里只以成员变量为例说明几种关键字的不同用法。这些用法对于成员方法同样适用。

1. public（公共成员）

顾名思义，就是可以公开的、没有必要隐藏的数据信息。可以在程序中的任何位置（类内、类外）被其他类和对象调用。子类可以继承和使用父类中的所有公共成员。

在本章的前半部分，所有变量都被声明为 public，而所有方法在默认状态下也是 public。因此对成员变量和成员方法的调用显得十分混乱。为了解决这个问题，就需要使用第二个关键字 private。

2. private（私有成员）

被 private 关键字修饰的成员变量和成员方法，只能在所属类的内部被调用和修改，不可以在类外被访问，在子类中也不可以被调用或修改。

例如，对私有变量 $name 的修改与访问，只能通过调用成员方法来实现。如果直接调用私有变量，那么将会发生错误。代码如下：

```php
01 <?php
02 class Book{
03     private $name = 'computer';                    // 声明私有变量 $name
04     public function setName($name){                // 设置私有变量方法
05         $this -> name = $name;
06     }
07     public function getName(){                     // 读取私有变量方法
08         return $this -> name;
09     }
10 }
11 class LBook extends Book{                          //Book 类的子类
12 }
13 $lbook = new LBook();                              // 实例化对象
14 echo ' 正确操作私有变量的方法：';                    // 正确操作私有变量
15 $lbook -> setName("PHP5 从入门到应用开发 ");
16 echo $lbook -> getName();
17 echo '<br> 直接操作私有变量的结果：';                // 错误操作私有变量
18 echo Book::$name;
19 ?>
```

运行结果如图 6.4 所示。

图 6.4　private 关键字运行结果

📋 学习笔记

对于成员方法，如果没有写关键字，那么默认就是 public。从小节开始，以后所有方法及变量都会带上关键字，这是一种良好的书写习惯。

3. protected（保护成员）

private 关键字可以将数据完全隐藏起来，除了在本类，其他地方都不可以调用，子类也不可以调用。对于有些变量希望子类能够调用，但对另外的类来说，还要做到封装。这时，就可以使用 protected 关键字。

被 protected 修饰的类成员，可以在本类和子类中被调用，其他地方则不可以被调用。

例如，声明一个 protected 变量，然后使用子类中的方法调用一次，最后在类外直接调用一次，观察一下运行结果。代码如下：

```php
01 <?php
02 class Book{
03     protected $name = 'computer';                    // 声明保护变量 $name
04 }
05 class LBook extends Book{                            //Book 类的子类
06     public function showMe(){
07         echo '对于 protected 修饰的变量，在子类中是可以直接调用的。如：$name = '.$this -> name;
08     }
09 }
10 $lbook = new LBook();                                // 实例化对象
11 $lbook->showMe();
12 echo '<p>但在其他的地方是不可以调用的，否则：';          // 对私有变量进行操作
13 $lbook->name = 'history';
14 ?>
```

运行结果如图 6.5 所示。

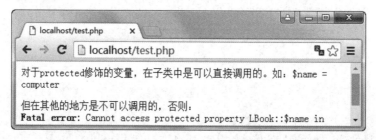

图 6.5　protected 关键字运行结果

虽然 PHP 中没有对修饰变量的关键字进行强制性的规定和要求，但从面向对象的特征和设计方面考虑，一般使用 private 或 protected 关键字来修饰变量，以防止变量在类外被直接修改和调用。

6.2.10　静态变量（方法）

不是所有变量（方法）都需要通过创建对象来调用，可以通过给变量（方法）加上 static 关键字来直接调用。调用静态成员的格式为：

　　关键字 :: 静态成员

关键字可以是：

- self，在类内部调用静态成员时所使用。
- 静态成员所在的类名，在类外调用类内部的静态成员时所用。

📋 **学习笔记**

> 在静态方法中，只能调用静态变量，而不能调用普通变量，普通方法则可以调用静态变量。

使用静态成员，除了可以不需要实例化对象，另一个作用就是在对象被销毁后，仍然能够保存被修改的静态数据，以便下次继续使用。这个概念比较抽象，下面结合一个实例来说明。

首先声明一个静态变量 $num，并声明一个方法，在方法的内部调用静态变量，然后给变量加 1。依次实例化这个类的两个对象，并输出方法。可以发现两个对象中的方法返回的结果有一些联系。直接使用类名输出静态变量。代码如下：

```php
01  <?php
02  class Book{                          //Book 类
03      static $num = 0;                 // 声明一个静态变量 $num，初值为 0
04      public function showMe(){        // 声明一个方法
05          echo '您是第 '.self::$num.' 位访客 ';  // 输出静态变量
06          self::$num++;                // 将静态变量加 1
07      }
08  }
09  $book1 = new Book();                 // 实例化对象 $book1
10  $book1->showMe();                    // 调用对象 $book1 的 showMe() 方法
11  echo "<br>";
12  $book2 = new Book();                 // 实例化对象 $book2;
13  $book2->showMe();                    // 调用对象 $book2 的 showMe() 方法
14  echo "<br>";
15  echo '您是第 '.Book::$num.' 位访客 ';  // 直接使用类名调用静态变量
16  ?>
```

运行结果如下：

您是第 0 位访客
您是第 1 位访客
您是第 2 位访客

如果将程序代码中的静态变量改为普通变量，如"private $num = 0;"，那么结果就不一样了。读者可以动手试一试。

📖 学习笔记

静态成员不用实例化对象，当类第一次被加载时就已经分配了内存空间，所以直接调用静态成员的速度要快一些。如果静态成员声明得过多，空间一直被占用，反而会影响系统的功能。静态成员的数量只有通过实践积累，才能真正掌握。

6.3　PHP 对象的高级应用

经过 6.2 节的学习，相信读者对 PHP 的面向对象已经有了一定的了解。下面来学习一些面向对象的高级应用。

6.3.1　final 关键字

final 的中文含义是最终的、最后的。被 final 修饰过的类和方法就是"最终的版本"。

如果有一个类的格式为：

```
final class class_name{
//…
}
```

则说明该类不可以再被继承，也不能再有子类。

如果有一个方法的格式为：

```
final function method_name()
```

则说明该方法在子类中不可以重写，也不可以被覆盖。

例如，为 SportObject 类设置关键字 final，并生成一个子类 MyBook，可以看到程序报错，无法执行。代码如下：

```
01  <?php
02  final class SportObject{                        //final 类 SportObject
03      function __construct(){                      // 构造方法
04          echo 'initialize object';
05      }
06  }
07  class MyBook extends SportObject{               // 创建 SportObject 的子类 Mybook
08      static function exam(){                      // 子类中的方法
09          echo "You can't see me";
10      }
11  }
12  MyBook::exam();                                 // 调用子类方法
13  ?>
```

运行结果如图 6.6 所示。

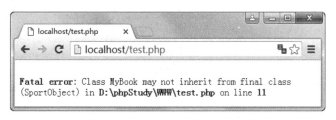

图 6.6　继承 final 类的错误提示

6.3.2　抽象类

抽象类是一种不能被实例化的类，它只能作为其他类的父类来使用。抽象类使用
abstract 关键字来声明，其格式为：

```
abstract class AbstractName{
...
}
```

抽象类和普通类相似，包含成员变量、成员方法。二者的区别在于，抽象类至少要包
含一个抽象方法，抽象方法没有方法体，其功能的实现只能在子类中完成。抽象方法也是
使用 abstract 关键字来修饰的，其格式为：

```
abstract function abstractName();
```

📋 学习笔记

在抽象方法后面要有分号 ";"。

抽象类和抽象方法主要应用于复杂的层次关系中，这种层次关系要求每一个子类都包含并重写某些特定的方法。例如，中国的美食是多种多样的，有吉菜、鲁菜、川菜、粤菜等。每种菜系使用的手法都是煎、炒、烹、炸等，只是在具体的步骤上，各有各的不同。如果把中国美食当作一个大类 Cate，则下面的各大菜系就是 Cate 的子类，而煎、炒、烹、炸则是每个类中都有的方法。每个方法在子类中的实现都是不同的，在父类中无法规定。为了统一规范，不同子类的方法要有一个相同的方法名：decoct（煎）、stir_fry（炒）、cook（烹）、fry（炸）。

下面实现一个商品抽象类 CommodityObject，该抽象类包含一个抽象方法 service()。为抽象类生成两个子类 MyBook 和 MyComputer，分别在两个子类中实现抽象方法。最后实例化两个对象，调用实现后的抽象方法，并输出结果。代码如下：

```php
01 <?php
02 abstract class CommodityObject{                        // 定义抽象类
03     abstract function service($getName,$price,$num);   // 定义抽象方法
04 }
05 class MyBook extends CommodityObject{                  // 定义子类，继承抽象类
06     function service($getName,$price,$num){            // 定义方法
07         echo '您购买的商品是 '.$getName.'，该商品的价格是：'.$price.' 元。';
08         echo '您购买的数量为：'.$num.' 本。';
09         echo '如发现缺页损坏，请在 3 日内更换。';
10     }
11 }
12 class MyComputer extends CommodityObject{              // 定义子类，继承父类
13     function service($getName,$price,$num){            // 定义方法
14         echo '您购买的商品是 '.$getName.'，该商品的价格是：'.$price.' 元。';
15         echo '您购买的数量为：'.$num.' 台。';
16         echo '如发生非人为质量问题，请在 3 个月内更换。';
17     }
18 }
19 $book = new MyBook();                                  // 实例化子类
20 $computer = new MyComputer();                          // 实例化子类
21 $book->service('《零基础学 PHP》',85,3);                // 调用方法
22 echo '<br>';
23 $computer->service(' 苹果笔记本 ',8500,1);              // 调用方法
24 ?>
```

运行结果如下：

您购买的商品是《零基础学 PHP》，该商品的价格是：85 元。您购买的数量为：3 本。如发现缺页损坏，请在 3 日内更换。您购买的商品是苹果笔记本，该商品的价格是：8500 元。您购买的数量为：1 台。如发生非人为质量问题，请在 3 个月内更换。

6.3.3 接口的使用

继承特性简化了对象、类的创建，增加了代码的可重用性，但 PHP 只支持单继承。如果想实现多重继承，就要使用接口类。

接口类通过 interface 关键字来声明，并且类中只能包含未实现的方法和一些成员变量，格式如下：

```
interface InterfaceName{
    function interfaceName1();
    function interfaceName2();
    …
}
```

📋 **学习笔记**

> 不要用 public 以外的关键字来修饰接口中的类成员，对于方法，不写关键字也可以。这是一个接口类自身的属性决定的。

子类是通过 implements 关键字来实现接口的，如果要实现多个接口，那么每个接口之间应使用逗号"，"连接，而且所有未实现的方法需要在子类中全部实现，否则将会出现错误。格式如下：

```
class SubClass implements InterfaceName1,InterfaceName2{
    function interfaceName1(){
        // 功能实现
    }
function interfaceName2(){
        // 功能实现
    }
        …
    }
```

例如，先声明了两个接口 MPopedom 和 MPurview，接着声明了两个类 Member 和 Manager，其中 Member 类继承了 MPopedom 接口；Manager 类继承了 MPopedom 接口和 MPurview 接口。类分别实现各自的成员方法后，实例化两个对象 $member 和 $manager。最后调用实现后的方法。实例代码如下：

```
01  <?php
02  /**
03   * 声明接口 MPopedom
04   */
```

```
05  interface MPopedom{
06      function popedom();
07  }
08  /**
09   * 声明接口 MPurview
10   */
11  interface MPurview{
12      function purview();
13  }
14
15  /**
16   * 创建子类 Member，实现一个接口 MPurview
17   */
18  class Member implements MPurview{
19      function purview(){
20          echo '会员拥有的权限。';
21      }
22  }
23  /**
24   * 创建子类 Manager，实现多个接口 MPurview 和 MPopedom
25   */
26  class Manager implements MPurview,MPopedom{
27      function purview(){
28          echo '管理员拥有会员的全部权限。';
29      }
30      function popedom(){
31          echo '管理员还有会员没有的权限。';
32      }
33  }
34  $member = new Member();              // 类 Member 实例化
35  $manager = new Manager();            // 类 Manager 实例化
36  $member->purview();                  // 调用 $member 对象的 purview 方法
37  echo '<p>';
38  $manager->purview();                 // 调用 $manager 对象的 purview 方法
39  $manager->popedom();                 // 调用 $manager 对象的 popedom 方法
40  ?>
```

运行结果如下：

会员拥有的权限。
管理员拥有会员的全部权限。管理员还有会员没有的权限。

通过上述实例代码可以发现，抽象类和接口实现的功能十分相似。抽象类的优点是可以在抽象类中实现公共的方法，而接口则可以实现多继承。至于何时使用抽象类和接口就要看具体实现了。

6.3.4　对象类型检测

instanceof 操作符可以检测当前对象是属于哪个类的，一般格式为：

```
ObjectName instanceof ClassName
```

例如，首先创建两个类，即一个基类（SportObject）与一个子类（MyBook）。实例化一个子类对象，判断对象是否属于该子类，再判断对象是否属于基类。代码如下：

```php
01  <?php
02  class SportObject{}                        // 创建基类 SportObject
03  class MyBook extends SportObject{           // 创建子类 MyBook
04      private $type;
05  }
06  $cBook = new MyBook();                     // 实例化对象 $cBook
07  if($cBook instanceof MyBook)               // 判断对象是否属于类 MyBook
08      echo '对象 $cBook 属于 MyBook 类 <br>';
09  if($cBook instanceof SportObject)          // 判断对象是否属于类 SportObject
10      echo '对象 $Book 属于 SportObject 类 <br>';
11  ?>
```

运行结果如下：

```
对象 $cBook 属于 MyBook 类
对象 $Book 属于 SportObject 类
```

6.3.5　魔术方法（__）

PHP 中有很多以两个下画线开头的方法，如前面已经介绍过的 __construct() 方法和 __destruct() __clone() 方法，这些方法被称为魔术方法。当然它们不是真的会魔术，而是指在创建类时 PHP 自动包含的一些方法。本节将会学习一些其他魔术方法。

📋 **学习笔记**

　　PHP 中保留了所有以"__"开头的方法，所以只能使用 PHP 文档中已有的方法，不要自己创建。

1.　__set() 方法和 __get() 方法

这两个魔术方法的作用如下。

● 当程序试图写入一个未定义或不可见的成员变量时，PHP 就会执行 __set() 方法。

__set() 方法包含两个参数，它们分别表示变量名称和变量值，这两个参数不可省略。

- 当程序调用一个未定义或不可见的成员变量时，PHP 就会执行 __get() 方法来读取变量值。__get() 方法有一个参数，这个参数表示要调用的变量名。

📖 **学习笔记**

> 未定义属性即为没有初始化的属性，不可见属性即为私有属性。

例如，声明一个类 Student，在类中创建私有属性和公共属性及两个魔术方法 __set()、__get()，然后实例化一个对象 $s，分别调用私有属性和公有属性，最后分别对其进行赋值，对比输出结果。代码如下：

```php
01 <?php
02 class Student{
03     private $a;          // 定义私有属性 $a
04     private $b = 0;      // 定义私有属性 $b
05     public $c;           // 定义公有属性 $c
06     public $d = 0;       // 定义公有属性 $d
07
08     public function __get($name) {
09         return 123;
10     }
11
12     public function __set($name, $value) {
13         echo "This is set function";
14     }
15 }
16
17 $s = new Student();
18 var_dump($s->a);         // 输出：123
19 var_dump($s->b);         // 输出：123
20 var_dump($s->c);         // 输出：null
21 var_dump($s->d);         // 输出：0
22 var_dump($s->e);         // 输出：123
23 $s->a = 3;               // 输出：This is set function
24 $s->c = 3;               // 没有输出
25 $s->f = 3;               // 输出：This is set function
26 ?>
```

上述代码中，对于公有变量 $c 和 $d 可以直接调用和赋值。而对于私有变量 $a 和 $b 只能在 Student 类内部使用。当在类外部调用时，程序会执行 __get() 方法，即返回"123"。当在类外部为私有变量 $a、$b 赋值时，调用 __set() 方法，即输出"This is set function"。

对于未定义的属性 $e 和 $f，与私有变量方式相同。运行结果如下：

```
int(123)
int(123)
NULL
int(0)
int(123)
This is set functionThis is set function
```

📋 **学习笔记**

> 魔术方法均用 public 关键字修饰。

2.　__call() 方法

　　__call() 方法的作用是当程序试图调用不存在或不可见的成员方法时，PHP 会先调用 __call() 方法来存储方法名及其参数。__call() 方法包含两个参数，即方法名和方法参数。其中，方法参数是以数组形式存在的。

　　例如，声明一个类 SportObject，类中包含两个方法，即 myDream() 和 __call()。实例化对象 $exem 需调用两个方法，一个是类中存在的 myDream() 方法，另一个是类中不存在的 mDream() 方法。代码如下：

```php
01 <?php
02 class SportObject{
03     public function myDream(){                      // 方法 myDream()
04         echo '调用的方法存在，直接执行此方法。<br>';
05     }
06     public function __call($method, $parameter) {   // __call() 方法
07         echo '方法不存在，则执行 __call() 方法。<br>';
08         echo '方法名为：'.$method.'<br>';              // 输出第一个参数，即方法名
09         echo '参数有：';
10         echo "<pre>";
11         print_r($parameter);                        // 输出第二个参数，是一个参数数组
12     }
13 }
14 $exam = new SportObject();                          // 实例化对象 $exam
15 $exam->myDream();                                   // 调用存在的方法 myDream()
16 $exam->mDream('how','what','why');                  // 调用不存在的方法 mDream()
17 ?>
```

　　运行结果如下：

　　调用的方法存在，直接执行此方法。

方法不存在，则执行 __call() 方法。

方法名为：mDream

参数有：

```
Array
(
    [0] => how
    [1] => what
    [2] => why
)
```

3. __toString() 方法

__toString() 方法的作用是当使用 echo 或 print 输出对象时，将对象转化为字符串。

例如，输出类 SportObject 的对象 $myComputer，输出的内容为 __toString() 方法返回的内容。代码如下：

```php
01 <?php
02 class SportObject{                              // 类 SportObject
03     private $type = 'DIY';                       // 声明私有变量 $type
04     public function __toString(){                // 声明 __toString() 方法
05         return $this -> type;                    // 方法返回私有变量 $type 的值
06     }
07 }
08 $myComputer = new SportObject();                 // 实例化对象 $myComputer
09 echo ' 对象 $myComputer 的值为：';
10 echo $myComputer;                                // 输出对象 $myComputer
11 ?>
```

运行结果如下：

对象 $myComputer 的值为：DIY

📋 **学习笔记**

如果没有 __toString() 方法，则直接输出对象将会发生致命错误（fatal error）。输出对象时应注意，echo 或 print 函数后面直接跟要输出的对象，中间不要加多余的字符，否则 __toString() 方法不会被执行。例如 echo ' 字串 '.$myComputer、echo ' '.$myComputer 等都不可以，一定要注意。

4. __autoload() 方法

通常使用 include() 函数或 require() 函数在一个 PHP 文件中引入类文件。例如在 index. php 文件中引入类 A，代码如下：

```php
01 <?php
02          require('A.php');              // 引入类 A
03          $a = new A();                  // 实例化类 A
04 ?>
```

但是，在多数情况下，程序中需要引进很多类，难道需要逐个引入吗？

PHP 5 解决了这个问题，__autoload() 方法可以自动实例化需要使用的类。当程序要用到一个类，但该类还没有被实例化时，PHP 将使用 __autoload() 方法在指定的路径下自动查找和该类名称相同的文件。如果找到，则程序继续执行；否则，报告错误。

使用 __autoload() 方法实现自动加载

该实例将创建 2 个类文件 StudyObject.php 和 SportObject.php，以及 1 个 index.php 文件。StudyObject.php 类文件具体代码如下：

```php
01 <?php
02 class StudyObject{                      // 声明类 StudyObject
03     private $cont;                       // 声明私有变量 $cont
04     public function __get($name){        // 创建 __get() 方法
05         return "江山代有才人出，各领风骚数百年";
06     }
07 }
08 ?>
```

SportObject.php 文件具体代码如下：

```php
01 <?php
02 class SportObject{                       // 声明类 SportObject
03     private $cont;                        // 声明私有变量 $cont
04     public function __construct($cont){   // 创建构造方法
05         $this -> cont = $cont;
06     }
07     public function __toString(){         // 创建 __toString() 方法
08         return $this -> cont;
09     }
10 }
11 ?>
```

index.php 文件中使用 __autoload() 方法引入 StudyObject.php 和 SportObject.php 2 个类文件，具体代码如下：

```php
01 <?php
02 function __autoload($class_name){        // 创建 __autoload() 方法
03     $class_path = $class_name.'.php';     // 类文件路径
```

```
04        if(file_exists($class_path)){              // 判断类文件是否存在
05            include_once($class_path);             // 动态包含类文件
06        }else
07            echo '类路径错误。';
08  }
09
10  $myBook = new StudyObject();                      // 实例化对象
11  echo $myBook->cont;                               // 输出类内容
12  echo "<br>";
13  $string  = "德智体美劳，全面发展";
14  $mySport = new SportObject($string);              // 实例化对象
15  echo $mySport;                                    // 输出类内容
16  ?>
```

运行 index.php 文件，输出结果如图 6.7 所示。

图 6.7　__autoload() 方法自动加载运行结果

6.4　面向对象的应用

本节将实现理论与实践相结合，将面向对象技术应用到实际程序开发中。

在网站开发过程中，经常会使用分页功能。分页包括设置每页显示的数量、总页数、当前所在页码、支持前一页与后一页跳转等功能。由于分页功能是常用的功能，因此可以将其封装为一个类，方便在任何时候使用该功能。

使用分页类实现分页功能

本实例将使用开源分页类 php-paginator（项目地址：https://github.com/jasongrimes/php-paginator），调用分页类方法，实现分页功能。代码如下：

```
01  <?php
02  // 定义数组数据
03  $data = array( array('id'=>1,'title'=>'西班牙留学面签常见问答 11 ') ,
04                 array('id'=>2,'title'=>'法国综合性大学怎么样'),
05                 array('id'=>3,'title'=>'香港研究生留学申请时间表'),
```

```
06                    array('id'=>4,'title'=>' 英国留学找工作：职位获得途径有哪些？'),
07                      array('id'=>5,'title'=>' 加拿大国际教育委员会 (CBIE) 发布最新加
拿大国际教育数据报告 '),
08                    array('id'=>6,'title'=>' 日本留学名校申请需要满足哪些条件 '),
09                    array('id'=>7,'title'=>' 韩国留学签证类型及其周期时间 '),
10                    array('id'=>8,'title'=>' 西班牙留学不同阶段的费用 '),
11                    array('id'=>9,'title'=>' 法国留学住宿、饮食、交通、保险费用明细 '),
12                    array('id'=>10,'title'=>' 香港优才计划详解 ')  ,
13                    array('id'=>11,'title'=>' 去德国留学语言障碍大吗？'),
14                    array('id'=>12,'title'=>' 美术类高中生如何选择意大利美院 '),
15                    array('id'=>13,'title'=>'2016 英国旅游签证新政策 '),
16                     array('id'=>14,'title'=>' 性价比皇冠大学 - 西门菲莎大学 2017 年
度风采依旧 '),
17                    array('id'=>15,'title'=>' 转学到美国什么时间最合适？'),
18                    array('id'=>16,'title'=>' 申请季，加拿大留学专业解析之【工程学科篇】'),
19                    array('id'=>17,'title'=>' 日本高中留学的八大优势 '),
20                    array('id'=>18,'title'=>' 韩国留学申请如何做好准备工作 '),
21                    array('id'=>19,'title'=>' 法国留学拒签原因全面分析 '),
22                    array('id'=>20,'title'=>' 澳洲留学生打工攻略 ')  ,
23                    array('id'=>21,'title'=>'2016 美国留学生打工攻略 ')
24  );
25
26  $totalItems = count($data);                                  // 获取总数
27  $itemsPerPage = 2;                                           // 每页显示条数
28  $currentPage = isset($_GET['page']) ? $_GET['page'] : 1; // 获取当前页码
29  // 使用 array_splice 函数筛选数据
30  $select_data = array_splice($data,$currentPage-1,$itemsPerPage);
31  $urlPattern  = 'index.php?page=(:num)';                     // 拼接 url
32  include("Paginator.php");                                    // 引入分页类
33  // 实例化分页类
34  $paginator = new Paginator($totalItems, $itemsPerPage, $currentPage, $urlPattern);
35  ?>
36  <html>
37  <head>
38      <!-- 引入 bootstrap 前端 UI 框架 -->
39      <link href="http://cdn.bootcss.com/bootstrap/3.3.7/css/bootstrap.css"
40                  rel="stylesheet">
41  </head>
42  <body>
43      <div class="container bg-info">
44          <h3>
45                  留学新闻列表
46          </h3>
47          <ul>
```

```
48              <!--foreach 遍历数组 -->
49              <?php foreach($select_data as $vo){ ?>
50                  <li>
51                      <?php echo $vo['title'] ?>
52                  </li>
53              <?php } ?>
54          </ul>
55          <?php
56              // 输出分页
57              echo $paginator;
58          ?>
59      </div>
60  </body>
61  </html>
```

上述代码中，首先定义一个二维数组，然后使用 count() 函数获取数组总数，使用 array_splice() 函数从数组中筛选数据，注意数组下标从 0 开始计数，所以第二个参数为当前页数减 1。最后引入分页类，实例化该类，并传递相应的参数。运行效果如图 6.8 所示。

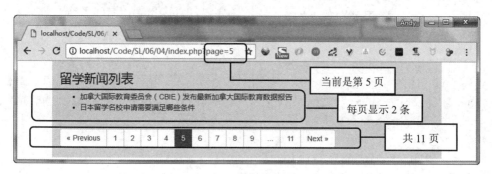

图 6.8　分页效果图

6.5　学习笔记

学习笔记一：类和对象的关系

类的实例化结果就是对象，而对一类对象的抽象就是类。类描述了一组有相同特性（属性）和相同行为（方法）的对象。类和对象的关系就像模具和月饼的关系。用一个写着"五仁月饼"的模具，能够做出一批五仁月饼，它们具有相同的属性，月饼上都写着"五仁月饼"，这个模具就相当于类，月饼即相当于对象。

学习笔记二：　方法与函数的区别

方法就是包含在对象中的函数，函数能做到的，方法都能做到，包括传递参数和返回值。二者的不同之处在于，方法是被对象调用的，而函数在任何地方都可以被调用。

6.6　小结

本章主要介绍了面向对象的概念、特点和应用。虽然本章关于面向对象的概念介绍得很全面、很详细，但是想要真正明白面向对象思想，必须要多动手实践、多动脑思考、注意平时积累等。希望读者通过自己的努力，能够有所突破。

第二篇 提高篇

第 7 章 PHP 与 Web 页面交互

PHP 与 Web 页面交互是学习 PHP 语言编程的基础。在 PHP 中提供了两种与 Web 页面交互的方法，一种是通过 Web 表单提交数据，另一种是通过 URL 参数传递。本章将详细讲解 PHP 与 Web 页面交互的相关知识，为以后学习 PHP 语言编程做好铺垫。

7.1 Web 工作原理

当用户浏览网页时，会打开浏览器，输入网址后按 <Enter> 键，然后浏览器中就会显示出想要浏览的内容。在这个看似简单的用户行为背后，到底隐藏了些什么呢？

7.1.1 HTTP 协议

超文本传输协议（HyperText Transfer Protocol，HTTP）是互联网应用十分广泛的一种网络协议。所有 WWW 文件都必须遵守 HTTP 这个标准。设计 HTTP 最初的目的是提供一种发布和接收 HTML 页面的方法。

HTTP 是一个客户端和服务器端请求和应答的标准（TCP）。客户端指的是终端用户，服务器端指的是服务器上的网站。通过使用 Web 浏览器、网络爬虫或其他工具，客户端发起一个到服务器上指定端口（默认端口为 80）的 HTTP 请求。在客户端向服务器端发起请求时，常用的请求方法如表 7.1 所示。

表 7.1 HTTP 协议常用的请求方法

方　法	描　　述
GET	请求指定的页面信息，并返回实体主体
POST	向指定资源提交数据进行处理请求（例如提交表单或上传文件）。数据被包含在请求体中。POST 请求可能会导致新的资源的建立和 / 或已有资源的修改
HEAD	类似于 GET 请求，只不过返回的响应中没有具体的内容，用于获取报头

续表

方　　法	描　　述
PUT	从客户端向服务器传送的数据取代指定的文档内容
DELETE	请求服务器删除指定的页面
OPTIONS	允许客户端查看服务器的性能

在 PHP 与 Web 页面交互时，常用的就是 GET 和 POST 两种方式。

7.1.2　Web 数据交互过程

遵循 HTTP 协议就可以向服务器发送请求并接收消息。这中间又经历了哪些过程呢？Web 工作原理可以简化为 8 个步骤，如图 7.1 所示。

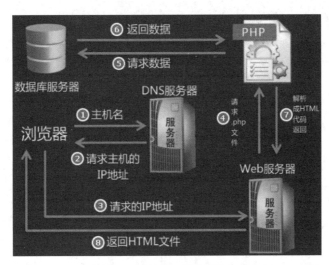

图 7.1　Web 工作原理图

下面介绍这 8 个步骤。

（1）用户在浏览器中输入网址，如"www.mingrisoft.com"，浏览器会请求 DNS 服务器，DNS（Domain Name System）是"域名系统"的英文缩写，是一种组织成域层次结构的计算机和网络服务命名系统，它用于 TCP/IP 网络，它从事将主机名或域名转换为实际 IP 地址的工作。DNS 服务器就是这样一位"翻译官"，将"www.mingrisoft.com"翻译成 IP 地址"101.201.120.85"。

（2）DNS 服务器将翻译过来的 IP 地址"101.201.120.85"传递给浏览器。

（3）浏览器通过 IP 地址找到 IP 对应的 Web 服务器（通常是 Apache 或是 Nginx），建立 TCP 连接，向服务器发送 HTTP Request（请求）包。

（4）Web 服务器发现用户访问了后缀为 php 的文件，如 index.php 文件，那么服务器就会访问 PHP 解析引擎。

（5）PHP 在解析时，发现需要使用数据库。于是连接数据库，访问数据库服务器（可能是 MySQL、SQL Server、Oracle 等）。

（6）数据库根据查询条件来查找数据，并将数据返回给 PHP 引擎。

（7）PHP 引擎拼接数据，解析成 HTML 代码返回给 Web 服务器。

（8）Web 服务器将 HTML 文件返回给浏览器，浏览器开始解析 HTML 文件，此时，用户在浏览器中就能看到访问的网站内容。

📋 学习笔记

步骤（5）中的数据库内容将在第 8 章讲解，步骤（7）和步骤（8）中的 HTML 内容会在接下来的 7.2 节中讲解。

7.2 HTML 表单

7.2.1 HTML 简介

HTML 是用来描述网页的一种语言。HTML 指的是超文本标记语言（Hyper Text Markup Language），它不是一种编程语言，而是一种标记语言。标记语言是一套标记标签，这种标记标签通常被称为 HTML 标签，它们是由尖括号包围的关键词，比如 <html>。HTML 标签通常是成对出现的，比如 <h1> 和 </h1>。标签对中的第一个标签是开始标签，第二个标签是结束标签。Web 浏览器的作用是读取 HTML 文档，并以网页的形式显示出它们。Web 浏览器不会显示 HTML 标签，而是使用标签来解释页面的内容，如图 7.2 所示。

图 7.2　显示页面内容

　　在图 7.2 中，左侧是 HTML 代码，右侧是显示的页面内容。HTML 代码中，第一行的 <!DOCTYPE html> 表示使用的是 HTML 5（HTML 最新版本），其余的标签都是成对出现的，并且在右侧的页面中，只显示标签里的内容，不显示标签。

　　那么，该如何创建一个 HTML 文件呢？当然，你可以先创建一个文本文档，然后将后缀名 ".txt" 格式更改为 ".html"。但是 ".txt" 文件默认编码格式为 "ANSI"，而 PHP 编码规范要求使用 "UTF-8"，这就需要更改文件编码格式。下面介绍如何使用 PhpStorm 创建 HTML 文件。

　　创建一个 HTML 文件，将其命名为 index.html。在 index.html 文件中，编写 HTML 代码，具体步骤如下。

　　（1）使用 PhpStorm 创建 index.html 文件。

　　在 D:\phpstudy\WWW 路径下创建 Code 文件夹，打开 PhpStorm，选择 Code 文件夹。在 Code 文件夹下创建 index.html 文件，步骤如图 7.3 和图 7.4 所示。

图 7.3　创建 HTML 文件

图 7.4　命名为 index.html

（2）编写 HTML 代码。

创建完成后，编辑器默认生成了基本的 HTML 5 代码结构。在 \<body\> 和 \</body\> 标签内编写 HTML 代码，具体代码如下：

```
01  <!DOCTYPE html>
02  <html lang="en">
03  <head>
04      <meta charset="UTF-8">
05      <title></title>
06  </head>
07  <body>
08      <h1> 明日学院 </h1>
09      <p>
10          明日学院，是吉林省明日科技有限公司倾力打造的在线实用技能学习平台，该平台于2016年
11          正式上线,主要为学习者提供海量、优质的课程,课程结构严谨,用户可以根据自身的学习程度,
12          自主安排学习进度。我们的宗旨是,为编程学习者提供一站式服务,培养用户的编程思维。
13      </p>
14  </body>
15  </html>
```

新增代码

（3）查看运行结果如图 7.5 所示。

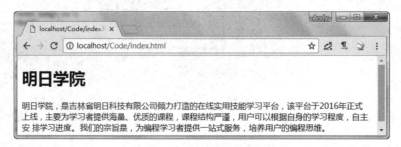

图 7.5　index.html 运行结果

📋 **学习笔记**

> index.html 是 HTML 文件，不是 PHP 文件，Web 工作原理中只涉及了 Web 工作原理的步骤（1）、（2）、（3）、（8）。

📋 **学习笔记**

> 由于 HTML 内容广泛，本章不可能全部涵盖，作为 PHP 初学者，只要求掌握基本的 HTML 内容即可。

7.2.2 HTML 表单结构

为了实现浏览器和服务器的互动，可以使用 HTML 表单搜集不同类型的用户输入，将输入的内容从客户端的浏览器传送到服务器端，经过服务器上的 PHP 程序进行处理后，再将用户所需要的信息传递回客户端的浏览器上，从而获得用户信息，使 PHP 与 Web 实现交互。HTML 表单的形式很多，比如用户注册、登录、个人中心设置等页面，常见的登录表单如图 7.6 所示。

明日学院

专注编程教育十八年！

登录   注册

账 号：mrsoft

密 码：••••••

滑动验证：验证通过

☑ 7天内免登录   忘记密码

立即登录

其他方式登录

图 7.6　HTML 表单

在 HTML 中，使用 <form> 元素即可创建一个表单。表单结构如下：

```
<form name="form_name"  method="method" action="url"  enctype="value"
target="target_win">
    …    // 省略插入的表单元素
</form >
```

<form> 标记的属性如表 7.2 所示。

表 7.2　<form> 标记的属性

<form> 标记的属性	说　　明
name	表单的名称
method	设置表单的提交方式，GET 方式或 POST 方式

续表

<form> 标记的属性	说　明
action	指向处理该表单页面的 URL（相对位置或绝对位置）
enctype	设置表单内容的编码方式
target	设置返回信息的显示方式，target 的属性值包括 "_blank" "_parent" "_self" "_top"

📋 学习笔记

　　GET 方式是将表单内容附加在 URL 地址后面发送；POST 方式是将表单中的信息作为一个数据块发送到服务器上的处理程序中，在浏览器的地址栏不显示提交的信息。method 属性默认方式为 GET 方式。

7.2.3　表单元素

　　表单由表单元素组成。常用的表单元素有以下几种标记：输入域标记 <input>、选择域标记 <select> 和 <option>、文字域标记 <textarea>。

1. 输入域标记 <input>

　　输入域标记 <input> 是表单中最常用的标记之一。常用的文本框、按钮、单选按钮、复选框等构成了一个完整的表单。

　　语法格式如下：

```
<form>
<input name="file_name"  type="type_name">
</form>
```

　　参数 name 是指输入域的名称，参数 type 是指输入域的类型。在 <input type=""> 标记中一共提供了 10 种类型的输入区域，用户所选择使用的类型由 type 属性决定。type 属性取值及举例如表 7.3 所示。

表 7.3　type 属性取值及举例

值	举　例	说　明	运 行 结 果
text	<input name="user" type="text" value="纯净水" size="12" maxlength="1000">	name 为文本框的名称，value 是文本框的默认值，size 指文本框的宽度（以字符为单位），maxlength 指文本框的最大输入字符数	添加一个文本框： 纯净水

续表

值	举　例	说　明	运 行 结 果
password	`<input name="pwd" type="password"value= "666666" size="12" maxlength="20">`	密码域，用户在该文本框中输入的字符将被替换显示为 *，以起到保密作用	添加一个密码域： ******
file	`<input name="file" type="file"enctype= "multipart/ form-data"size="16" maxlength= "200">`	文件域，当文件上传时，可用来打开一个模式窗口以选择文件。然后将文件通过表单上传到服务器，如上传 Word 文件等。必须注意的是，上传文件时需要指明表单的属性 enctype="multipart/form-data" 才可以实现上传功能	添加一个文件域： 浏览...
image	`<input name="imageField" type="image" src="images/ banner.gif" width="120"height="24" border="0">`	图像域是指可以用在提交按钮位置上的图片，这幅图片具有按钮的功能	添加一个图像域：
radio	`<input name="sex" type="radio" value=" 1" checked>` 男 `<input name="sex" type="radio" value="0"> 女`	单选按钮，用于设置一组选择项，用户只能选择一项。checked 属性用来设置该单选按钮默认被选中	添加一组单选按钮（例如，您的性别为：） ⊙ 男 ○ 女
checkbox	`<input name="checkbox" type="checkbox" value="1" checked>` 封面 `<input name="checkbox" type="checkbox" value="1" checked>` 正文内容 `<input name="checkbox" type="checkbox" value="0">` 价　格	复选框，允许用户选择多个选择项。checked 属性用来设置该复选框默认被选中。例如，收集个人信息时，要求在个人爱好的选项中进行多项选择等	添加一组复选框，（如影响您购买本书的因素：） ☑ 封面 ☑ 正文内容 ☐ 价　格
submit	`<input type="submit"name="Submit"value=" 提交 ">`	将表单的内容提交到服务器端	添加一个提交按钮： 提交
reset	`<input type="reset" name="Submit" value=" 重置 ">`	清除与重置表单内容，用于清除表单中所有文本框的内容，并使选择菜单项恢复到初始值	添加一个重置按钮： 重置
button	`<input type="button" name="Submit" value=" 按钮 ">`	按钮可以激发提交表单的动作，可以在用户需要修改表单时，将表单恢复到初始的状态，还可以依照程序的需要发挥其他作用。普通按钮一般是配合 JavaScript 脚本进行表单处理的	添加一个普通按钮： 按钮
hidden	`<input type="hidden" name="bookid">`	隐藏域，用于在表单中以隐含方式提交变量值。隐藏域在页面中对于用户是不可见的，添加隐藏域的目的在于通过隐藏的方式收集或发送信息。浏览者在单击"发送"按钮发送表单时，隐藏域的信息也被一起发送到 action 指定的处理页	添加一个隐藏域：

2. 选择域标记 <select> 和 <option>

通过选择域标记 <select> 和 <option> 可以建立一个列表或菜单。菜单的使用是为了节省空间，在正常状态下只能看到一个选项，单击右侧的下拉按钮，打开菜单后才能看到全部选项。列表可以显示一定数量的选项，如果选项超出了这个数量，则会自动出现滚动条，浏览者可以通过拖动滚动条来查看各选项。

语法格式如下：

```
<select name="name" size="value" multiple>
<option value="value" selected>选项 1</option>
<option value="value">选项 2</option>
<option value="value">选项 3</option>
...
</select>
```

参数 name 表示选择域的名称；参数 size 表示列表的行数；参数 value 表示菜单选项值；参数 multiple 表示以列表方式显示数据，省略则以菜单方式显示数据。

选择域标记 <select> 和 <option> 的显示方式及举例如表 7.4 所示。

表 7.4　选择域标记 <select> 和 <option> 的显示方式及举例

样　式	举　例	说　明	运 行 结 果
列表方式	`<select name="spec" id="spec">` `<option value="0" selected>网络编程</option>` `<option value="1">办公自动化</option>` `<option value="2">网页设计</option>` `<option value="3">网页美工</option>` `</select>`	下拉列表框，通过选择域标记 <select> 和 <option> 建立一个列表，列表可以显示一定数量的选项，如果选项超出了这个数量，则会自动出现滚动条，浏览者可以通过拖动滚动条来查看各选项。selected 属性用来设置该菜单项默认被选中	请选择所学专业：
菜单方式	`<select name="spec" id="spec" multiple>` `<option value="0" selected>网络编程</option>` `<option value="1">办公自动化</option>` `<option value="2">网页设计</option>` `<option value="3">网页美工</option>` `</select>`	multiple 属性用于下拉列表 <select> 标记中，指定该选项用户可以使用 Shift 和 Ctrl 键进行多选	请选择所学专业：

学习笔记

在表 7.4 中给出了静态菜单项的添加方法，而在 Web 程序开发过程中，也可以通过循环语句动态添加菜单项。

3. 文字域标记 <textarea>

文字域标记 <textarea> 用来制作多行的文字域，可以在其中输入更多文本。

语法格式如下：

```
<textarea name="name" rows=value cols=value value="value" warp="value">
    …文本内容
</textarea>
```

参数 name 表示文字域的名称；参数 rows 表示文字域的行数；参数 cols 表示文字域的列数（这里的 rows 和 cols 以字符为单位）；参数 value 表示文字域的默认值；参数 warp 用于设定显示和输出时的换行方式，值为 off 表示不自动换行，值为 hard 表示自动硬回车换行，换行标记一同被发送到服务器，输出时也会换行，值为 soft 表示自动软回车换行，换行标记不会被发送到服务器，输出时仍然为一列。

文字域标记 <textarea> 的值及举例如表 7.5 所示。

表 7.5　文字域标记 <textarea> 的值及举例

格　式	举　例	说　明	运 行 结 果
textarea	**<textarea** name="remark" cols="20" rows="4" id="remark"> 请输入您的建议！ **</textarea>**	文字域，也称多行文本框，用于多行文本的编辑 warp 属性默认为自动换行方式	请输入您的建议！

7.3　CSS 美化表单页面

7.3.1　CSS 简介

CSS 是 Cascading Style Sheets（层叠样式表）的缩写。它是一种标记语言，用于为 HTML 文档定义布局。例如，CSS 涉及字体、颜色、边距、高度、宽度、背景图像、高级定位等方面。运用 CSS 样式可以让页面变得美观，使用 CSS 前后效果对比如图 7.7 所示。

📋 **学习笔记**

　　获取更多 CSS 知识，请查阅相关教程。作为 PHP 初学者，只要求掌握基本的 CSS 知识即可。

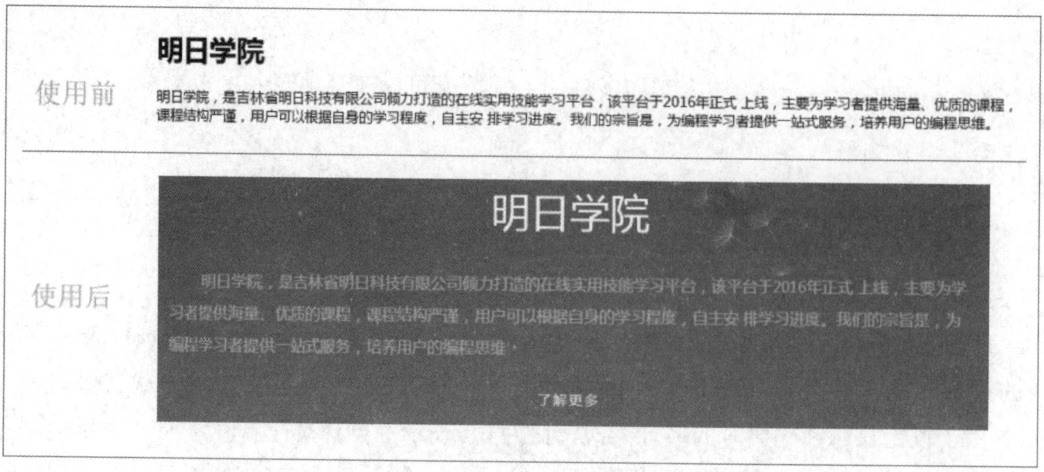

图 7.7　使用 CSS 前后效果对比

7.3.2　插入 CSS 样式表

在 HTML 文件中插入 CSS 样式表有以下三种方式。

1. 行内样式表

行内样式表就是使用 HTML 属性 style，在 style 属性内添加 CSS 样式。具体代码如下：

```
01  <!DOCTYPE html>
02  <html lang="en">
03  <head>
04      <meta charset="UTF-8">
05      <title></title>
06  </head>
07  <body>
08      <h1 style="color: blue"> 明日学院 </h1>
09      <p style="background: yellow">
10          明日学院，是吉林省明日科技有限公司倾力打造的在线实用技能学习平台，该平台于 2016 年
11          正式上线，主要为学习者提供海量、优质的课程,课程结构严谨,用户可以根据自身的学习程度,
12          自主安排学习进度。我们的宗旨是，为编程学习者提供一站式服务，培养用户的编程思维。
13      </p>
14  </body>
15  </html>
```

新增代码，设置<h1>标签内容为蓝色

新增代码，设置<p>标签背景色为黄色

运行效果如图 7.8 所示。

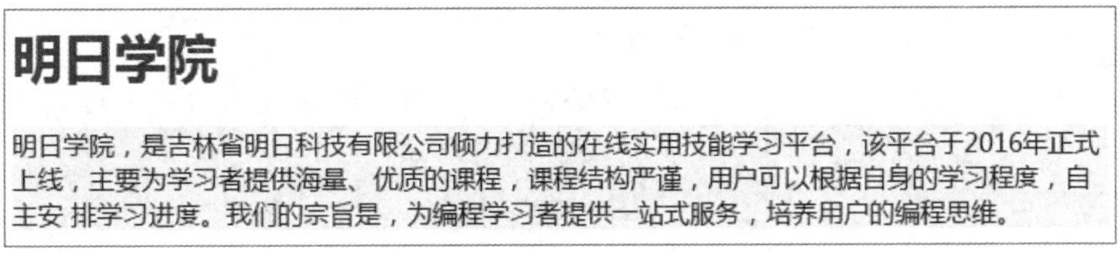

明日学院

明日学院，是吉林省明日科技有限公司倾力打造的在线实用技能学习平台，该平台于2016年正式上线，主要为学习者提供海量、优质的课程，课程结构严谨，用户可以根据自身的学习程度，自主安 排学习进度。我们的宗旨是，为编程学习者提供一站式服务，培养用户的编程思维。

图 7.8　新增 CSS 行内样式表效果

2．内部样式表

内部样式表即在 HTML 文件内使用 <style> 标签，在文档头部 <head> 标签内定义内部样式表，具体代码如下所示：

```
01  <!DOCTYPE html>
02  <html lang="en">
03  <head>
04      <meta charset="UTF-8">
05      <title></title>
06      <style>
07          h1 {color: blue}
08          p {background: yellow}
09      </style>
10  </head>
11  <body>
12      <h1> 明日学院 </h1>
13      <p>
14          明日学院，是吉林省明日科技有限公司倾力打造的在线实用技能学习平台，该平台于 2016 年
15          正式上线，主要为学习者提供海量、优质的课程，课程结构严谨，用户可以根据自身的学习程度，
16          自主安排学习进度。我们的宗旨是，为编程学习者提供一站式服务，培养用户的编程思维。
17      </p>
18  </body>
19  </html>
```

新增<style>标签，设置CSS样式

运行结果与图 7.8 相同。

3．外部样式表

外部样式表是一个扩展名为 .css 的文本文件。与其他文件一样，你可以把样式表文件放在 Web 服务器上或本地硬盘上。例如，在 test 文件目录下有两个 index.html 文件和 css 文件夹。创建一个 CSS 文件，将其命名为 default.css，存放于 css 的目录中。目录结构如图 7.9 所示。

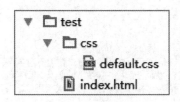

图 7.9 目录结构

那么，如何在一个 index.html 文档里引用一个外部样式表文件（default.css）呢？答案是在 index.html 里创建一个指向外部样式表文件的链接（link）即可，语法格式如下：

```
<link rel="stylesheet" type="text/css" href="style/default.css" />
```

首先，编写 default.css 文件代码，即把原 index.html 内部的 CSS 代码单独写入 default.css 文件中，default.css 文件具体代码如下：

```
01 h1 {color: blue}
02 p {background: yellow}
```

然后，在 index.html 文件中使用 <link> 标签引入 default.css 外部 CSS 文件。注意要在 href 属性里给出样式表文件的地址。这行代码必须被插入 HTML 代码的头部（header），即放在标签 <head> 和标签 </head> 之间。index.html 文件完整代码如下：

```
01 <!DOCTYPE html>
02 <html lang="en">
03 <head>                                          新增<link>标签，引入外部CSS样式
04     <meta charset="UTF-8">
05     <title></title>
06 <link rel="stylesheet" type="text/css" href="css/default.css" />
07 </head>
08 <body>
09     <h1> 明日学院 </h1>
10     <p>
11         明日学院,是吉林省明日科技有限公司倾力打造的在线实用技能学习平台,该平台于 2016 年正式
12         上线,主要为学习者提供海量、优质的课程,课程结构严谨,用户可以根据自身的学习程度,自主安
13         排学习进度。我们的宗旨是,为编程学习者提供一站式服务,培养用户的编程思维。
14     </p>
15 </body>
16 </html>
```

运行结果如图 7.8 所示。

7.3.3　CSS 应用实例

应用 HTML 表单，并使用 CSS 美化表单，创建一个模拟京东的商城注册页面。

创建商城注册页面

创建一个 HTML 文件，将其命名为"register.html"，该页面中包含一个注册表单。表单中包含"邮箱""密码""确认密码""手机号""是否同意服务协议"。在 register.html 文件中，使用 <link> 标签引入两个外部样式表文件，即 basic.css 和 login.css。注册页面 register.html 文件的具体代码如下：

```
01  <!DOCTYPE html>
02  <html>
03  <head lang="en">
04      <meta charset="UTF-8">
05      <title> 注册 </title>
06      <!-- 引入外部 CSS 文件 -->
07      <link rel="stylesheet" type="text/css"  href="css/basic.css" />
08      <link rel="stylesheet" type="text/css"  href="css/login.css" />
09  </head>
10  <body>
11  <!-- 顶部 -->
12  <div class="login-boxtitle">
13      <a href="index.html"><img alt="" src="images/logobig.png"/></a>
14  </div>
15  <!-- 主区域 -->
16  <div class="res-banner">
17      <div class="res-main">
18          <div class="login-banner-bg"><span></span><img src="images/big.
png"/></div>
19          <div class="login-box">
20             <div class="mr-tabs" id="doc-my-tabs">
21                 <ul class="mr-tabs-nav mr-nav mr-nav-tabs mr-nav-justify">
22                     <li class="mr-active"><a href=""> 注册 </a></li>
23                 </ul>
24                 <div class="mr-tabs-bd">
25                     <div class="mr-tab-panel mr-active">
26                         <!-- 表单开始 -->
27                         <form method="" action="">
28                             <!-- 邮箱输入框 -->
29                         <div class="user-email">
30                                 <label for="email"><i class="mr-icon-
envelope-o"></i></label>
```

```
31                          <input type="email" name="" id="email"
placeholder=" 请输入邮箱账号 ">
32                        </div>
33                        <!-- 密码输入框 -->
34                        <div class="user-pass">
35                          <label for="password"><i class="mr-icon-lock"></i>
</label>
36                          <input type="password" name="" id="password"
placeholder=" 设置密码 ">
37                        </div>
38                        <!-- 确认密码输入框 -->
39                        <div class="user-pass">
40                          <label for="passwordRepeat"><i class="mr-icon-
lock"></i></label>
41                        <input type="password" name="" id="passwordRepeat"
42                            placeholder=" 确认密码 ">
43                        </div>
44                        <!-- 手机号输入框 -->
45                        <div class="user-pass">
46                        <label for="passwordRepeat">
47                          <i class="mr-icon-mobile"></i>
48                            <span style="color:red;margin-left:5px">*
</span></label>
49                              <input type="text" name="" id="tel"
placeholder=" 请输入手机号 ">
50                        </div>
51                        </form>
52                        <!-- 表单结束 -->
53                        <div class="login-links">
54                          <!-- 服务协议勾选框 -->
55                          <label for="reader-me">
56                            <input id="reader-me" type="checkbox">
57                            点击表示您同意商城《服务协议》
58                          </label>
59                          <a href="login.html" class="mr-fr"> 登录 </a>
60                        </div>
61                        <div class="mr-cf">
62                          <input type="submit" value=" 注册 "
63                          class="mr-btn mr-btn-primary mr-btn-sm mr-fl">
64                        </div>
65                      </div>
66                    </div>
67                  </div>
68              </div>
69          </div>
70      <!-- 底部信息 -->
```

```
71      <div class="footer ">
72          <div class="footer-hd ">
73              <p>
74                      <a href="http://www.mingrisoft.com/" target="_blank">明日科技</a>
75                      <b>|</b>
76                      <a href="#">商城首页</a>
77                      <b>|</b>
78                      <a href="#">支付宝</a>
79                      <b>|</b>
80                      <a href="#">物流</a>
81              </p>
82          </div>
83          <div class="footer-bd ">
84              <p>
85                      <a href="#">关于明日</a>
86                      <a href="#">合作伙伴</a>
87                      <a href="#">联系我们</a>
88                      <a href="#">网站地图</a>
89                      <em>© 2007-2017 mingrisoft.com 版权所有</em>
90              </p>
91          </div>
92      </div>
93  </div>
94  </body>
95  </html>
```

运行结果如图 7.10 所示。

图 7.10　商城注册页面效果

7.4　JavaScript 表单验证

7.4.1　JavaScript 简介

通常，我们所说的前端就是指 HTML、CSS 和 JavaScript 这三项技术，它们的作用如下。

- HTML：定义网页的内容。
- CSS：描述网页的布局。
- JavaScript：描述网页的行为。

JavaScript 是一种可以嵌入 HTML 代码中由客户端浏览器运行的脚本语言。在网页中使用 JavaScript 代码，不仅可以实现网页特效，还可以响应用户请求实现动态交互的功能。例如，在用户注册页面中，需要对用户输入信息的合法性进行验证，其中包括是否填写了邮箱账号和手机号，填写的邮箱账号和手机号的格式是否正确等。JavaScript 验证邮箱是否为空的效果如图 7.11 所示。

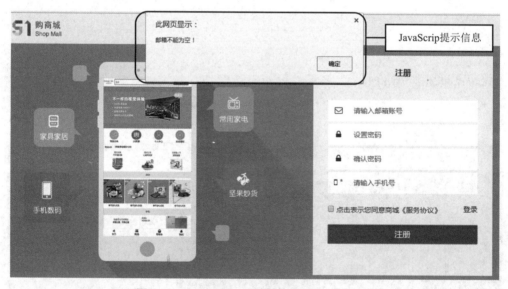

图 7.11　JavaScript 验证邮箱是否为空的效果

📋 注意：

　　由于 JavaScript 是客户端编程语言，根据用户使用的浏览器不同，JavaScript 的提示框出现的位置可能不同。本书所有实例均使用谷歌浏览器运行。

7.4.2　调用 JavaScript

1. 在 HTML 中嵌入 JavaScript 脚本

JavaScript 作为一种脚本语言，可以使用 <script> 标记嵌入 HTML 文件中。

语法格式如下：

```
<script >
…
</script>
```

例如，在 HTML 文件中嵌入 JavaScript 脚本。这里直接在 <script> 和 </script> 标记中间写入 JavaScript 代码，用于弹出一个提示对话框，代码如下：

```
01  <!DOCTYPE html>
02  <html>
03  <head>
04      <title>在 HTML 中嵌入 JavaScript 脚本</title>
05  </head>
06  <body>
07  <script>
08      alert("我很想学习 PHP 编程，请问如何才能学好这门语言！");
09  </script>
10  </body>
11  </html>
```

在上述代码中，<script> 与 </script> 标记之间调用 JavaScript 脚本语言 window 对象的 alert 方法，向客户端浏览器弹出一个提示对话框，运行结果如图 7.12 所示。

图 7.12　在 HTML 中嵌入 JavaScript 脚本

2. 应用 JavaScript 事件调用自定义函数

在 Web 程序开发过程中，经常需要在表单元素相应的事件下调用自定义函数。例如，在按钮的单击事件下调用自定义函数 check() 来验证表单元素是否为空，代码如下：

```
<input type="submit" name="Submit" value="检测" onClick="check();">
```

然后在该表单的当前页中编写一个 check() 自定义函数，在该函数内实现验证是否为空。

3. 引用外部 JS 文件

在网页中，除了可在 <script> 与 </script> 标记之间编写 JavaScript 脚本代码，还可以通过 <script> 标记中的 src 属性指定外部的 JavaScript 文件（即 JS 文件，以 .js 为扩展名）的路径，从而引用对应的 JS 文件。该方式与引用外部 CSS 文件的方式类似。

语法格式如下：

```
<script src = url></script>
```

其中，url 是 JS 文件的路径。使用外部 JS 文件的优点如下。

- 使用 JS 文件可以将 JavaScript 脚本代码从网页中独立出来，以便于代码的阅读。
- 一个外部 JS 文件，可以同时被多个页面调用。当共用的 JavaScript 脚本代码需要修改时，只需要修改 JS 文件中的代码即可，以便于代码的维护。
- 通过 <script> 标记中的 src 属性不仅可以调用同一个服务器上的 JS 文件，还可以通过指定路径来调用其他服务器上的 JS 文件。

7.4.3　用户注册表单验证实例

应用 JavaScript 事件调用自定义函数，检测商城注册页面的输入信息。

检测商城注册页面的输入信息

本实例将在 register.html 文件中添加 JavaScript 验证的代码。首先给 register.html 页面中的"注册"按钮添加 onclick 单击事件，调用自定义函数 mr_verify()。然后，在函数体内实现表单验证功能。register.html 关键代码如下：

```
01  <!DOCTYPE html>
02  <html>
03  <head lang="en">
04      <!—省略部分代码 -->
05  </head>
06  <body>
07  <!-- 省略部分代码 -->
08  <!-- 主区域 -->
09  <div class="res-banner">
10      <div class="res-main">
11              <!-- 省略部分代码 -->
```

```
12          <!-- 表单开始 -->
13          <form method="" action="">
14          <!—省略部分代码 -->
15          <div class="mr-cf">
16           <input type="submit" onclick="mr_verify()" value=" 注册 "
17                   class="mr-btn mr-btn-primary mr-btn-sm mr-fl">
18          </div>
19          <!-- 表单结束 -->
20      </div>
21      <!-- 底部信息 -->
22      <div class="footer ">
23          <!—- 省略部分代码 -->
24      </div>
25  </div>
```

新增mr_verify()函数

```
26  <script>
27      // 表单验证
28      function mr_verify(){
29          // 获取表单对象
30          var email = document.getElementById("email");
31          var password = document.getElementById("password");
32          var passwordRepeat = document.getElementById("passwordRepeat");
33          var tel = document.getElementById("tel");
34          var reader_me = document.getElementById("reader-me");
35          // 验证项目是否为空
36          if(email.value==='' || email.value===null){
37              alert(" 邮箱不能为空! ");
38              return false;    // 终止程序, 不再继续执行
39          }
40          if(password.value==='' || password.value===null){
41              alert(" 密码不能为空! ");
42              return false;
43          }
44          if(passwordRepeat.value==='' || passwordRepeat.value===null){
45              alert(" 确认密码不能为空! ");
46              return false;
47          }
48          if(tel.value==='' || tel.value===null){
49              alert(" 手机号码不能为空! ");
50              return false;
51          }
52          if(password.value!==passwordRepeat.value ){
53              alert(" 密码设置前后不一致! ");
54              return false;
55          }
56          // 验证邮件格式
57          apos = email.value.indexOf("@")
```

```
58          dotpos = email.value.lastIndexOf(".")
59          if (apos < 1 || dotpos - apos < 2) {
60              alert("邮箱格式错误！");
61          }
62          // 验证手机号格式
63          if(isNaN(tel.value)){
64              alert("手机号请输入数字！");
65              return false;
66          }
67          if(tel.value.length!==11){
68              alert("手机号是 11 个数字！");
69              return false;
70          }
71          // 验证是否选择服务协议
72          if(reader_me.checked == false){
73              alert("只有同意商城《服务协议》才能注册");
74              return false;
75          }
76          alert('注册成功！');
77      }
78 </script>
79 </body>
80 </html>
```

当输入错误的手机号格式时，运行结果如图 7.13 所示。注册成功如图 7.14 所示。

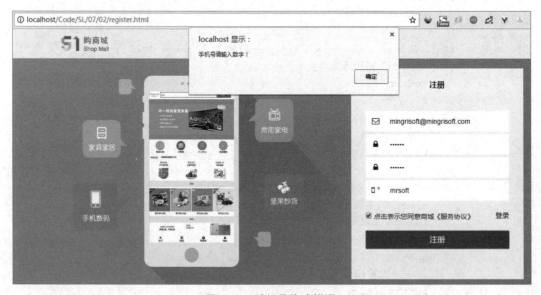

图 7.13　手机号格式错误

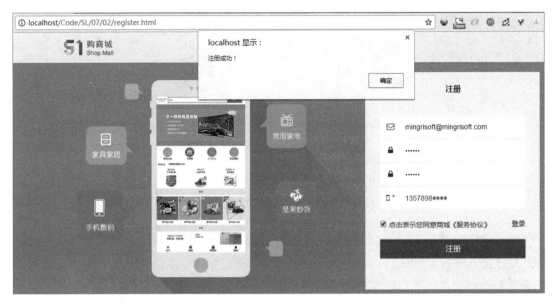

图 7.14　注册成功

7.5　PHP 获取表单数据

HTML 表单已经准备就绪，接下来就要提交表单，并且获取表单数据了。提交表单是将表单信息从客户端提交到服务器端，这时需要使用 HTTP 协议的请求方式，本节中只讲解常用的 POST 方式和 GET 方式，采用哪种方式是由 HTML 文件中 <form> 标签的 method 属性所指定的。服务器接收请求信息，这时服务器端语言 PHP 闪亮登场。

PHP 接收数据的方式非常简单，如果客户端使用 POST 方式提交，那么提交的表单域代码如下：

```
01  <form method="POST" action="register.php">
02      <input name="username" value=" 张三 " />
03      <!—- 省略其余代码 -->
04  </form>
```

上述代码中，使用 $_POST['username'] 接收 <input> 标签中 name 属性为 username 的值，$_POST['username'] 的值为"张三"。

如果以 GET 方式提交，则使用 $_GET['username'] 接收，如图 7.15 所示。

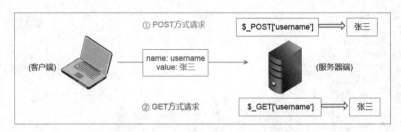

图 7.15　PHP 获取表单数据

7.5.1　获取 POST 方式提交的表单数据

应用 POST 方式时，只需将 <form> 表单中的属性 method 设置成 POST 方式即可。POST 方式不依赖于 URL，不会在地址栏显示。POST 方式可以没有限制将数据传递到服务器，所有提交的信息在后台传输，用户在浏览器端是看不到这一过程的，因为这一过程的安全性高，所以 POST 方式比较适合发送到服务器一个保密的（如账号密码）或容量较大的数据。

获取商城注册页面的输入信息

在商城注册页面中，使用 POST 方式将表单数据提交到 addUser.php 文件中，在该文件中接收表单数据并显示数据内容。具体步骤如下：

（1）修改 register.html 文件，使用 POST 方式提交表单数据，主要代码如下。

```
01  <!DOCTYPE html>
02  <html>
03  <head lang="en">
04      <!—省略部分代码 -->
05  </head>
06  <body>
07          <!-- 省略部分代码 -->                          修改<form>标签，使用POST方式提交
08          <!-- 表单开始 -->
09      <form method="POST" action="addUser.php">
10          <!—省略部分代码 -->
11  </body>
12  </html>
```

（2）创建 addUser.php 文件，接收表单数据，完整代码如下。

```
01  <?php
02      $email    = $_POST['email'];                  // 接收 email
03      $password = $_POST['password'];               // 接收 password
04      $passwordRepeat = $_POST['passwordRepeat'];   // 接收 passwordRepeat
```

```
05       $tel        = $_POST['tel'];                        // 接收 tel
06       /** 输出接收的信息 **/
07       echo " 接收到的 email 是 :".$email."<br>";
08       echo " 接收到的 password 是 :".$password."<br>";
09       echo " 接收到的 passwordRepeat 是 :".$passwordRepeat."<br>";
10       echo " 接收到的 tel 是 :".$tel."<br>";
11       $array = $_POST;                                    // 接收全部信息
12       echo "<pre>";
13       print_r($_POST);                                    // 打印信息
14   ?>
```

在浏览器中输入 http://localhost/Code/SL/07/03/register.html，按 <Enter> 键进入商城注册页面，在表单中输入相应信息，单击 "注册" 按钮，输出用户注册信息。

操作过程如图 7.16 所示。

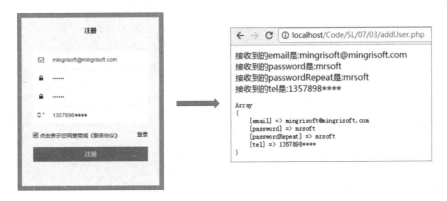

图 7.16　获取 POST 方式提交的表单数据

7.5.2　获取 GET 方式提交的表单数据

GET 方式是 <form> 表单中 method 属性的默认方法。使用 GET 方式提交的表单数据被附加到 URL 后，并作为 URL 的一部分发送到服务器端。在程序的开发过程中，由于 GET 方式提交的数据是附加到 URL 上发送的，因此，在 URL 的地址栏中将会显示 "URL+用户传递的参数"。

URL 接收 GET 参数示意图如图 7.17 所示。

图 7.17　URL 接收 GET 参数示意图

其中，url 为表单响应地址（如 localhost/index.php），name1 为表单元素的名称，value1 为表单元素的值。url 和表单元素之间用"?"隔开，而多个表单元素之间用"&"隔开，每个表单元素的格式都是 name=value，且固定不变。

📋 **学习笔记**

若要使用 GET 方式发送表单，则 URL 的长度应限制在 1MB 字符以内。如果发送的数据量太大，则数据将被截断，从而导致意外或失败的处理结果。

使用 GET 方式提交表单数据

创建一个表单来实现应用 GET 方式提交用户名和密码，并显示在 URL 地址栏中。添加一个文本框，将其命名为 user，添加一个密码域，将其命名为 pwd，将表单的 method 属性设置为 GET 方式，实例代码如下：

```
01  <!DOCTYPE html>
02  <html>
03  <head>
04      <meta charset="utf-8">
05      <title>PHP 零基础 </title>
06      <!-- 引入 Bootstrap 前端 UI 框架 -->
07      <link   href="bootstrap/css/bootstrap.css" rel="stylesheet">
08  </head>
09  <body class="bg-primary">
10  <h3 class="col-sm-offset-2">Form 表单 GET 示例 </h3>
11  <form class="form-horizontal" role="form" method="get" action="#">
12      <div class="form-group">
13          <label class="col-sm-2 control-label"> 姓名 </label>
14          <div class="col-sm-3">
15              <input type="text" name="username" class="form-control"
16                      placeholder=" 请输入用户名 ">
17          </div>
18      </div>
19      <div class="form-group">
20          <label  class="col-sm-2 control-label"> 密码 </label>
21          <div class="col-sm-3">
22              <input type="password" name="password"  class="form-control"
23                      placeholder=" 请输入密码 ">
24          </div>
25      </div>
26      <div class="form-group">
27          <div class="col-sm-offset-2 col-sm-10">
```

```
28              <button type="submit" class="btn btn-info"> 提交 </button>
29          </div>
30      </div>
31  </form>
32  </body>
33  </html>
```

📖 **学习笔记**

　　上述代码中，使用了 Bootstrap 前端 UI 框架。Bootstrap 来自 Twitter 公司，是目前十分受欢迎的前端框架。Bootstrap 是基于 HTML、CSS、JavaScript 开发的，它操作起来简洁灵活，使 Web 开发更加快捷。Bootstrap 的中文网址：http://www.bootcss.com。

　　运行本实例，在文本框中输入用户名"明日科技"和密码"mrsoft"，单击"提交"按钮，文本框内的信息就会显示在 URL 地址栏中，如图 7.18 所示。

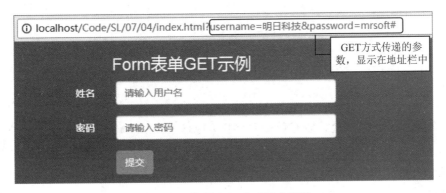

图 7.18　使用 GET 方式提交表单

　　显而易见，这种方法会将参数暴露。如果用户传递的参数是非保密性的参数（如 id=8），那么使用 GET 方式传递数据是可行的；如果用户传递的是保密性的参数（如密码），那么使用 GET 方式就会不安全，使用 POST 方式则更安全。

7.6　学习笔记

学习笔记一：Web 工作原理

　　Web 工作原理比 7.1.2 节描述的要复杂很多，每一个步骤都可以用一本书来讲解，作为初学者，只要求掌握大概流程即可。比如，了解 Web 工作原理，就会明白为什么不能在 HTML 文件中写 PHP 代码，因为 HTML 文件不会请求 PHP 引擎，自然不会解析 <?php ?> 标签。PHP 代码会以字符串的形式原样输出，但是在 PHP 文件中可以编写 HTML 代码。

学习笔记二：JavaScript 和 jQuery

jQuery 是对 JavaScript 的一个扩展、封装，让 JavaScript 更好用、更简单。其核心理念是"write less,do more"（写的更少，做的更多）。例如，获取一个表单中 id="start" 的元素 value 值，使用 JavaScript 代码如下：

```
document.getElementById("start").value;
```

使用 jQuery 的代码如下：

```
$('#start').val();
```

在使用 jQuery 时，需要先引入 jQuery。虽然使用 jQuery 比 JavaScript 更简单，但是 JavaScript 才是根本，所以一般要先学习 JavaScript，再学习 jQuery。

7.7　小结

本章涉及知识比较广泛，既有前端 HTML、CSS 和 JavaScript 技术，又有后端 PHP 使用两种方式接收表单数据的知识。相信读者在学习完本章后，可以对表单应用自如，从而轻松实现"人机交互"。掌握了本章的技术要点，就意味着已经有了开发动态网页的能力，为下一步深入学习奠定良好的基础。

第 8 章　Cookie 与 Session

Cookie 和 Session 是两种不同的存储机制，Cookie 是从一个 Web 页面到下一个 Web 页面的数据传递方法，存储在客户端；Session 是让数据在页面中持续有效的方法，存储在服务器端。可以说，掌握 Cookie 和 Session 技术，对于 Web 网站页面间信息传递的安全性是必不可少的。

8.1　Cookie 管理

Cookie 是在 HTTP 协议下，服务器或脚本可以维护客户工作站上信息的一种方式。Cookie 的使用很普遍，许多提供个性化服务的网站都是利用 Cookie 来区别不同用户的，以显示与用户相对应的内容，如 Web 接口的免费 E-mail 网站，就需要用到 Cookie。有效使用 Cookie 可以轻松完成很多复杂任务。下面对 Cookie 的相关知识进行详细介绍。

8.1.1　了解 Cookie

1. 什么是 Cookie

Cookie 是一种在远程浏览器端存储数据并以此来跟踪和识别用户的机制。简单来说，Cookie 是 Web 服务器暂时存储在用户硬盘上的一个文本文件，并随后被 Web 浏览器读取。当用户再次访问 Web 网站时，网站通过读取 Cookie 文件记录这位访客的特定信息（如上次访问的位置、花费的时间、用户名和密码等），从而迅速做出响应，如在页面中不需要输入用户的 ID 和密码即可直接登录网站等。

如果用户的系统盘为 C 盘，操作系统为 Windows 7，当使用 IE 浏览器访问 Web 网站时，Web 服务器会生成相应的 Cookie 文本文件，并存储在用户硬盘的指定位置，如图 8.1 所示。

图 8.1　Cookie 文件的存储路径

📋 **学习笔记**

谷歌浏览器的 Cookie 数据位于 C:\Users\Administrator\AppData\Local\Google\Chrome\User Data\Default\Cookies。其中，Administrator 是电脑用户名。在 IE 浏览器中，IE 将各个站点的 Cookie 分别保存为一个 XXX.txt 形式的纯文本文件（文件个数可能很多，但文件都较小）；而 Firefox 和 Chrome 是将所有 Cookie 都保存在一个文件中（文件较大），该文件为 SQLite3 数据库格式的文件。

2. Cookie 的功能

Web 服务器可以应用 Cookie 包含信息的任意性来筛选并经常性维护这些信息，以判断在 HTTP 传输中的状态。Cookie 常用于以下 3 个方面。

- 记录访客的某些信息。例如可以利用 Cookie 记录用户访问网页的次数，或者记录访客曾经输入过的信息，另外，某些网站可以使用 Cookie 自动记录访客上次登录的用户名。
- 在页面之间传递变量。浏览器并不会保存当前页面上的任何变量信息，当页面关闭时，页面上的所有变量信息将随之消失。如果用户声明一个变量 id=8，并要把这个变量传递到另一个页面，则可以把变量 id 先以 Cookie 形式保存下来，然后在下一页通过读取该 Cookie 来获取变量的值。
- 将所查看的 Internet 页存储在 Cookie 临时文件夹中，可以提高以后浏览的速度。

📋 **学习笔记**

一般不要用 Cookie 保存数据集或其他大量数据。并非所有浏览器都支持 Cookie，并且数据信息是以明文文本的形式保存在客户端计算机中的，因此最好不要保存敏感的、未加密的数据，否则会影响网络的安全性。

8.1.2 创建 Cookie

在 PHP 中通过 setcookie() 函数创建 Cookie。在创建 Cookie 之前必须要了解的是，Cookie 是 HTTP 头标的组成部分，而头标必须在页面其他内容之前发送，它必须最先输出。若在 setcookie() 函数前输出一个 HTML 标记或 echo 语句，甚至一个空行都会导致程序出错。

语法格式如下：

```
bool setcookie(string name[,string value[,int expire[, string
path[,string domain[,int secure]]]]])
```

setcookie() 函数的参数说明如表 8.1 所示。

表 8.1　setcookie() 函数的参数说明

参　　数	说　　明	举　　例
name	Cookie 的变量名	可以通过 $_COOKIE["cookiename"] 调用变量名为 cookiename 的 Cookie
value	Cookie 变量的值，该值保存在客户端，不能用来保存敏感数据	可以通过 $_COOKIE["values"] 获取名为 values 的值
expire	Cookie 的失效时间，expire 是标准的 UNIX 时间标记，可以用 time() 函数获取，其单位为秒	如果不设置 Cookie 的失效时间，那么 Cookie 将永远有效，除非手动将其删除
path	Cookie 在服务器端的有效路径	如果该参数设置为 /，则它在整个 domain 内有效，如果设置为 /11，则它在 domain 下的 /11 目录及子目录内有效。默认是当前目录
domain	Cookie 有效的域名	如果要使 Cookie 在 mrbccd.com 域名下的所有子域都有效，应该设置为 mrbccd.com
secure	指明 Cookie 是否仅通过安全的 HTTPS，值为 0 或 1	如果值为 1，则 Cookie 只能在 HTTPS 连接上有效；如果值为默认值 0，则 Cookie 在 HTTP 和 HTTPS 连接上均有效

例如，使用 setcookie() 函数创建 Cookie，代码如下：

```php
01 <?php
02 setcookie("MRSOFT",'www.mingrisoft.com');
03 setcookie("MRBOOK", 'www.mrbccd.com', time()+60);// 设置 Cookie 有效时间为 60 秒
04 ?>
```

在谷歌浏览器下运行本实例，按如下步骤查看 Cookie。

首先右击浏览器页面，弹出如图 8.2 所示的快捷菜单，然后选择"检查"命令。在弹出的对话框中单击 Application 后，在对话框左侧选择 Storage → Cookies → http://localhost 选项，即可看到 Cookie 内容，如图 8.3 所示。

图 8.2　检查元素

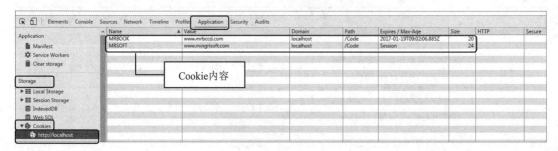

图 8.3　查看 Cookie

8.1.3　读取 Cookie

在 PHP 中可以直接通过超级全局数组 $_COOKIE[] 来读取客户端的 Cookie 值。

例如，使用 $_COOKIE[] 读取 Cookie 变量，代码如下：

```
01  <?php
02      date_default_timezone_set('PRC'); // 设置时区
03      if(!isset($_COOKIE["visittime"])){// 检测 Cookie 文件是否存在，如果不存在
04          setcookie("visittime",date("Y-m-d H:i:s")); //设置一个 Cookie 变量
05          echo "欢迎您第一次访问网站！ ";                // 输出字符串
06      }else{                                         // 如果 Cookie 文件存在
            // 设置保存 Cookie 文件失效时间
07          setcookie("visittime",date("Y-m-d H:i:s"),time()+60);
            // 输出上次访问网站的时间
08          echo "您上次访问网站的时间为：".$_COOKIE["visittime"];
```

```
09              echo "<br>";                                    // 输出回车符
10         }
11         echo "您本次访问网站的时间为： ".date("Y-m-d H:i:s");      // 输出本次访问时间
12 ?>
```

在上述代码中，首先使用 isset() 函数检测 Cookie 文件是否存在，如果 Cookie 文件不存在，则使用setcookie() 函数创建一个Cookie，并输出相应的字符串；如果Cookie文件存在，则使用 setcookie() 函数设置保存 Cookie 文件失效的时间，并输出用户上次访问网站的时间。最后在页面输出本次访问网站的时间。

首次运行本实例，由于没有检测到 Cookie 文件，运行结果如图 8.4 所示。如果用户在 Cookie 设置到期时间（本例为 60 秒）前刷新或再次访问该实例，运行结果如图 8.5 所示。

图 8.4　第一次访问网页的运行结果

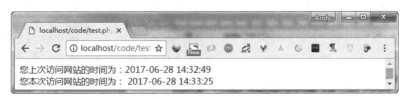

图 8.5　刷新或再次访问本网页后的运行结果

📋 **学习笔记**

如果未设置 Cookie 的到期时间，则在关闭浏览器时自动删除 Cookie 数据。如果为 Cookie 设置了到期时间，浏览器将会记住 Cookie 数据，即使用户重启计算机，只要时间没到期，再访问网站时也会获得图 8.5 中的数据信息。

8.1.4　删除 Cookie

当 Cookie 被创建后，如果没有设置它的失效时间，则 Cookie 文件会在关闭浏览器时被自动删除。如果要在关闭浏览器之前删除 Cookie 文件，则有两种方法：一种是使用 setcookie() 函数删除 Cookie，另一种是在浏览器中手动删除 Cookie。下面分别介绍这两种方法。

1. 使用 setcookie() 函数删除 Cookie

删除 Cookie 和创建 Cookie 的方式基本类似，删除 Cookie 也使用 setcookie() 函数。删除 Cookie 只需要将 setcookie() 函数中的第二个参数设置为空值，将第三个参数 Cookie 的过期时间设置为小于系统的当前时间即可。

例如，将 Cookie 的过期时间设置为当前时间减 1 秒，代码如下：

```php
setcookie("name", "", time()-1);
```

在上述代码中，time() 函数返回以秒表示的当前时间戳，把过期时间减 1 秒就会得到过去的时间，从而删除 Cookie。

学习笔记

把过期时间设置为 0，可以直接删除 Cookie。

2. 在浏览器中手动删除 Cookie

在使用 Cookie 时，Cookie 自动生成一个文本文件并存储在客户端电脑上。不同浏览器或同一浏览器的不同版本（如 IE6 和 IE11）手动删除 Cookie 的方式都不相同。

8.1.5 Cookie 的生命周期

如果 Cookie 不设定时间，就表示它的生命周期为浏览器会话的时间，只要关闭浏览器，Cookie 就会自动消失，这种 Cookie 被称为会话 Cookie，一般不保存在硬盘上，而保存在内存中。

如果 Cookie 设置了过期时间，那么浏览器会把 Cookie 保存到硬盘中，再次打开 IE 浏览器时依然有效，直到它的有效期超时。

虽然 Cookie 可以长期保存在客户端浏览器中，但也不是一成不变的。因为浏览器最多允许存储 300 个 Cookie 文件，而且每个 Cookie 文件支持的最大容量为 4KB；每个域名最多支持 20 个 Cookie，如果达到限制时，则浏览器会自动随机删除 Cookie。

8.1.6 7 天免登录功能的实现

登录明日学院网站时，有一个"7 天免登录"功能选项。当选择这个选项并登录成功后，7 天之内浏览明日学院网站就不需要再次登录，该网站会为我们保留登录信息。下面就来实现这个功能。

实现 7 天免登录功能

实现 7 天免登录功能的具体步骤如下。

（1）创建数据表。创建 database11 数据库，在该数据库中创建 users 数据表及数据。
SQL 语句如下：

```
DROP TABLE IF EXISTS `users`;
CREATE TABLE `users` (
  `id` int(8) NOT NULL AUTO_INCREMENT,
  `username` char(50) NOT NULL,
  `password` varchar(255) DEFAULT NULL,
  PRIMARY KEY (`id`)
) ENGINE=MyISAM AUTO_INCREMENT=1 DEFAULT CHARSET=utf8;

INSERT INTO `users` VALUES ('1', 'mr', 'fdb390e945559e74475ed8c8bbb48ca5');
```

创建完成后，如图 8.6 所示。

图 8.6 新增 users 表及数据

（2）创建登录页。创建一个 login.php 文件，该文件中包含一个 Form 表单，表单内有
"用户名""密码""是否开启 7 天免登录"三个字段。login.php 文件具体代码如下：

```
01  <!DOCTYPE html>
02  <html lang="en" class="is-centered is-bold">
03  <head>
04      <meta charset="UTF-8">
05      <title>零基础</title>
06      <link href="css/main.css" rel="stylesheet">
07  </head>
08  <body>
09  <section style="background: transparent">
10      <form class="box py-3 px-4 px-2-mobile" role="form" method="post"
11          action="checkLogin.php" onsubmit="return check()">
12          <div class="is-flex is-column is-justified-to-center">
13              <h1 class="title is-3 mb-a has-text-centered">
14                  登录
15              </h1>
```

```
16              <div class="inputs-wrap py-3">
17                  <div class="control">
18                      <input type="text" id="username" name="username" class="input"
19                          placeholder="用户名" value="" required>
20                  </div>
21                  <div class="control">
22                      <input type="password" id="password" name="password" class="input"
23                          placeholder="密码" required>
24                  </div>
25                  <div class="control">
26                      <button type="submit" class="button is-submit is-primary is-outlined">
27                          提交
28                      </button>
29                  </div>
30              </div>
31              <footer class="is-flex is-justified-space-between">
32                  <div>
33                      <input type="checkbox" name="keep" id="keep" checked value="">7 天免登录
34                  </div>
35                  <a href="register.html">
36                      暂无账号，点击去注册
37                  </a>
38              </footer>
39          </div>
40      </form>
41  </section>
42  <script>
43      function check() {
44          // 判断是否勾选免登录
45          if(document.getElementById("keep").checked){
46              document.getElementById("keep").value = 1;
47          }
48      }
49  </script>
50  </body>
51  </html>
```

上述代码中，使用 checkbox 复选框，并设置属性为 checked，即表示在默认情况下是选中状态。如果用户选中"7 天免登录"，则该复选框的 value 值为 1，否则为空，运行效果如图 8.7 所示。

图 8.7　登录页面

（3）检测是否登录成功。当用户在填写完"用户名"和"密码"后，单击"提交"按钮，将表单提交到 checkLogin.php 文件。在该文件中处理业务逻辑。首先，以 PDO 方式连接数据库，然后在 users 表中查找用户名和密码。如果存在这条记录，则判断用户是否勾选"7 天免登录"。如果勾选"7 天免登录"，则将用户名存入 Cookie，保存 7 天，否则使用 Cookie 的默认保存时间。如果不存在这条记录，则直接提示"用户名或密码错误，登录失败！"。checkLogin.php 文件具体代码如下：

```php
01  <?php
02  if(isset($_POST['username']) && isset($_POST['password'])){
03      $username = trim($_POST['username']);          //trim() 函数去除前后空格
        //trim() 函数去除前后空格，使用 md5 加密
04      $password = md5(trim($_POST['password']));
05      require "config.php";                          // 引入配置文件
06      try{
07          // 连接数据库、选择数据库
08          $pdo = new PDO("mysql:host=".DB_HOST.";dbname=".DB_NAME,DB_USER,DB_PWD);
09      }catch(PDOException $e){
10          // 输出异常信息
11          echo $e->getMessage();
12      }
13      //users 表中查找输入的用户名和密码是否匹配
14      $sql = 'select * from users where username = :username and password = :password';
15      $res = $pdo->prepare($sql);
16      $res->bindParam(':username',$username);        // 绑定参数
17      $res->bindParam(':password',$password);        // 绑定参数
18      if($res->execute()){
19          $rows = $res->fetch(PDO::FETCH_ASSOC);// 返回一个索引为结果集列名的数组
20          if($rows){
21              if(isset($_POST['keep'])){            // 勾选"7 天免登录"
```

```
                    // 设置 cookie
22              setcookie('username',$rows['username'],time()+604800);
23          }else{                                          // 正常登录
24              setcookie('username',$rows['username']);// 设置 cookie
25          }
26      echo "<script>alert(' 恭喜您，登录成功！');
27                  window.location.href='index.php'; </script>";
28      }else{
29          echo "<script>alert(' 用户名或密码错误，登录失败！');history.
back();</script>";
30          exit ();
31      }
32  }
33 }else{   // 如果不是 POST 方式提交，则跳转到登录页
34  echo "<script>window.location.href='login.html'</script>";
35 }
36
37 ?>
```

输入用户名"mr"和密码"mrsoft"，登录成功后，运行效果如图 8.8 所示。输入错误的用户名或密码登录时，运行效果如图 8.9 所示。

图 8.8 登录成功

图 8.9 登录失败

（4）自动登录。登录成功后，页面跳转到 index.php 文件。在该文件中，判断 $_COOKIE['username'] 是否存在，如果存在，表示登录成功，并显示该页面，否则跳转到

登录页。如果勾选 "7 天免登录"，当关闭 index.php 页面后，再次访问该页面，会直接显示页面内容，而不需要重新登录。index.php 具体代码如下：

```php
01 <?php
02     if(!isset($_COOKIE['username'])){
03             echo "<script>alert(' 请先登录 ');window.location.href='login.php'</script>";
04         }
05 ?>
06 <!DOCTYPE html>
07 <html lang="en" class="is-centered is-bold">
08 <head>
09     <meta charset="UTF-8">
10     <title> 零基础 </title>
11     <link rel="stylesheet" href="css/bootstrap.css">
12 </head>
13 <body class="container">
14 <div class="jumbotron" style="background-color: #17ecf1;">
15     <h1> 欢迎
16         <span style="color: white">
17             <?php echo $_COOKIE['username']?>
18         </span>
19          登录网站
20     </h1>
21     <p><a class="btn btn-primary btn-lg" href="logout.php" role="button"> 退出登录 </a></p>
22 </div>
23 </body>
24 </html>
```

运行效果如图 8.10 所示。

图 8.10　index.php 页面效果

（5）退出登录。在 index.php 页面，单击 "退出登录" 按钮，页面跳转到 logout.php 文件。在该文件中，使用 setcookie() 函数删除 Cookie，并跳转到登录页面。此时，再次访问

index.php 页面，由于 Cookie 已经被删除，所以还会跳转到 login.php 登录页面。logout.php 文件代码如下：

```
01 <?php
02     setcookie("username", "", time()-1);
03     echo "<script>window.location.href='login.php'</script>";
04 ?>
```

8.2　Session 管理

对比 Cookie，Session 会话文件中保存的数据是以变量的形式创建的，创建的会话变量在生命周期（24 分钟）中可以被跨页的请求所引用。另外，Session 是存储在服务器端的会话，相对比较安全，并且不像 Cookie 有存储长度的限制。

8.2.1　了解 Session

1. 什么是 Session

Session 译为"会话"，其本义是指有始有终的一系列动作 / 消息，如打电话时从拿起电话拨号到挂断电话这一系列过程可以称为一个 Session。

在计算机专业术语中，Session 是指一个终端用户与交互系统进行通信的时间间隔，通常指从注册进入系统到注销退出系统所经过的时间。因此，Session 实际上是一个特定的时间概念。

2. Session 工作原理

当启动一个 Session 会话时，会生成一个随机且唯一的 session_id，也就是 Session 的文件名，此时 session_id 存储在服务器的内存中，当关闭页面时此 id 会自动注销，重新登录此页面时，会再次生成一个随机且唯一的 session_id。

3. Session 的功能

Session 在 Web 技术中的地位非常重要。由于网页是一种无状态的连接程序，因此无法得知用户的浏览状态。通过 Session 则可记录用户的相关信息，以供用户再次以此身份对 Web 服务器提交要求时进行确认。例如，在电子商务网站中，通过 Session 记录用户的登录信息及用户所购买的商品，如果没有 Session，那么用户每进入一个页面都需要登录一次用户名和密码。

另外，Session 会话适用于存储信息量比较少的情况。如果用户需要存储的信息量相对较少，并且信息内容不需要长期存储，那么使用 Session 把信息存储到服务器端比较合适。

8.2.2 创建会话

创建一个会话需要通过以下步骤：启动会话→存储会话→读取会话→删除会话。

1. 启动会话

使用 session_start() 函数启动 PHP 会话。

语法格式如下：

```
bool session_start(void) ;
```

📋 **学习笔记**

通常，session_start() 函数在页面开始位置调用，然后会话变量被存储到数据 $_SESSION 中。

2. 存储会话

开启会话之后，就可以使用 $_SESSION 变量来存取信息了。我们要知道 $_SESSION 变量是个数组。当要把信息存入 Session 的时候，可编写如下代码：

```
$_SESSION['username'] = '张三';
```

例如，判断存储用户名的 Session 会话变量是否为空，如果不为空，则将该会话变量赋给 $myvalue 变量，代码如下：

```
01 <?php
02 $_SESSION['username'] = '张三';
03 if ( !empty ( $_SESSION['username'])) // 判断用于存储用户名的 Session 会话变量是否为空
04     $myvalue = $_SESSION['username'] ;     // 将会话变量赋给一个变量 $myvalue
05 ?>
```

3. 读取会话

读取会话很简单，就像使用数组一样，代码如下：

```
$userName = $_SESSION['username'];
```

4. 删除会话

删除会话的方法主要有删除单个会话、删除多个会话和结束当前会话，下面分别对其进行介绍。

（1）删除单个会话。

删除会话变量，同数组的操作一样，直接注销 $_SESSION 数组的某个元素即可。

例如，注销 $_SESSION['user'] 变量，可以使用 unset() 函数，代码如下：

```
unset( $_SESSION['username'] ) ;
```

📋 **学习笔记**

> 使用 unset() 函数时，要注意 $_SESSION 数组中某元素不能省略，即不可以一次注销整个数组，这样会禁止整个会话的功能，如 unset($_SESSION) 函数会将全局变量 $_SESSION 销毁，而且没有办法将其恢复，用户也不能再注册 $_SESSION 变量。如果要删除多个会话或全部会话，则可采用下面两种方法。

（2）删除多个会话。

如果想要一次注销所有会话变量，则可以将一个空的数组赋值给 $_SESSION 变量，代码如下：

```
$_SESSION = array() ;
```

（3）结束当前会话。

如果整个会话已经结束，首先应该注销所有会话变量，然后使用 session_destroy() 函数清除结束当前会话，并清空会话中的所有资源，彻底销毁 Session，代码如下：

```
session_destroy() ;
```

8.2.3 使用 Session 实现判断用户登录功能

Cookie 数据存储在客户的浏览器上，Session 数据存储在服务器上；Cookie 数据不安全，别人可以分享存放在本地的 Cookie 并进行 Cookie 欺骗，考虑到安全性应当使用 Session 实现判断用户登录功能。

使用 Session 实现判断用户是否登录

本实例通过 Session 技术实现判断用户是否登录。具体开发步骤如下：

（1）创建 login.php 文件作为登录页面。关键代码如下：

```
01  // 省略其余代码
02  <form class="box py-3 px-4 px-2-mobile" role="form" method="post"
03          action="checkLogin.php">
04      <div class="is-flex is-column is-justified-to-center">
05          <h1 class="title is-3 mb-a has-text-centered">
06              登录
07          </h1>
08          <div class="inputs-wrap py-3">
09              <div class="control">
10                      <input type="text" id="username" name="username" class="input"
11                          placeholder="用户名" value="" required>
12              </div>
13              <div class="control">
14                      <input type="password" id="password" name="password" class="input"
15                          placeholder="密码" required>
16              </div>
17              <div class="control">
18                  <button type="submit" class="button is-submit is-primary is-outlined">
19                          提交
20                  </button>
21              </div>
22          </div>
23      </div>
24  </form>
25  // 省略其余代码
```

运行效果如图 8.11 所示。

图 8.11　登录页面

（2）单击"提交"按钮，表单就会提交到 checkLogin.php 文件。在该文件中处理登录逻辑。登录成功后，使用 session_start() 函数初始化 Session 变量，将 username 存储到 Session 变量中。关键代码如下：

```
01  // 省略其余代码
02  // 在 users 表中查找输入的用户名和密码是否匹配
03  $sql = 'select * from users where username = :username and password = :password';
04  $res = $pdo->prepare($sql);
05  $res->bindParam(':username',$username);        // 绑定参数
06  $res->bindParam(':password',$password);        // 绑定参数
07  if($res->execute()){
08      $rows = $res->fetch(PDO::FETCH_ASSOC);    // 返回一个索引为结果集列名的数组
09      if($rows){
10          session_start();                       // 启动 Session
11          $_SESSION['username'] = $rows['username']; //Session 赋值
12          echo "<script>alert(' 恭喜您，登录成功! ');window.location.href='index.php';
13                      </script>";
14      }else{
15          echo "<script>alert('用户名或密码错误,登录失败! ');history.back();</script>";
16          exit ();
17      }
18  }
19  // 省略其余代码
```

运行效果如图 8.8 和图 8.9 所示。

（3）登录成功后，username 存储到 Session 中，可以使用 $_SESSION['username'] 获取到该值。在 index.php 中，关键代码如下：

```
01  <?php
02      session_start();                           // 启动 Session
03      if(!isset($_SESSION['username'])){          //Session 取值
04          echo "<script>alert(' 请先登录 ');window.location.href='login.php'</script>";
05      }
06  ?>
```

（4）退出登录。创建 logout.php 文件，使用 unset() 函数清除 Session。代码如下：

```
01  <?php
02      session_start();                           // 启动 Session
03      unset( $_SESSION['username'] );            // 清除 Session
04      echo "<script>window.location.href='login.php'</script>";
05  ?>
```

清除 Session 后，再次访问 index.php 文件，页面将跳转到登录页。

使用 Session 前，一定要先开启 session_start() 函数，否则提示"_SESSION 不存在"。

8.3　Session 高级应用

8.3.1　Session 临时文件

在服务器中，如果将所有用户的 Session 都保存到临时目录中，则会降低服务器的安全性和效率，打开服务器存储的站点会非常慢。

使用 PHP 函数 session_save_path() 存储 Session 临时文件，可缓解因临时文件的存储导致服务器效率降低和站点打开缓慢的问题。代码如下：

```
01  <?php
02  $path = './tmp/';                    // 设置 Session 存储路径
03  session_save_path($path);
04  session_start();                     // 初始化 Session
05  $_SESSION['username'] = 'mr';
06  ?>
```

session_save_path() 函数应在 session_start() 函数之前调用。

运行结果如图 8.12 所示。

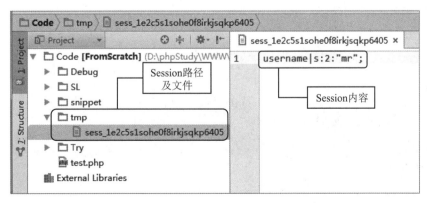

图 8.12　设置缓存路径

8.3.2 Session 缓存

Session 缓存是将网页中的内容临时存储到客户端的文件夹下，并且可以设置缓存的时间。当第一次浏览网页后，页面的部分内容在规定的时间内就被临时存储到客户端的临时文件夹中，这样在下次访问这个页面时，就可以直接读取缓存中的内容，从而提高网站的浏览效率。

使用 session_cache_limiter() 函数实现 Session 缓存，其语法如下：

```
string session_cache_limiter ( [string cache_limiter])
```

参数 cache_limiter 为 public 或 private。同时 Session 缓存并不是指在服务器端缓存而是客户端缓存，在服务器中没有显示。

使用 session_cache_expire() 函数设置缓存时间，其语法如下：

```
int session_cache_expire ( [int new_cache_expire])
```

参数 new_cache_expire 是 Session 缓存的时间数字，单位是分钟。

📋 **学习笔记**

> 这两个 Session 缓存函数必须在 session_start() 函数之前使用，否则会出错。

下面通过示例来了解 Session 缓存过程，代码如下：

```
01 <?php
02 /* 设置缓存限制为 "private" */
03 session_cache_limiter('private');
04 $cache_limiter = session_cache_limiter();
05 /* 设置缓存过期时间为 10 分钟 */
06 session_cache_expire(10);
07 $cache_expire = session_cache_expire();
08 /* 开始会话 */
09 session_start();
10 echo "缓存限制为: ". $cache_limiter."<br/>";
11 echo "客户端缓存时间为: ". $cache_expire ."分钟 ";
12 ?>
```

运行结果如下：

```
缓存限制为: private
客户端缓存时间为: 10 分钟
```

8.3.3　Session 数据库存储

PHP 默认采用文件的方式来保存 Session，虽然通过改变 Session 存储文件夹 Session 不至于将临时文件夹填满而造成站点瘫痪，但是可以计算一下：如果一个大型网站一天登录 1000 人，则一个月登录了 30 000 人，这时站点中存在 30 000 个 Session 文件，要在这 30 000 个 Session 文件中查询一个 session_id 应该不是一件轻松的事情，这时就可以应用 Session 数据库存储，也就是用 PHP 中的 session_set_save_handler() 函数设置自定义会话存储函数。

session_set_save_handler() 函数语法格式如下：

```
bool session_set_save_handler ( SessionHandlerInterface $sessionhandler
[, bool $register_shutdown = true ] )
```

session_set_save_handler() 函数的参数说明如下。

- sessionhandler 实现了 SessionHandlerInterface 接口的对象，例如 SessionHandler。自 PHP 5.4 之后可以使用。
- register_shutdown 将函数 session_write_close() 注册为 register_shutdown_function() 函数。
- 返回值：成功时返回 TRUE，或者失败时返回 FALSE。

使用 session_set_save_handler() 函数将 Session 存入数据库

创建一个 Session 存储类，使用 session_set_save_handler() 函数实现 Session 数据库存储。具体步骤如下。

（1）在 database11 数据库中创建一个 sessions 表，其中包含 3 个字段：id（主键）、data（Session 存储内容）、last_accessed（最后访问时间，根据当前时间戳更新），如图 8.13 所示。

图 8.13　sessions 表数据结构

（2）创建 Session 类，该类中包含 session_set_save_handler() 函数参数。具体代码如下：

```php
01  <?php
02
03  class mysqlSession implements SessionHandlerInterface{
04      private $pdo       = null;                      // 数据库连接句柄
05      private $dbtable = 'sessions';
06      /**
07       * session_start() 开始会话后第一个调用的函数，类似于构造函数的作用
08       * @param string $save_path 默认的保存路径
09       * @param string $session_name 默认的参数名（PHPSESSID）
10       * @return bool
11       */
12      public function open($save_path, $session_name)
13      {
14          $dsn = DB_TYPE.":host=" .DB_HOST.";dbname=".DB_NAME;
15          try {
16              $this->pdo = new PDO($dsn, DB_USER, DB_PWD);
17              return true;
18          } catch (PDOException $e) {
19              return false;
20          }
21      }
22
23      /**
24       * 类似于析构函数，在 write() 函数之后调用或者在 session_write_close() 函数之后调用
25       * @return bool
26       */
27      public function close()
28      {
29          $this->pdo = null;
30          return true;
31      }
32
33      /**
34       * 读取 session 信息
35       * @param string $sessionId 通过该 ID（客户端的 PHPSESSID）唯一确定对应的
session 数据
36       * @return session 信息或者空串（没有存储 session 信息）
37       */
38      public function read($sessionId)
39      {
40          try {
41              $sql = 'SELECT * FROM '. $this->dbtable.' WHERE id = ? LIMIT 1';
42              $res = $this->pdo->prepare($sql);
43              $res->execute(array($sessionId));
```

```
44              if ($ret = $res->fetch(PDO::FETCH_ASSOC)) {
45                  return $ret['data'];
46              } else {
47                  return '';
48              }
49          } catch (PDOException $e) {
50              return '';
51          }
52      }
53
54      /**
55       * 写入或修改 session 数据
56       * @param string $sessionId 要写入数据的 session 对应的 id（PHPSESSID）
57       * @param string $sessionData 要写入的是数据，是已经序列化过的
58       * @return bool
59       */
60      public function write($sessionId, $sessionData)
61      {
62          try {
63              $sql = 'REPLACE INTO '. $this->dbtable. '(id, data) VALUES (?, ?)';
64              $res = $this->pdo->prepare($sql);
65              $res->execute(array($sessionId, $sessionData));
66              return true;
67          } catch (PDOException $e) {
68              return false;
69          }
70      }
71
72      /**
73       * 主动销毁 session 会话
74       * @param string $sessionId 要销毁的会话的唯一 ID
75       * @return bool
76       */
77      public function destroy($sessionId)
78      {
79          try {
80              $sql = 'DELETE FROM '. $this->dbtable. 'WHERE id =  ?';
81              $res = $this->pdo->prepare($sql);
82              $res->execute(array($sessionId));
83              return true;
84          } catch (PDOException $e) {
85              return false;
86          }
87      }
88
```

```
89        /**
90         * 清理会话中的过期数据
91         * @param int $maxlifetime 有效期（自动读取 php.ini 中的 session.gc_
maxlifetime 配置项）
92         * @return bool
93         */
94        public function gc($maxlifetime)
95        {
96            try {
97                $sql = 'DELETE FROM '. $this->dbtable.
98                        'WHERE DATE_ADD (last_accessed,INTERVAL ? SECOND) < NOW()';
99                $res = $this->pdo->prepare($sql);
100                $res->execute(array($maxlifetime));
101                return true;
102            } catch (PDOException $e) {
103                return false;
104            }
105        }
106    }
```

上述代码中，write() 函数使用如下语句：

```
'REPLACE INTO '. $this->dbtable. '(id, data) VALUES (?, ?)'
```

REPLACE INTO 和 INSERT INTO 功能类似，它们的不同点在于：REPLACE INTO 首先尝试将数据插入表中，如果表中已经有此行数据（根据主键或唯一索引判断）则先删除此行数据，然后插入新的数据。否则，直接插入新数据。需要注意的是，插入数据的表必须有主键或者是唯一索引，否则，INSERT INTO 会直接插入数据，这将导致表中出现重复的数据。

（3）创建 index.php 文件，使用 Session 类实现将 Session 存入数据库。index.php 文件具体代码如下：

```
01  <?php
02      require_once('./config.php');      // 引入配置文件
03      require_once('./session.php');     // 引入 mysqlSession 类文件
04      $sess = new mysqlSession();        // 实例化 mysqlSession 类
05      session_set_save_handler($sess);   // 调用 session_set_save_handler() 函数
06      session_start();                   // 开启 session
07      // 设置 Session
08      $_SESSION['username'] = 'mr';
09      $_SESSION['password'] = md5('123456');
10      echo "<pre>";
11      var_dump($_SESSION);
12  ?>
```

上述代码中，首先引入 config.php 数据库配置文件、session.php 类文件。然后实例化 mysqlSession 类，接下来，调用 session_set_save_handler() 函数，并传入 $sess 对象。当使用 session_start() 函数开启 Session 后，mysqlSession 类中方法的执行顺序如下：

```
open() → read() → write() → close()
```

使用谷歌浏览器执行 index.php 文件，运行结果如图 8.14 所示。

图 8.14　运行结果

在谷歌浏览器下查看 SESSIONID，具体步骤为：首先右击浏览器页面，在弹出的如图 8.2 所示的快捷菜单中选择"检查"命令；然后在弹出的对话框中单击 Network 选项，按 <F5> 键刷新页面后，选择 index.php → Headers 选项；最后在下方找到 Request Hearders 选项，即可查看到 SESSIONID 内容，如图 8.15 所示。

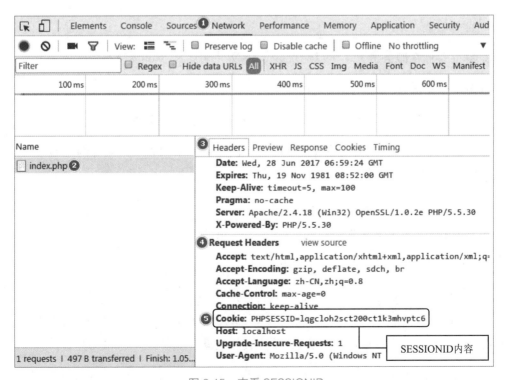

图 8.15　查看 SESSIONID

查看 database11 数据库的 sessions 表的数据内容如图 8.16 所示。

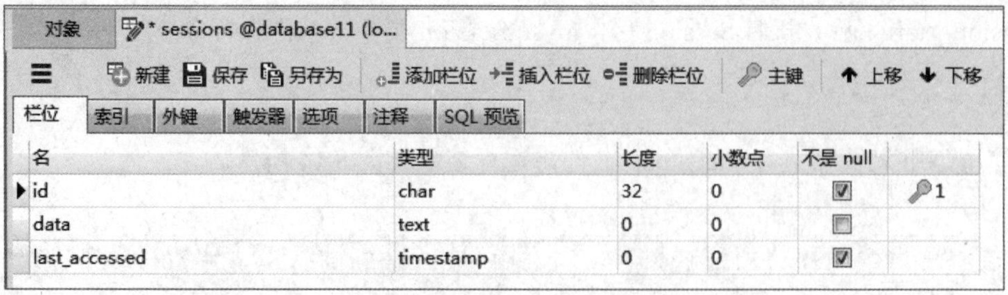

图 8.16　sessions 表数据

图 8.15 中的 PHPSESSIONID 和图 8.16 中 sessions 表的 id 相同，说明已经成功地将 Session 数据存储到 MySQL 数据表中。当使用 session_destroy() 函数时，会调用 mysqlSession 类中的 destroy() 方法，清除 sessions 表中的数据。

8.4　学习笔记

学习笔记一：Cookie 和 Session 的区别

① 存储位置

Session 存储在服务器上，可以通过 php.ini 文件配置 Session 相关设置。

Cookie 存储在客户端上，有以下两种情况：

（1）持久性 Cookie，设置了 Cookie 的时间，以文件的方式存储在硬盘上。

（2）会话 Cookie，没有设置 Cookie 时间，Cookie 的生命周期在关闭浏览器前就消失，一般不会保存在硬盘上，而会保存在内存上。

② 容量限制

Cookie 有大小和数量的限制，每个站点最多 20 个，最大 4KB；Session 没有限制，但设置太多，当访问用户很多时会很占服务器内存。

③ 安全性

因为 Cookie 存储在客户端，Cookie 可能会泄露用户隐私，带来其他安全问题，所以用户隐私等数据存放在 Session 中比较稳妥；其他数据可以存放到 Cookie 中。

学习笔记二：Cookie 和 Session 的关系

当程序需要为某个客户端的请求创建一个 Session 时，服务器首先检查这个客户端的请求里是否已包含了一个 Session 标识（称为 Session ID），如果已包含则说明之前已经为此客户端创建过 Session，服务器就按照 Session ID 把这个 Session 检索出来。如果客户端请求不包含 Session ID，则为此客户端创建一个 Session 并且生成一个与此 Session 相关联的 Session ID，Session ID 的值应该是一个既不会重复的，又不容易被找到规律以仿造的字符串，这个 Session ID 将在本次响应中返回给客户端保存。保存这个 Session ID 的方式可以采用 Cookie，这样在交互过程中，浏览器可以自动按照规则把这个标识发送给服务器。

8.5　小结

本章主要介绍了 Cookie 和 Session 的基础知识，包括它们的创建、读取及删除，并且重点介绍了 Session 的一些高级应用。通过完整的实例，读者可以加深对 Cookie 和 Session 的理解及运用。希望通过本章的学习，读者能够了解 Cookie 和 Session 的关系和区别，以及它们各自的应用场景。

第 9 章 PHP 操作 MySQL 数据库

本章主要介绍如何使用 PHP 来操作 MySQL。很长时间以来，PHP 操作 MySQL 数据库使用的是 mysql 扩展库提供的相关函数，但是，随着 MySQL 的发展，mysql 扩展库开始出现一些问题，逐渐被 mysqli 扩展库取代。本章将介绍如何使用 mysqli 扩展库来操作 MySQL 数据库。

9.1 PHP 操作 MySQL 数据库的方法

mysqli 函数库和 mysql 函数库的应用基本类似，而且大部分函数的使用方法都一样，唯一的区别就是 mysqli 函数库中的函数名称都是以 mysqli 开始的。

9.1.1 连接 MySQL 服务器

PHP 操作 MySQL 数据库，首先要建立与 MySQL 数据库的连接。在第 8 章中，我们使用如下命令连接数据库：

```
mysql  -uroot -proot
```

现在，使用 mysqli 扩展提供的 mysqli_connect() 函数实现与 MySQL 数据库的连接，函数语法如下：

```
mysqli mysqli_connect ( [string $host [, string $username [, string
$password [, string $dbname [, int $port [, string $socket]]]]]] )
```

mysqli_connect() 函数用于打开一个到 MySQL 服务器的连接，如果成功则返回一个 MySQL 连接标识，如果失败则返回 false。mysqli_connect() 函数的参数如表 9.1 所示。

表 9.1　mysqli_connect() 函数的参数说明

参　　数	说　　明
host	MySQL 服务器地址
username	用户名。默认值是服务器进程所有者的用户名
password	密码。默认值是空密码
dbname	连接的数据库名称
port	MySQL 服务器使用的端口号
socket	UNIX 域 socket

例如，应用 mysqli_connect() 函数创建与 MySQL 服务器的连接，MySQL 数据库服务器地址为 localhost，用户名为 root，密码为 root，代码如下：

```php
01  <?php
02      $host = "localhost";          //MySQL 服务器地址，本地测试也可以填写 127.0.0.1
03      $userName = "root";           // 用户名
04      $password = "root";           // 密码
05      if ($link = mysqli_connect($host, $userName, $password)){
06          // 建立与 MySQL 数据库的连接，并弹出提示对话框
07          echo "<script type='text/javascript'>alert(' 数据库连接成功! ');</script>";
08      }else{
09          echo "<script type='text/javascript'>alert(' 数据库连接失败! ');</script>";
10      }
11  ?>
```

运行上述代码，如果在本地计算机中安装了 MySQL 数据库，并且连接数据库的用户名为 root，密码为 root，则会弹出如图 9.1 所示的提示对话框。

图 9.1　数据库连接成功

📋 **学习笔记**

代码中使用了 JavaScript 的 alert() 方法弹出提示对话框。

9.1.2 选择 MySQL 数据库

数据库连接完成后，需要选择数据库。第 8 章中选择数据库命令如下：

```
use database db_users
```

现在，使用 mysqli 扩展提供的 mysqli_connect() 函数可以创建与 MySQL 服务器的连接，同时也可以指定要选择的数据库名称，例如，在连接 MySQL 服务器的同时选择名称为 db_users 的数据库，代码如下：

```
$link= mysqli_connect("localhost", "root", "root", "db_users");
```

除此之外，mysqli 扩展还提供了 mysqli_select_db() 函数用来选择 MySQL 数据库。其语法如下：

```
bool mysqli_select_db ( mysqli $link, string $dbname )
```

● 参数 link 为必选参数，是应用 mysqli_connect() 函数成功连接 MySQL 数据库服务器后返回的连接标识。

● 参数 dbname 为必选参数，是用户指定要选择的数据库名称。

例如，创建 database9 数据库，然后使用 mysqli_connect() 函数建立与 MySQL 数据库的连接，最后使用 mysqli_select_db() 函数选择 database9 数据库，实现代码如下：

```
01 <?php
02 $host = "localhost";                                 //MySQL 服务器地址
03 $userName = "root";                                  // 用户名
04 $password = "root";                                  // 密码
05 $dbName = "database9";                               // 数据库名称
   // 建立与 MySQL 数据库服务器的连接
06 $link = mysqli_connect($host, $userName, $password);
07 if(mysqli_select_db($link, $dbName)){                // 选择数据库
08     echo "数据库选择成功！";
09 }else{
10     echo "数据库选择失败！";
11 }
12 ?>
```

运行上述代码，如果本地 MySQL 数据库服务器中存在名为 database9 的数据库，则将在页面中输出如下内容：

```
数据库选择成功！
```

否则将输出:

数据库选择失败!

🖹 **学习笔记**

在实际的程序开发过程中,通常将 MySQL 服务器的连接和数据库的选择存储在一个单独文件中,在需要使用的脚本中通过 require 语句包含这个文件即可。这样做既有利于程序的维护,同时又避免了代码的冗余。

9.1.3 执行 SQL 语句

在第 8 章中,使用 SQL 语句对数据库中的表进行操作。在 mysqli 扩展库中,同样使用 SQL 语句对数据表进行操作,但是需要使用 mysqli_query() 函数来执行 SQL 语句。其语法如下:

```
mixed mysqli_query( mysqli $link, string $query [, int $resultmode] )
```

● 参数 link 为必选参数,是 mysqli_connect() 函数成功连接 MySQL 数据库服务器后所返回的连接标识。

● 参数 query 为必选参数,该参数为所要执行的 SQL 语句。

● 参数 resultmode 为可选参数,该参数取值有 MYSQLI_USE_RESULT 和 MYSQLI_STORE_RESULT。其中 MYSQLI_STORE_RESULT 为该函数的默认值。如果返回大量数据可以应用 MYSQLI_USE_RESULT,但应用该值时,以后的查询调用可能返回一个 commands out of sync 错误,其解决办法是应用 mysqli_free_result() 函数释放内存。

如果 SQL 语句是查询指令 select,成功则返回查询结果集,否则返回 FALSE;如果 SQL 语句是 insert、delete、update 等操作指令,成功则返回 TRUE,否则返回 FALSE。

下面来看如何通过 mysqli_query() 函数执行简单的 SQL 语句。

执行一个添加会员记录的 SQL 语句的代码如下:

```
$result = mysqli_query($link,"insert into tb_member values('mrsoft','123',
'mrsoft@mrsoft.com')");
```

执行一个修改会员记录的 SQL 语句的代码如下:

```
$result = mysqli_query($link,"update tb_member set user='mrbook',pwd='mrsoft'
where user='mrsoft'");
```

执行一个删除会员记录的 SQL 语句的代码如下：

```
$result = mysqli_query($link,"delete from tb_member where user='mrbook'");
```

执行一个查询会员记录的 SQL 语句的代码如下：

```
$result = mysqli_query($link,"select * from tb_member");
```

mysqli_query() 函数不仅可以执行诸如 select、update 和 insert 等 SQL 指令，还可以选择数据库和设置数据库编码格式。mysqli_query() 函数选择数据库的功能与 mysqli_select_db() 函数是相同的，代码如下：

```
mysqli_query($link,"use database9");        // 选择数据库 database9
```

设置数据库编码格式的代码如下：

```
mysqli_query($link,"set names utf8");       // 设置数据库的编码为 utf8
```

9.1.4 将结果集返回到数组中

使用 mysqli_query() 函数执行 select 语句，如果成功则将返回查询结果集。下面介绍一个对查询结果集进行操作的函数 mysqli_fetch_array()。它能够将结果集返回到数组中。其语法如下：

```
array mysqli_fetch_array ( resource $result [, int $result_type] )
```

● 参数 result：资源类型的参数，要传入的是由 mysqli_query() 函数返回的数据指针。

● 参数 result_type：可选项，设置结果集数组的表述方式。它有以下 3 种取值。

（1）MYSQLI_ASSOC：返回一个关联数组。数组下标由表的字段名组成，如 "id" "name"。

（2）MYSQLI_NUM：返回一个索引数组。数组下标由数字组成，如 "0" "1" "2"。

（3）MYSQLI_BOTH：返回一个同时包含关联和数字索引的数组，其默认值是 MYSQLI_BOTH。

📋 **学习笔记**

本函数返回的字段名要区分大小写，这是初学者最容易忽略的问题之一。

到此，PHP 操作 MySQL 数据库的方法已经初见成效，已经可以实现 MySQL 服务器的连接、选择数据库、执行查询语句，并且可以将查询结果集中的数据返回到数组中。下面编写一个实例，通过 PHP 操作 MySQL 数据库，读取数据库中存储的数据。

使用 mysqli_fetch_array() 函数读取数据

本例将利用 mysqli_fetch_array() 函数读取 database9 数据库中 books 图书表中的数据。具体步骤如下。

（1）创建 database9 数据库，并选择 database9 数据库。其 SQL 语句如下：

```
create database database9;
use database9;
```

（2）创建 books 数据表，并设置数据库编码格式为 utf8。其 SQL 语句如下：

```
DROP TABLE IF EXISTS `books`;
CREATE TABLE `books` (
  `id` int(8) NOT NULL AUTO_INCREMENT,
  `name` varchar(50) NOT NULL,
  `category` varchar(50) NOT NULL,
  `price` decimal(10,2) DEFAULT NULL,
  `publish_time` date DEFAULT NULL,
  PRIMARY KEY (`id`)
) ENGINE=MyISAM AUTO_INCREMENT=1 DEFAULT CHARSET=utf8;
```

上述 SQL 语句创建了 books 表，该表共包含 5 个字段。其中，id 字段是表的主键，并且是自增的；name 字段用于保存图书名称，category 字段用于保存图书分类，price 字段用于保存图书价格；publish_time 字段用于保存出版时间。

（3）插入测试数据。为了显示图书信息，我们需要先在 books 表中插入几条测试数据。插入数据的 SQL 语句如下：

```
INSERT INTO `books` VALUES ('1', 'PHP 从入门到精通', 'PHP', '50.00', '2017-02-17');
INSERT INTO `books` VALUES ('2', 'PHP 自学宝典', 'PHP', '69.00', '2017-02-17');
INSERT INTO `books` VALUES ('3', 'PHP 项目实战入门', 'PHP', '70.00', '2017-02-17');
INSERT INTO `books` VALUES ('4', '零基础学 PHP', 'PHP', '68.80', '2017-02-17');
```

（4）连接数据库，获取数据。创建 index.php 文件，具体代码如下：

```php
01  <?php
02      // 连接 MySQL 服务器，选择数据库
03      $link = mysqli_connect("localhost", "root", "root", "database9") or
04                          die("连接数据库服务器失败！".mysqli_error());
05      mysqli_query($link,"set names utf8");          // 设置数据库编码格式 utf8
06      $result = mysqli_query($link,"select * from books"); // 执行查询语句
07      include_once('lists.html');                    // 引入模板
```

在上述代码中，使用 mysqli_connect() 函数连接数据库，如果连接失败，则终止程序，并使用 mysqli_error() 函数显示错误信息。接下来设置数据库编码格式为 utf8。代码第 6 行使用 mysqli_query 执行 select 语句，从数据库中查询获取结果集。最后使用 include_once() 函数引入模板文件，即 HTML 页面。

📋 **学习笔记**

为保证数据能够正确显示，建议读者将以下几个编码格式统一为 UTF-8：PHP 文件的编码格式和 HTML 文件的编码格式（可以使用 PhpStorm 编辑器设置）；数据表编码格式（可以使用图形化工具设置）。与 PHP 中不同的是，MySQL 中指定的 UTF8 编码格式使用 "utf8"，而不是 "utf-8"。

（5）显示图书信息。创建 lists.html 文件，该文件就是 HTML 模板文件。使用 mysqli_fetch_array() 函数，将结果集返回到数组中，通过 while 语句循环遍历图书数组，将每本图书数据插入 <table> 表格中，具体代码如下：

```
01  <!DOCTYPE html>
02  <html lang="en" class="is-centered is-bold">
03  <head>
04      <meta charset="UTF-8">
05      <title> 零基础 </title>
06      <link href="css/bootstrap.css" rel="stylesheet">
07      <script src="js/jquery.min.js"></script>
08  </head>
09  <body>
10  <div class="container">
11      <div class="col-sm-offset-2 col-sm-8">
12          <div class="panel panel-default">
13              <div class="panel-heading">
14                  图书列表
15              </div>
16              <div class="panel-body">
17                  <table class="table table-striped task-table">
18                      <thead>
19                          <tr>
20                              <th>ID</th>
21                              <th> 图书名称 </th>
22                              <th> 分类 </th>
23                              <th> 价格 </th>
24                              <th> 出版日期 </th>
25                              <th> 操作 </th>
```

```
26                              </tr>
27                          </thead>
28                          <tbody>
29                          <?php while($rows = mysqli_fetch_array($result,MYSQLI_
ASSOC)) { ?>
30                              <tr>
31                                  <td class="table-text">
32                                      <?php echo $rows['id'] ?>
33                                  </td>
34                                  <td class="table-text">
35                                      <?php echo $rows['name'] ?>
36                                  </td>
37                                  <td class="table-text">
38                                      <?php echo $rows['category'] ?>
39                                  </td>
40                                  <td class="table-text">
41                                      <?php echo $rows['price'] ?>
42                                  </td>
43                                  <td><?php echo $rows['publish_time'] ?></td>
44                                  <td>
45                                          <a href='editBook.php?id=<?php echo
$rows['id'] ?>'>
46                                          <button class="btn btn-info edit" >
编辑</button>
47                                          </a>
48                                      <a href='deleteBook.php?id=<?php echo
$rows['id'] ?>'>
49                                          <button class="btn btn-danger
delete">删除</button>
50                                      </a>
51                                  </td>
52                              </tr>
53                          <?php } ?>
54                          </tbody>
55                      </table>
56                  </div>
57              </div>
58          </div>
59      </div>
60  </body>
61  </html>
```

使用浏览器访问 http://localhost/Code/SL/09/01/index.php，运行结果如图 9.2 所示。

图 9.2　显示图书列表

9.1.5　从结果集中获取一行作为对象

9.1.4 节中讲解了应用 mysqli_fetch_array() 函数来获取结果集中的数据。除了这个方法，应用 mysqli_fetch_object() 函数也可以轻松实现这一功能，下面通过同一个实例的不同方法来体验一下这两个函数在使用上的区别。

首先介绍 mysqli_fetch_object() 函数，其语法如下：

```
mixed mysqli_fetch_object ( resource result )
```

mysqli_fetch_object() 函数和 mysqli_fetch_array() 函数类似，二者只有一点区别：mysqli_fetch_object() 函数返回的是一个对象而不是数组，即该函数只能通过字段名来访问数组。访问结果集中行的元素的语法结构如下：

```
$row->col_name                 //col_name 为字段名，$row 代表结果集
```

例如，如果从某数据表中检索 id 和 name 值，则可以用 $row->id 和 $row-> name 访问行中的元素值。

🗒 学习笔记

　　mysqli_fetch_object() 函数返回的字段名同样是区分大小写的。

使用 mysqli_fetch_object() 函数读取所有图书数据

本例中同样是读取 database9 数据库中 books 数据表中的数据，不同的是应用 mysqli_

fetch_object() 函数可以逐行获取结果集中的记录。由于已经创建了数据库和数据表，并且连接了数据库，所以只需修改 lists.html 文件即可。

在 lists.html 文件中，使用 mysqli_fetch_object() 函数逐行获取结果集，该结果集是一个对象，使用 while() 循环遍历对象，将每本图书数据插入 <table> 表格中，关键代码如下：

```
01  <!DOCTYPE html>
02  <html lang="en" class="is-centered is-bold">
03  <head>
04      <!-- 省略重复代码 -->
05  </head>
06  <body>
07  <div class="container">
08      <!-- 省略重复代码 -->
09      <tbody>
10      <?php  while($obj = mysqli_fetch_object($result)) {
11          if(is_object($obj)){    // 判断对象是否存在
12      ?>
13      <tr>
14          <td class="table-text">
15              <?php echo $obj->id ?>
16          </td>
17          <td class="table-text">
18              <?php echo $obj->name ?>
19          </td>
20          <td class="table-text">
21              <?php echo $obj->category ?>
22          </td>
23          <td class="table-text">
24              <?php echo $obj->price ?>
25          </td>
26          <td><?php echo $obj->publish_time ?></td>
27          <td>
28              <a href='editBook.php?id=<?php echo $obj->id ?>'>
29                  <button class="btn btn-info edit" >编辑</button>
30              </a>
31              <a href='deleteBook.php?id=<?php echo $obj->id ?>'>
32                  <button class="btn btn-danger delete">删除</button>
33              </a>
34          </td>
35      </tr>
36      <?php }
37          }
38      ?>
39      </tbody>
```

```
40        </table>
41        <!-- 省略重复代码 -->
42  </div>
43  </body>
44  </html>
```

9.1.6 从结果集中获取一行作为枚举数组

mysqli_fetch_row() 函数可以从结果集中获取一行作为枚举数组，即数组的键用数字索引来表示。其语法如下：

```
mixed mysqli_fetch_row ( resource $result )
```

mysqli_fetch_row() 函数返回根据所获取的行生成的数组，如果没有更多行则返回 null。返回数组的偏移量从 0 开始，即以 $row[0] 的形式访问第一个元素（只有一个元素时也是如此）。

例如，使用 mysqli_fetch_row() 函数实现图书列表的功能，只需修改 lists.html 文件即可，修改代码如下：

```
01  // 省略重复代码
02  <tbody>
03  <?php while($rows = mysqli_fetch_row($result)) { ?>
04      <tr>
05          <td class="table-text">
06              <?php echo $rows[0] ?>
07          </td>
08          <td class="table-text">
09              <?php echo $rows[1] ?>
10          </td>
11          <td class="table-text">
12              <?php echo $rows[2] ?>
13          </td>
14          <td class="table-text">
15              <?php echo $rows[3] ?>
16          </td>
17          <td><?php echo $rows[4] ?></td>
18          <td>
19              <a href='editBook.php?id=<?php echo $rows[0] ?>'>
20              <button class="btn btn-info edit">编辑</button>
21              </a>
22                  <a href='deleteBook.php?id=<?php echo $rows[0] ?>'>
23              <button class="btn btn-danger delete" >删除
24                  </a>
```

```
25            </td>
26        </tr>
27 <?php } ?>
28 </tbody>
29 // 省略重复代码
```

上述代码中使用 mysqli_fetch_row() 函数逐行获取结果集中的记录时，只能使用数字索引来读取数组中的数据，而不能像 mysqli_fetch_array() 函数那样可以使用关联索引获取数组中的数据。

9.1.7　从结果集中获取一行作为关联数组

mysqli_fetch_assoc() 函数可以从结果集中获取一行作为关联数组，即数组的键用字段名来表示。其语法如下：

```
mixed mysqli_fetch_assoc ( resource $result )
```

mysqli_fetch_assoc() 函数返回根据所获取的行生成的数组，如果没有更多行则返回 null。该数组的下标为数据表中字段的名称。

```
mysqli_fetch_assoc($result)
```

等价于：

```
mysqli_fetch_array($result,MYSQLI_ASSOC)
```

9.1.8　获取查询结果集中的记录数

使用 mysqli_num_rows() 函数可以获取由 select 语句查询到的结果集中行的数目。mysqli_num_rows() 函数的语法如下：

```
int mysqli_num_rows ( resource $result )
```

mysqli_num_rows() 函数返回结果集中行的数目，此函数仅对 select 语句有效。想要获取被 INSERT、UPDATE 或 DELETE 语句影响到的行的数目，要使用 mysqli_affected_rows() 函数。

使用 mysqli_num_rows() 函数获取图书总数

本例中应用 mysqli_fetch_array() 函数逐行获取结果集中的记录，同时应用 mysqli_num_rows() 函数获取结果集中行的数目，并输出返回值。具体步骤如下。

（1）在 index.php 文件中，增加 mysqli_num_rows() 函数，获取结果集中的记录数。代码如下：

```php
01 <?php
02     // 连接 MySQL 服务器，选择数据库
03     $link = mysqli_connect("localhost", "root", "root", "database9") or
04             die("连接数据库服务器失败！".mysqli_error());
05     mysqli_query($link,"set names utf8");              // 设置数据库编码格式 utf8
06     $result = mysqli_query($link,"select * from books"); // 执行查询语句
07     $number = mysqli_num_rows($result);                // 获取查询条数
08     include_once('lists.html');                        // 引入模板
```

（2）在 lists.html 文件中，新增显示记录条数代码，关键代码如下：

```
<p class="text-primary text-center ">共计<?php echo $number ?>条</p>
```

运行结果如图 9.3 所示。

图 9.3　获取查询结果的记录数

9.1.9　释放内存

mysqli_free_result() 函数用于释放内存，数据库操作完成后需要关闭结果集，以释放系统资源，该函数的语法格式如下：

```
void mysqli_free_result(resource $result);
```

mysqli_free_result() 函数将释放所有与结果标识符 $result 所关联的内存。该函数仅需要考虑在返回很大的结果集会占用较多内存时调用，在执行结束后所有关联的内存都会被自动释放。

9.1.10　关闭连接

完成对数据库的操作后，需要及时断开与数据库的连接并释放内存，否则会浪费大量的内存空间，在访问量较大的 Web 项目中，很可能导致服务器崩溃。在 MySQL 函数库中，使用 mysqli_close() 函数断开与 MySQL 服务器的连接，该函数的语法格式如下：

```
bool mysqli_close ( mysqli $link )
```

参数 link 为 mysqli_connect() 函数能否成功连接 MySQL 数据库服务器后所返回的连接标识。如果成功则返回 TRUE，如果失败则返回 FALSE。

例如，读取 database9 数据库中 books 数据表中的数据，然后使用 mysqli_free_result() 函数释放内存并使用 mysqli_close() 函数断开与 MySQL 数据库的连接。代码如下：

```
01  <?php
02      // 连接 MySQL 服务器，选择数据库
03      $link = mysqli_connect("localhost", "root", "root", "database9") or
04              die(" 连接数据库服务器失败！ ".mysqli_error());
05      mysqli_query($link,"set names utf8");               // 设置数据库编码格式 utf8
06      $result=mysqli_query($link,"select * from books");     // 执行查询语句
07      $number = mysqli_num_rows($result);                 // 获取查询条数
08      include_once('lists.html');                         // 引入模板
09      mysqli_free_result($result);                        // 释放内存
10      mysqli_close($link);                                // 断开与数据库的连接
```

📖 **学习笔记**

> PHP 中与数据库的连接是非持久连接，系统会自动回收，一般不用设置关闭。如果一次性返回的结果集比较大，或网站访问量比较多，则最好使用 mysqli_close() 函数手动释放。

9.2　管理 MySQL 数据库中的数据

在开发网站的后台管理系统中，对数据库的操作不只局限于查询，对数据的添加、修改和删除等操作也是必不可少的。本节重点介绍如何在 PHP 页面中对数据库进行增、删、改的操作。

9.2.1 添加数据

向图书信息表中添加图书信息

本实例将通过 insert 语句和 mysqli_query() 函数向图书信息表中添加一条记录。具体步骤如下。

（1）创建 Form 表单页面 add.html，表单中包含 "name"（名称）、"category"（分类）、"price"（价格）、"publish_time"（出版时间）4 个字段。当单击 "提交" 按钮时，将表单提交到 "addBook.php" 文件。具体代码如下：

```
01  <!DOCTYPE html>
02  <html lang="en" class="is-centered is-bold">
03  <head>
04      <meta charset="utf-8">
05      <title>零基础</title>
06      <!-- 省略部分代码 -->
07  </head>
08  <body>
09  <div class="container">
10  <!-- 省略部分代码 -->
11      <div class="panel-body">
12          <form class="form-horizontal" role="form" method="POST"
13              action="addBook.php">
14            <div class="row">
15              <div class="col-md-8">
16                <div class="form-group">
17                  <label for="name" class="col-md-2 control-label">
18                      名称
19                  </label>
20                  <div class="col-md-10">
21                          <input type="text" class="form-control" name="name"
22                              id="name" value="">
23                  </div>
24                </div>
25                <div class="form-group">
26                  <label for="name" class="col-md-2 control-label">
27                      分类
28                  </label>
29                  <div class="col-md-10">
30                      <select class="form-control" name="category">
```

```
31                              <option value="PHP">PHP</option>
32                              <option value="Java">Java</option>
33                              <option value="C++">C++</option>
34                          </select>
35                      </div>
36                  </div>
37                  <div class="form-group">
38                      <label for="price" class="col-sm-2 control-label">
39                          价格
40                      </label>
41                      <div class="col-md-10">
42                          <input type="text" class="form-control"
name="price"
43                              id="price" value="">
44                      </div>
45                  </div>
46                  <div class="form-group">
47                      <label class="col-sm-2 control-label">出版时间</label>
48                      <div class='col-md-10' >
49                          <div class='input-group date' id='publish_time'>
50                              <input type='text' class="form-control"
51                                  name="publish_time"/>
52                              <span class="input-group-addon">
53                                  <span class="glyphicon glyphicon-
calendar"></span>
54                              </span>
55                          </div>
56                      </div>
57                  </div>
58              </div>
59          </div>
60          <div class="col-md-8">
61              <div class="form-group">
62                  <div class="col-md-10 col-md-offset-2">
63                      <button type="submit" class="btn btn-primary btn-lg">
64                          <i class="fa fa-disk-o"></i>
65                          提交
66                      </button>
67                  </div>
68              </div>
69          </div>
70      </form>
71      <!-- 省略部分代码 -->
72  </div>
```

```
73    <script>
74        // 省略部分代码
75    </script>
76    </body>
77    </html>
```

运行结果如图 9.4 所示。

图 9.4　添加图书页面效果

（2）创建 addBook.php 文件，用于连接数据库，发送查询，最后检查结果。此时，发送的查询是 insert 而不是 select。在将数据插入数据库时，为避免 SQL 注入攻击，使用 Prepare 语句进行预处理，然后使用 bind_param() 函数进行参数绑定，最后使用 execute() 函数执行 SQL 语句。具体代码如下：

```
01    <?php
02    $link = mysqli_connect('localhost', 'root', 'root', 'database9');
03    mysqli_query($link,"set names utf8");// 设置数据库编码格式 utf8
04    /* 检测连接是否成功 */
05    if (!$link) {
06        printf("Connect failed: %s\n", mysqli_connect_error());
07        exit();
08    }
09    /* 检测是否生成 MySQLi_STMT 类 */
10    $stmt = mysqli_prepare($link, "insert into books (name,category,price,publish_time)
11                          VALUES (?, ?, ?, ?)");
12    if ( !$stmt ) {
```

```
13         die('mysqli error: '.mysqli_error($link));
14 }
15 /* 获取 POST 提交数据 */
16 $name        = $_POST['name'];
17 $category = $_POST['category'];
18 $price      = $_POST['price'];
19 $publish_time = $_POST['publish_time'];
20 /* 参数绑定 */
21 mysqli_stmt_bind_param($stmt, 'ssds', $name, $category, $price, $publish_
time);
22 /* 执行 prepare 语句 */
23 mysqli_stmt_execute($stmt);
24 /* 根据执行结果，跳转页面 */
25 if(mysqli_stmt_affected_rows($stmt)){
26      echo "<script>alert(' 添加成功 ');window.location.href='index.php';</script>";
27 }else{
28      echo "<script>alert(' 添加失败 ');</script>";
29 }
30
31 ?>
```

上述代码中，使用 mysqli_prepare() 函数时，SQL 语句中包含了 4 个 "?"，它们是占位符，没有实际意义，后面会被 mysqli_stmt_bind_param() 函数中的相应参数替换。mysqli_stmt_bind_param() 函数语法如下：

```
bool mysqli_stmt_bind_param ( mysqli_stmt $stmt , string $types ,
mixed &$var1 [, mixed &$... ] )
```

- stmt：statement 标识。
- types：绑定的变量的数据类型，它接受的字符种类包括 4 个，如表 9.2 所示。

表 9.2   绑定变量的数据类型

字 符 种 类	代表的数据类型
I	integer
D	double
S	string
B	blob

- var：绑定的变量，其数量必须要与 SQL 语句中的参数数量保持一致。

本实例中应用到的 mysqli_stmt_bind_param 函数的代码如下：

```
mysqli_stmt_bind_param($stmt, 'ssds', $name, $category, $price,
$publish_time);
```

在代码中，ssds 分别表示 $name 为字符串类型，$category 为字符串类型，$price 为双精度浮点型，$publish_time 为字符串类型。

mysqli_stmt_affected_rows() 函数获取受影响的行数，如果返回 0，则表示没有更新记录，或者查询语句条件不匹配，或者没有执行查询语句。如果返回 -1，则表示查询返回错误。

填写表单，单击"提交"按钮，运行结果如图 9.5 所示。

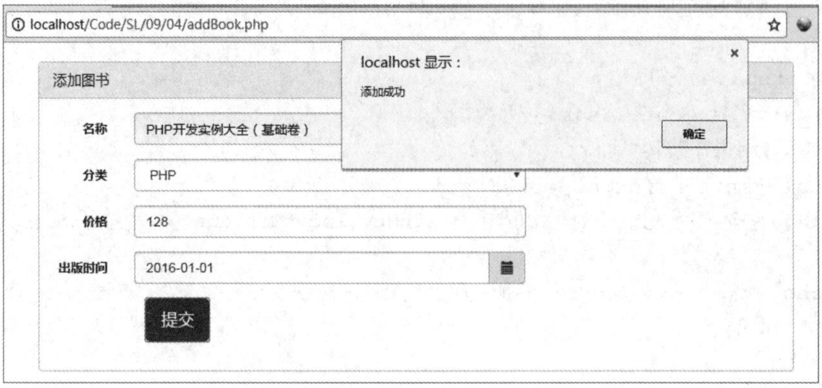

图 9.5　添加成功页面

添加成功后，页面跳转到图书列表页。在图书列表页中会显示提交的图书，如图 9.6 所示。

图 9.6　图书列表页

9.2.2　编辑数据

有时在插入数据后，才发现录入的是错误信息，或一段时间后数据需要更新，这时就要对数据进行编辑。数据更新使用 UPDATE 语句，依然通过 mysqli_query() 函数来执行该语句。

编辑图书信息

本实例将通过 update 语句和 mysqli_query() 函数实现对数据的更新操作。具体步骤如下。

（1）创建 editBook.php 文件，获取需要编辑的图书信息。在 lists.html 图书列表页中，有如下代码：

```
<a href='editBook.php?id=<?php echo $rows['id'] ?>'>
    <button class="btn btn-info edit">编辑 </button>
</a>
```

当单击"编辑"按钮时，页面跳转至 editBook.php，并传递图书的 id 参数。在 editBook.php 文件中，接收传递的 id，根据 id 查找图书信息。editBook.php 具体代码如下：

```
01 <?php
02     // 连接 MySQL 服务器，选择数据库
03     $link = mysqli_connect("localhost", "root", "root", "database9") or
04             die(" 连接数据库服务器失败！ ".mysqli_error());
05     mysqli_query($link,"set names utf8");   // 设置数据库编码格式 utf8
06     $id    = $_GET['id'];                   // 获取 id
07     $query = 'select * from books where id ='.$id;
08     $result = mysqli_query($link,$query);   // 执行查询语句
09     $data   = mysqli_fetch_assoc($result);  // 获取关联数组形式的结果集
10     include_once('edit.html');              // 引入模板
```

（2）创建 edit.html 文件。图书编辑页面和新增图书页面相似，二者的不同之处在于图书编辑页面需要显示输入框内的值，即 value 的值。edit.html 关键代码如下：

```
01 // 省略重复代码
02 <form class="form-horizontal" role="form" method="POST" action="updateBook.php">
03     <input type="hidden" name="id" value="<?php echo $data['id'] ?>">       ← 传递id
04     <div class="row">
05         <div class="col-md-8">
06             <div class="form-group">
07                 <label for="name" class="col-md-2 control-label">
08                     名称
09                 </label>
10                 <div class="col-md-10">
11                     <input type="text" class="form-control" name="name" id="name"
```

```
12                              value="<?php echo $data['name'] ?>">
13              </div>
14          </div>
15          <div class="form-group">
16              <label for="name" class="col-md-2 control-label">
17                  分类
18              </label>
19              <div class="col-md-10">
20                  <select class="form-control" name="category">
21                      <option value="PHP"  <?php if($data["category"] ==
"PHP")
22                                              { echo 'selected'; } ?>
>PHP</option>
23                      <option value="Java" <?php if($data["category"] ==
"Java")
24                                              { echo 'selected'; } ?>
>Java</option>
25                      <option value="C++"  <?php if($data["category"] ==
"c++")
26                                              { echo 'selected'; } ?>
>C++</option>
27                  </select>
28              </div>
29          </div>
30          <div class="form-group">
31              <label for="price" class="col-sm-2 control-label">
32                  价格
33              </label>
34              <div class="col-md-10">
35                  <input type="text" class="form-control" name="price"
id="price"
36                              value="<?php echo $data['price'] ?>">
37              </div>
38          </div>
39
40          <div class="form-group">
41              <label class="col-sm-2 control-label"> 出版时间 </label>
42              <div class='col-md-10' >
43                  <div class='input-group date' id='publish_time'>
44                      <input type='text' class="form-control"
name="publish_time"
45                              value="<?php echo $data['publish_time'] ?>"/>
46                      <span class="input-group-addon">
```

获取下拉菜单的选中值

为value属性赋值

```
47                         <span class="glyphicon glyphicon-calendar"></span>
48                     </span>
49                 </div>
50             </div>
51         </div>
52     </div>
53     </div>
54     <div class="col-md-8">
55         <div class="form-group">
56             <div class="col-md-10 col-md-offset-2">
57                 <button type="submit" class="btn btn-primary btn-lg">
58                     <i class="fa fa-disk-o"></i>
59                     提交
60                 </button>
61             </div>
62         </div>
63     </div>
64 </form>
65 // 省略重复代码
```

上述代码中，为<input>标签的 value 属性赋值后，编辑页中将会显示相应的图书内容。此外还需要注意以下两点：

● 使用<input>标签的隐藏域"type=hidden"传递图书 id，为下一步保存图书信息做准备。

● 在图书类别 select 下拉列表中，默认选中的是 select 的第一项（本代码中为"PHP"），使用"selected"属性可以设置选中为当前项，所以在每个<option>标签中，使用if 语句来判断当前选项是否被选中。

在浏览器中运行 index.php 图书列表页，选择 id 为 2 的记录（"PHP 自学宝典"），单击右侧"编辑"按钮，进入"编辑"页面，运行效果如图 9.7 所示。

图 9.7　图书编辑页

（3）创建 updateBook.php 文件，获取表单中提交的数据，根据隐藏域传递的 id 值，定义更新语句完成数据的更新操作，代码如下：

```php
01 <?php
02 /* 获取 POST 提交数据 */
03 $id        = $_POST['id'];
04 $name      = $_POST['name'];
05 $category  = $_POST['category'];
06 $price     = $_POST['price'];
07 $publish_time = $_POST['publish_time'];
08
09 $link = mysqli_connect('localhost', 'root', 'root', 'database9');
10 mysqli_query($link,"set names utf8");// 设置数据库编码格式 utf8
11 /* 检测连接是否成功 */
12 if (!$link) {
13     printf("Connect failed: %s\n", mysqli_connect_error());
14     exit();
15 }
16 /* 检测是否生成 MySQLi_STMT 类 */
17 $query = "update books set name = ?,category = ? ,price = ? ,publish_time = ?
18          where id = ".$id;
19 $stmt  = mysqli_prepare($link, $query);
20 if ( !$stmt ) {
21     die('mysqli error: '.mysqli_error($link));
22 }
23 /* 参数绑定 */
24 mysqli_stmt_bind_param($stmt, 'ssds', $name, $category, $price, $publish_time);
25 /* 执行 prepare 语句 */
26 mysqli_stmt_execute($stmt);
27 /* 根据执行结果，跳转页面 */
28 if(mysqli_stmt_affected_rows($stmt)){
29     echo "<script>alert(' 修改成功 ');window.location.href='index.php';</script>";
30 }else{
31     echo "<script>alert(' 修改失败 ');</script>";
32 }
33
34 ?>
```

上述代码中，预处理和参数绑定的内容与新增图书相同，这里不再赘述。注意 SQL 语句使用 update 和 where 条件来实现数据更新。

运行本实例，修改 id 为 2 的记录（"PHP 自学宝典"），修改效果如图 9.8 所示。

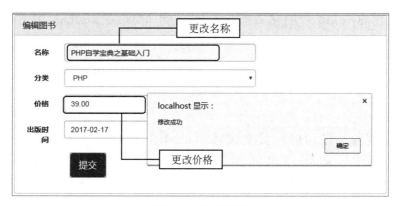

图 9.8　编辑图书

修改成功后，单击"确定"按钮，页面跳转到图书列表页。在图书列表页中会显示修改后的信息，如图 9.9 所示。

ID	图书名称	分类	价格	出版日期	操作
5	PHP开发实例大全（基础卷）	PHP	128.00	2016-01-01	编辑 删除
4	零基础学PHP	PHP	68.80	2017-02-17	编辑 删除
3	PHP项目实战入门	PHP	70.00	2017-02-17	编辑 删除
2	PHP自学宝典之基础入门	PHP	39.00	2017-02-17	编辑 删除
1	PHP从入门到精通	PHP	50.00	2017-02-17	编辑 删除

共计5条

图 9.9　修改后的图书列表页

9.2.3　删除数据

删除数据库中的数据，应用的是 delete 语句，如果在不指定删除条件的情况下，那么将删除指定数据表中的所有数据，如果定义了删除条件，那么将删除数据表中指定的记录。删除操作的执行是非常慎重的，因为一旦执行该操作，数据就没有恢复的可能。

删除图书信息

在添加图书过程中，如果输入了无效的图书信息，那么就会用到删除数据的功能。删除数据只需利用 mysqli_query() 函数执行 delete 语句即可。在 lists.html 图书列表页中，有如下代码：

```
<a href='deleteBook.php?id=<?php echo $rows['id'] ?>'>
    <button class="btn btn-danger delete"> 删除 </button>
</a>
```

当单击"删除"按钮时，页面跳转至 deleteBook.php，并传递图书 id 参数。在 deleteBook.php 文件中，接收传递的 id，删除该 id 的图书记录。deleteBook.php 具体代码如下：

```php
01  <?php
02      /* 连接数据库 */
03      $link = mysqli_connect('localhost','root','root','database9');
04      if(!$link){
05          die('mysqli connect error:'.mysqli_connect_error());
06      }
07      $id    = $_GET['id'];                         // 获取 id
08      $query = "delete from books where id = ".$id; //SQL 删除语句
09      /* 判断删除成功或失败 */
10      if(mysqli_query($link,$query) === true ){
11          echo "<script>alert(' 删除成功 ');window.location.href='index.php'</script>";
12      }else{
13          echo "<script>alert(' 删除失败 ');</script>";
14      }
```

运行本实例，单击 id 为 2 记录右侧的"删除"按钮，运行结果如图 9.10 所示。

单击"确定"按钮，页面跳转至图书列表页，此时 id 为 2 的记录被删除，不会在图书列表页中显示。删除数据后的图书列表页如图 9.11 所示。

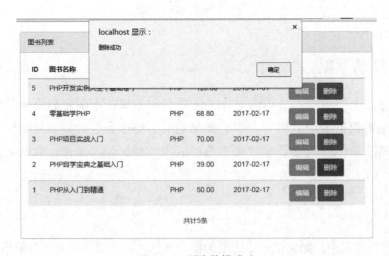

图 9.10　删除数据成功

图 9.11　删除数据后的图书列表页

📋 **学习笔记**

　　由于数据删除后不可恢复，所以通常在删除前弹出提示框，确定是否删除。当单击"确定"按钮后，再执行删除操作。

9.3　学习笔记

学习笔记一：mysqli_fetch_array() 函数、mysqli_fetch_assoc() 函数、mysqli_fetch_row() 函数和 mysqli_fetch_object() 函数的区别

- mysqli_fetch_array() 函数，从结果集中获取一行作为关联数组或数字数组，或二者兼有，除了将数据以数字索引方式储存在数组中，还可以将数据作为关联索引存储，用字段名作为键名。
- mysqli_fetch_object() 函数，顾名思义，从结果集中获取一行作为对象，并将字段名作为属性。
- mysqli_fetch_assoc($result) 等价于 mysqli_fetch_array($result,MYSQL_ASSOC)。
- mysqli_fetch_row($result) 等价于 mysqli_fetch_array($result,MYSQL_NUM)。

学习笔记二：mysqli_prepare() 函数和 mysqli_stmt_prepare() 函数的区别

mysqli_prepare() 函数和 mysqli_stmt_prepare() 函数都能够实现 MySQLi 的预处理功能。mysqli_prepare() 函数是 mysqli_stmt_prepare() 函数的简写形式，mysqli_prepare() 函数等价如下代码：

```
$stmt = mysqli_stmt_init();          // 初始化 MySQL_STMT
mysqli_stmt_prepare($sql);           // 预处理
```

9.4　小结

本章主要介绍了使用 PHP 操作 MySQL 数据库的方法。通过对本章的学习，读者能够掌握 PHP 操作 MySQL 数据库的一般流程，掌握 mysqli 扩展库中常用函数的使用方法，并能够具备独立完成编写基本数据库程序的能力。希望本章能够起到抛砖引玉的作用，能够帮助读者在此基础上更深层次地学习 PHP 操作 MySQL 数据库的相关技术，并进一步学习使用面向对象的方式操作 MySQL 数据库的方法。

第 10 章　PDO 数据库抽象层

在 PHP 的早期版本中，不同的数据库扩展（MySQL、MS SQL Server、Oracle）根本没有真正的一致性——虽然都可以实现相同的功能，但是这些扩展却互不兼容，都有各自的操作函数。这导致 PHP 的维护非常困难，可移植性也非常差。为了解决这些问题，PHP 的开发人员编写了一种轻型、便利的 API 来统一各种数据库的共性，从而达到 PHP 脚本最大程度的抽象性和兼容性，这就是数据库抽象层。本章将要介绍的是目前 PHP 抽象层中十分流行的一种——PDO 数据库抽象层。

10.1　什么是 PDO

10.1.1　PDO 概述

PDO 是 PHP Date Object（PHP 数据对象）的简称，它是与 PHP 5.1 版本一起发行的。目前，PDO 支持的数据库包括 Firebird、FreeTDS、Interbase、MySQL、MS SQL Server、ODBC、Oracle、Postgre SQL、SQLite 和 Sybase。有了 PDO，我们就不必再使用 mysql_* 函数、oci_* 函数或 mssql_* 函数了，也不必再为它们封装数据库操作类，只需要使用 PDO 接口中的方法就可以对数据库进行操作了。在选择不同的数据库时，只需要修改 PDO 的 DSN 即可。

📋 **学习笔记**

从 PHP 5.1 开始附带了 PDO。PDO 需要 PHP 5 核心的新 OO（面向对象）特性，因此 PDO 不能在较早版本的 PHP 上运行。

10.1.2 PDO 的特点

PDO 是一个数据库访问抽象层,其作用是统一各种数据库的访问接口。与 MySQL 函数库相比,PDO 使跨数据库的使用更具有亲和力;与 ADODB 和 MDB2 相比,PDO 更高效。此外,PDO 具有以下特点:

- PDO 将通过一种轻型、清晰、方便的函数,统一各种 RDBMS 库的共有特性,实现 PHP 脚本最大程度的抽象性和兼容性。
- PDO 吸取现有数据库扩展成功和失败的经验教训,利用 PHP5 的最新特性,可以轻松地与各种数据库进行交互。
- PDO 扩展是模块化的,能够在运行时为数据库后端加载驱动程序,而不必重新编译或重新安装整个 PHP 程序。例如,PDO_MySQL 扩展会替代 PDO 扩展,实现 MySQL 数据库 API。还有一些用于 Oracle、PostgreSQL、ODBC 和 Firebird 数据库的驱动程序。

10.1.3 安装 PDO

在默认情况下,PDO 在 PHP 5.2 中为开启状态,但是要启用对某个数据库驱动程序的支持,仍需要进行相应的配置操作。

在 Windows 环境下,PDO 在 php.ini 文件中进行配置,如图 10.1 所示。

图 10.1 在 Windows 环境下配置 PDO

要启用 PDO,首先必须加载"extension=php_pdo.dll"。如果要让 PDO 支持某个具体的数据库,那么还要加载对应的数据库选项。例如,要想让 PDO 支持 MySQL 数据库,则需要加载"extension=php_pdo_mysql.dll"选项。

📋 **学习笔记**

在完成数据库的加载后，要保存 php.ini 文件，并且重新启动 Apache 服务器，这样修改才能够生效。

10.2　PDO 连接数据库

10.2.1　PDO 构造函数

在 PDO 中，要建立与数据库的连接，需要实例化 PDO 的构造函数。PDO 构造函数的语法如下：

```
__construct(string $dsn[,string $username[,string $password[,array $driver_options]]])
```

构造函数的参数说明如下。

- dsn：数据源名，包括主机名端口号和数据库名称。
- username：连接数据库的用户名。
- password：连接数据库的密码。
- driver_options：连接数据库的其他选项。

通过 PDO 连接 MySQL 数据库的代码如下：

```php
01  <?php
02  header("Content-Type:text/html;charset=utf-8");    // 设置页面的编码格式
03  $dbms='mysql';                                      // 数据库类型
04  $dbName='database10';                               // 使用的数据库名称
05  $user='root';                                       // 使用的数据库用户名
06  $pwd='root';                                        // 使用的数据库密码
07  $host='localhost';                                  // 使用的主机名称
08  $dsn="$dbms:host=$host;dbname=$dbName";
09  try {                                               // 捕获异常
10      $pdo=new PDO($dsn,$user,$pwd);                  // 实例化对象
11      echo "PDO 连接 MySQL 成功 ";
12  } catch (Exception $e) {
13      echo $e->getMessage()."<br>";
14  }
15  ?>
```

10.2.2　DSN 详解

DSN 是"Data Source Name"（数据源名称）的首字母缩写。DSN 提供连接数据库需要的信息。PDO 的 DSN 包括三部分：PDO 驱动名称（例如 mysql、sqlite、pgsql）、冒号和驱动特定的语法。每种数据库都有其特定的驱动语法。

数据库服务器是完全独立于 PHP 实体的。数据库服务器可能与 Web 服务器不在同一台计算机上，此时如果要通过 PDO 连接数据库，就需要修改 DSN 中的主机名称。

每种数据库服务器都有一个默认的端口号（MySQL 默认是 3306），数据库管理员可以对端口号进行修改，因此 PHP 有可能找不到数据库的端口，此时就需要在 DSN 中包含端口号。

另外，由于一个数据库服务器中可能有多个数据库，所以在通过 DSN 连接数据库时，通常都包括数据库名称，这样可以确保连接的是想要的数据库，而不是其他数据库。

10.3　在 PDO 中执行 SQL 语句

在 PDO 中可以使用下面三种方法来执行 SQL 语句。

1. exec() 方法

使用 exec() 方法返回执行后受影响的行数，其语法如下：

```
int PDO::exec ( string $statement )
```

参数 $statement 是要执行的 SQL 语句。该方法返回执行查询时受影响的行数，通常用于 INSERT、DELETE 和 UPDATE 语句中。

例如，使用 exec() 方法执行删除操作，删除 member 表（会员表）中 id 为 1 的记录。代码如下：

```php
01 <?php
02 /** 连接数据库 **/
03 $dbh = new PDO("mysql:host=localhost;databasename=database10", "root", "root");
04 /** 执行 SQL 语句 **/
05 $count = $dbh->exec("DELETE FROM member WHERE id = 1");
06 /** 返回被删除的行数 **/
07 print("Deleted $count rows.\n");
08 ?>
```

2. query() 方法

query() 方法用于返回执行查询后的结果集。其语法如下：

```
PDOStatement PDO::query ( string $statement )
```

参数 $statement 是要执行的 SQL 语句，它返回的是一个 PDOStatement 对象。

例如，使用 query() 方法执行查询操作，查询 member 表中所有记录的 id。代码如下：

```php
01  <?php
        // 实例化对象
02      $pdo=new PDO("mysql:host=localhost;dbname=database10","root","root");
03      $sql = 'SELECT * FROM member';         //SQL 语句
04      foreach ($pdo->query($sql) as $row) {   // 执行 SQL 语句，遍历数据
05          print $row['id'] . "\n";
06      }
07  ?>
```

3. 预处理语句——prepare() 方法和 execute() 方法

预处理语句包括 prepare() 方法和 execute() 方法。首先，通过 prepare() 方法进行查询的准备工作，语法如下：

```
PDOStatement PDO::prepare ( string $statement [, array $driver_options] )
```

参数 $statement 是要执行的 SQL 语句，它返回的是一个 PDOStatement 对象。

然后，通过 execute() 方法执行查询，并且还可以通过 bindParam() 方法来绑定参数以提供给 execute() 方法。其语法如下：

```
bool PDOStatement::execute ( [array $input_parameters] )
```

例如，查询 member 表中 id 大于 2 且会员等级为 C 的所有记录。代码如下：

```php
01  <?php
02      // 实例化对象
03      $pdo=new PDO("mysql:host=localhost;dbname=database10","root","root");
04      // prepare 预处理
05      $sth = $pdo->prepare('SELECT * FROM member WHERE id > ? AND level = ?');
06      $sth->execute(array(2, 'C'));    // execute() 执行 SQL 语句，并替换参数
07      $res = $sth->fetchAll();         // 获取执行结果
08      var_dump($res);
09  ?>
```

10.4 在 PDO 中获取结果集

在 PDO 中获取结果集有三种常用的方法：fetch() 方法、fetchAll() 方法和 fetchColumn() 方法。

10.4.1 fetch() 方法

fetch() 方法可以获取结果集中的下一行记录，其语法格式如下：

```
mixed PDOStatement::fetch ( [int $fetch_style [, int $cursor_
orientation [, int $cursor_offset]]] )
```

- 参数 fetch_style：控制结果集的返回方式，其可选值如表 10.1 所示。

表 10.1　fetch_style 控制结果集的可选值

值	说　　明
PDO::FETCH_ASSOC	关联数组形式
PDO::FETCH_NUM	数字索引数组形式
PDO::FETCH_BOTH	两者数组形式都有，这是默认的
PDO::FETCH_OBJ	按照对象的形式，类似于以前的 mysqli_fetch_object() 方法
PDO::FETCH_BOUND	以布尔值的形式返回结果，同时将获取的列值赋给 bindParam() 方法中指定的变量
PDO::FETCH_LAZY	以关联数组、数字索引数组和对象 3 种形式返回结果

- 参数 cursor_orientation：PDOStatement 对象的一个滚动游标，可用于获取指定的一行数据。
- 参数 cursor_offset：游标的偏移量。

使用 fetch() 方法获取明日学院会员列表

通过 fetch() 方法获取结果集中的下一行数据，进而应用 while 语句完成数据库中数据的循环输出，具体步骤如下。

（1）创建 member 数据表。首先创建 database10 数据库，并设置数据库编码格式为 UTF-8。创建 member 表的 SQL 语句如下：

```
DROP TABLE IF EXISTS `member`;
CREATE TABLE `member` (
  `id` int(8) NOT NULL AUTO_INCREMENT,
  `nickname` varchar(255) NOT NULL,
```

```
      `email` varchar(255) DEFAULT NULL,
      `phone` varchar(11) DEFAULT NULL,
      `level` char(10) DEFAULT NULL,
      PRIMARY KEY (`id`)
    ) ENGINE=MyISAM AUTO_INCREMENT=1 DEFAULT CHARSET=utf8;
```

（2）插入测试数据。为了显示图书信息，我们需要先在 member 表中插入几条测试数据。
插入数据的 SQL 语句如下：

```
    INSERT INTO `member` VALUES ('1', '张三', 'zhangsan@mingrisoft.com',
'0431-123456', 'A');
    INSERT INTO `member` VALUES ('2', '李四', 'lisi@mingrisoft.com', '0431-
123457', 'B');
    INSERT INTO `member` VALUES ('3', '王五', 'wangwu@mingrisoft.com', '0431-
123458', 'C');
    INSERT INTO `member` VALUES ('4', '赵六', 'zhaoliu@mingrisoft.com', '0431-
123450', 'D');
```

（3）创建数据库配置文件 config.php。代码如下：

```
01  <?php
02  define('DB_HOST','localhost');
03  define('DB_USER','root');
04  define('DB_PWD','root');
05  define('DB_NAME','database10');
06  define('DB_PORT','3306');
07  define('DB_TYPE','mysql');
08  define('DB_CHARSET','utf8');
09  define('DB_DSN', "mysql:host=".DB_HOST.";dbname=".DB_NAME.";charset=".DB_
CHARSET);
10  ?>
```

（4）创建 index.php 文件，用于连接数据库，执行查询语句，并引入模板文件。index.php
文件的代码如下：

```
01  <?php
02  require "config.php";      // 引入配置文件
03  try{
04      // 连接数据库、选择数据库
05      $pdo = new PDO(DB_DSN,DB_USER,DB_PWD);
06  }catch(PDOException $e){
07      // 输出异常信息
08      echo $e->getMessage();
09  }
10
11  $query  = "select * from member";      // 定义 SQL 语句
```

```
12  $result = $pdo->prepare($query);         // 准备查询语句
13  $result->execute();                       // 执行查询语句并返回结果集
14  include_once('lists.html');               // 引入模板
15  ?>
```

（5）创建 lists.html 文件，显示会员信息。使用 $result->fetch(MYSQLI_ASSOC) 将结果集返回到数组中，通过 while 语句循环遍历数组，将各会员的数据插入 <table> 表格，具体代码如下：

```
01  <!DOCTYPE html>
02  <html lang="en" class="is-centered is-bold">
03  <head>
04      <meta charset="UTF-8">
05      <title> 零基础 </title>
06      <link href="css/bootstrap.css" rel="stylesheet">
07  </head>
08  <body>
09  <div class="container">
10      <div class="col-sm-offset-2 col-sm-8">
11          <div class="panel panel-default">
12              <div class="panel-heading">
13                      明日学院会员列表
14              </div>
15              <div class="panel-body">
16                  <table class="table table-striped task-table">
17                      <thead>
18                      <tr>
19                          <th>ID</th>
20                          <th> 昵称 </th>
21                          <th> 邮箱 </th>
22                          <th> 电话 </th>
23                          <th> 等级 </th>
24                          <th> 操作 </th>
25                      </tr>
26                      </thead>
27                      <tbody>
28                      <?php while($row = $result->fetch(PDO::FETCH_ASSOC)) { ?>
29                      <tr>
30                          <td class="table-text">
31                              <?php echo $row['id'] ?>
32                          </td>
33                          <td class="table-text">
34                              <?php echo $row['nickname'] ?>
35                          </td>
36                          <td class="table-text">
```

```
37                          <?php echo $row['email'] ?>
38                      </td>
39                      <td class="table-text">
40                          <?php echo $row['phone'] ?>
41                      </td>
42                      <td><?php echo $row['level'] ?></td>
43                      <td>
44                          <button class="btn btn-info edit">编辑</button>
45                          <button class="btn btn-danger delete">删除</button>
46                      </td>
47                  </tr>
48                  <?php } ?>
49                  </tbody>
50              </table>
51          </div>
52      </div>
53    </div>
54 </div>
55 </body>
56 </html>
```

使用浏览器访问 index.php，运行结果如图 10.2 所示。

明日学院会员列表

ID	昵称	邮箱	电话	等级	操作
1	张三	zhangsan@mingrisoft.com	0431-123456	A	编辑 删除
2	李四	lisi@mingrisoft.com	0431-123457	B	编辑 删除
3	王五	wangwu@mingrisoft.com	0431-123458	C	编辑 删除
4	赵六	zhaoliu@mingrisoft.com	0431-123450	D	编辑 删除

图 10.2　显示明日学院会员列表

10.4.2　fetchAll() 方法

使用 fetchAll() 方法可以获取结果集中的所有行，其语法如下：

```
array PDOStatement::fetchAll ( [int $fetch_style [, int $column_index]] )
```

● 参数 fetch_style：控制结果集中数据的显示方式。

- 参数 column_index：字段的索引。

- 返回值：一个包含结果集中所有数据的二维数组。

使用 fetchAll() 方法获取明日学院会员列表

通过 fetchAll() 方法获取结果集中的所有行，并且通过 foreach 语句读取二维数组中的数据，完成数据库中数据的循环输出。因此这里只介绍需要修改的关键代码。

（1）创建 index.php 文件，用于连接数据库，执行查询语句，并引入模板文件。使用 fetchAll(PDO::FETCH_ASSOC) 方法获取结果集中的所有行，并将结果赋值给 $data 数组。index.php 修改后的代码如下：

```php
01  <?php
02  require "config.php";                    // 引入配置文件
03  try{
04      // 连接数据库、选择数据库
05      $pdo = new PDO(DB_DSN,DB_USER,DB_PWD);
06  }catch(PDOException $e){
07      // 输出异常信息
08      echo $e->getMessage();
09  }
10
11  $query  = "select * from member";        // 定义 SQL 语句
12  $result = $pdo->prepare($query);         // 准备查询语句
13  $result->execute();                      // 执行查询语句并返回结果集
14  $data = $result->fetchAll(PDO::FETCH_ASSOC); // 获取全部数据
15  include_once('lists.html');              // 引入模板
16  ?>
```

（2）创建 lists.html 文件。使用 foreach 语句遍历 $data 数组，将相应数据写入 <table> 表格，关键代码如下：

```html
01  <tbody>
02  <?php foreach($data as $row){ ?>
03  <tr>
04      <td class="table-text">
05          <?php echo $row['id'] ?>
06      </td>
07      <td class="table-text">
08          <?php echo $row['nickname'] ?>
09      </td>
10      <td class="table-text">
11          <?php echo $row['email'] ?>
12      </td>
```

```
13      <td class="table-text">
14          <?php echo $row['phone'] ?>
15      </td>
16      <td><?php echo $row['level'] ?></td>
17      <td>
18          <button class="btn btn-info edit">编辑 </button>
19          <button class="btn btn-danger delete"> 删除 </button>
20      </td>
21 </tr>
22 <?php } ?>
23 </tbody>
```

10.4.3　fetchColumn() 方法

使用 fetchColumn() 方法可以获取结果集中下一行指定列的值，其语法如下：

```
string PDOStatement::fetchColumn ( [int $column_number] )
```

可选参数 column_number 用于设置行中列的索引值，该值从 0 开始。如果省略该参数则从第 1 列开始取值。

使用 fetchColumn() 方法读取会员名

通过 fetchColumn() 方法获取结果集中下一行指定列的值，注意这里是"指定列的值"。本实例输出 member 表中 nickname（用户昵称）的值，具体步骤如下。

（1）创建 index.php 文件，用于连接数据库，执行查询语句，并引入模板文件。index.php 文件的代码如下：

```
01 <?php
02 require "config.php";                       // 引入配置文件
03 try{
04      // 连接数据库、选择数据库
05      $pdo = new PDO(DB_DSN,DB_USER,DB_PWD);
06 }catch(PDOException $e){
07      // 输出异常信息
08      echo $e->getMessage();
09 }
10
11 $query  = "select nickname from member";    // 定义 SQL 语句
12 $result = $pdo->prepare($query);            // 准备查询语句
13 $result->execute();                          // 执行查询语句并返回结果集
14 include_once('lists.html');                  // 引入模板
15 ?>
```

（2）创建 lists.html 文件，使用 fetchColumn() 方法获取昵称。关键代码如下：

```
01 <tbody>
02     <tr>
03         <td class="table-text">
04             <?php echo  $result->fetchColumn() ?>
05         </td>
06     </tr>
07     <tr>
08         <td class="table-text">
09             <?php echo  $result->fetchColumn() ?>
10         </td>
11     </tr>
12     <tr>
13         <td class="table-text">
14             <?php echo $result->fetchColumn() ?>
15         </td>
16     </tr>
17     <tr>
18         <td class="table-text">
19             <?php echo $result->fetchColumn() ?>
20         </td>
21     </tr>
22 </tbody>
```

运行结果如图 10.3 所示。

图 10.3　fetchColumn() 方法获取用户昵称

10.5　在 PDO 中捕获 SQL 语句中的错误

在 PDO 中有三种方法可以捕获 SQL 语句中的错误，分别为：默认模式 PDO::ERRMODE_

SILENT、警告模式 PDO::ERRMODE_WARNING 和异常模式 PDO::ERRMODE_EXCEPTION。
下面就分别对这三种方法进行讲解。

10.5.1　默认模式

在默认模式下设置 PDOStatement 对象的 errorCode 属性，但不进行任何其他操作。

通过 prepare() 方法和 execute() 方法向数据库中添加数据，设置 PDOStatement 对象的
errorCode 属性，手动检测代码中的错误。

使用默认模式捕获 SQL 语句中的错误

创建 index.php 文件，通过 PDO 连接 MySQL 数据库，并通过预处理语句 prepare() 方
法和 execute() 方法执行 INSERT 添加语句，向数据表中添加数据，设置 PDOStatement 对
象的 errorCode 属性，检测代码中的错误。代码如下：

```php
01  <?php
02  require "config.php";     // 引入配置文件
03  try{
04      // 连接数据库、选择数据库
05      $pdo = new PDO(DB_DSN,DB_USER,DB_PWD);
06  }catch(PDOException $e){
07      // 输出异常信息
08      echo $e->getMessage();
09  }
10  // 定义 SQL 语句
11  $query  = "insert into members(nickname , email) values ('mr','mr@mrsoft.com')";
12  $result = $pdo->prepare($query);
13  $result->execute();
14  if(!$result->errorCode()){
15      echo " 数据添加成功！ ";
16  }else{
17      echo ' 错误信息：<br/>';
18      echo 'SQL Query:'.$query;
19      echo  '<pre>';
20      print_r($result->errorInfo());
21  }
22
23  ?>
```

在上述代码中，在定义 INSERT 添加语句时，使用了错误的数据表名称 members（正
确的数据表名称是 member），导致输出结果如图 10.4 所示。

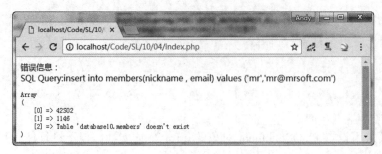

图 10.4　在默认模式下捕获的 SQL 语句的错误信息

10.5.2　警告模式

警告模式会产生一个 PHP 警告，并设置 errorCode 属性。如果设置的是警告模式，那么除非明确地检查错误代码，否则程序将继续按照其方式运行。

例如，设置警告模式，通过 prepare() 方法和 execute() 方法读取数据库中的数据，体会在设置为警告模式后执行错误的 SQL 语句。具体代码如下：

```php
01 <?php
02 require "config.php";// 引入配置文件
03 try{
04     // 连接数据库、选择数据库
05     $pdo = new PDO(DB_DSN,DB_USER,DB_PWD);
06 }catch(PDOException $e){
07     // 输出异常信息
08     echo $e->getMessage();
09 }
10
11 $pdo->setAttribute(PDO::ATTR_ERRMODE,PDO::ERRMODE_WARNING);// 设置为警告模式
12 $query="select * from members";        // 定义 SQL 语句
13 $result=$pdo->prepare($query);          // 准备查询语句
14 $result->execute();                     // 执行查询语句并返回结果集
15 ?>
```

在设置为警告模式后，如果 SQL 语句出现错误，将给出一个提示信息，但程序仍能够继续执行，其运行结果如图 10.5 所示。

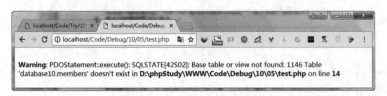

图 10.5　在警告模式下捕获的 SQL 语句的错误信息

10.5.3　异常模式

异常模式会创建一个 PDOException，并设置 errorCode 属性。异常模式可以将执行代码封装到一个 try{...}catch{...} 语句块中。未捕获的异常将导致脚本中断，并显示堆栈跟踪，使我们能够了解是哪里出现了问题。

例如，在执行数据库中数据的删除操作时，将代码设置为异常模式，并且编写一个错误的 SQL 语句（操作错误的数据表 members），体会异常模式与警告模式和默认模式的区别。具体代码如下：

```php
01  <?php
02  require "config.php";// 引入配置文件
03  try{
04      // 连接数据库、选择数据库
05      $pdo = new PDO(DB_DSN,DB_USER,DB_PWD);
06      $pdo->setAttribute(PDO::ATTR_ERRMODE,PDO::ERRMODE_EXCEPTION);
07      $query="delete from members where id = 1";      // 定义 SQL 语句
08      $result=$pdo->prepare($query);                  // 预准备语句
09      $result->execute();                             // 执行 SQL 语句
10  }catch(PDOException $e){
11      // 输出异常信息
12      echo 'PDO 异常捕获: ';
13      echo  'SQL Query: '.$query;
14      echo '<pre>';
15      echo "Error: " . $e->getMessage(). "<br/>";
16      echo "Code: " . $e->getCode(). "<br/>";
17      echo "File: " . $e->getFile(). "<br/>";
18      echo "Line: " . $e->getLine(). "<br/>";
19      echo "Trace: " . $e->getTraceAsString(). "<br/>";
20      echo '</pre>';
21  }
22  ?>
```

在设置为异常模式后，执行错误的 SQL 语句，返回的结果如图 10.6 所示。

图 10.6　在异常模式下捕获的 SQL 语句的错误信息

10.6 PDO 中的错误处理

在 PDO 中有两个获取程序中错误信息的方法：errorCode() 方法和 errorInfo() 方法。

10.6.1 errorCode() 方法

errorCode() 方法用于获取操作数据库句柄时所发生的错误代码。这些错误代码被称为 SQLSTATE 代码，其语法格式如下：

```
int PDOStatement::errorCode ( void )
```

errorCode() 方法返回一个 SQLSTATE。SQLSTATE 是由 5 个数字和字母组成的代码。例如，在 10.5.1 节的实例中，就是通过 errorCode() 方法返回错误代码，判断 INSERT（插入）是否成功的。

10.6.2 errorInfo() 方法

errorInfo() 方法用于获取操作数据库句柄时所发生的错误信息，其语法格式如下：

```
array PDOStatement::errorInfo ( void )
```

errorInfo() 方法的返回值为一个数组，该数组包含了最后一次操作数据库的错误信息描述，如表 10.2 所示。

表 10.2 错误信息描述

数 组 元 素	信　　息
0	SQLSTATE 错误码（由 5 个字母或数字组成的在 ANSI SQL 标准中定义的标识符）
1	错误代码
2	错误信息

在 10.5.1 节的实例中，使用 $result->errorInfo() 将输出如下错误信息：

```
Array
(
    [0] => 42S02
    [1] => 1146
    [2] => Table 'database10.members' doesn't exist
)
```

10.7　PDO 中的事务处理

事务（transaction）是由查询和 / 或更新语句的序列组成的。用 begin、start transaction 开始一个事务，rollback 回滚事务，commit 提交事务。在开始一个事务后，可以有若干个 SQL 查询或更新语句。每个 SQL 递交执行后，还应该有判断其是否正确执行的语句，以确定下一步是否回滚，若都被正确执行，则最后提交事务。事务一旦回滚，数据库则保持开始事务前的状态。所以，事务可被视为原子操作，事务中的 SQL，要么全部执行，要么全都不执行。

PDO 中实现事务处理的方法如下。

- 开启事务——beginTransaction() 方法：将关闭自动提交（autocommit）模式，直到事务提交或回滚以后才恢复。
- 提交事务——commit() 方法：完成事务的提交操作，如果成功则返回 TRUE，否则返回 FALSE。
- 事务回滚——rollback() 方法：执行事务的回滚操作。

使用 PDO 事务实现积分的获取

现有一个问答网站。张三提一个问题，需要花费 10 个积分。李四回答张三的问题，且被张三采纳，则李四获得 10 个积分，且两个事件应该同时完成。如果其中任何一个事件出错，则回滚到初始状态。使用 PDO 事务处理实现积分处理，具体如下。

（1）在 member 表中创建 credits 积分字段，其初始值为 100。SQL 语句如下：

```
DROP TABLE IF EXISTS `member`;
CREATE TABLE `member` (
  `id` int(8) NOT NULL AUTO_INCREMENT,
  `nickname` varchar(255) NOT NULL COMMENT '昵称',
  `email` varchar(255) DEFAULT NULL,
  `phone` varchar(11) DEFAULT NULL,
  `level` char(10) DEFAULT NULL,
  `credits` int(10) NOT NULL DEFAULT '100',
  PRIMARY KEY (`id`)
) ENGINE=MyISAM AUTO_INCREMENT=1 DEFAULT CHARSET=utf8;
INSERT INTO `member` VALUES ('1', '张三', 'zhangsan@mingrisoft.com',
'0431-123456', 'A', '100');
INSERT INTO `member` VALUES ('2', '李四', 'lisi@mingrisoft.com', '0431-
123457', 'B', '100');
INSERT INTO `member` VALUES ('3', '王五', 'wangwu@mingrisoft.com', '0431-
```

123458', 'C', '100');

    INSERT INTO `member` VALUES ('4', '赵六', 'zhaoliu@mingrisoft.com', '0431-123450', 'D', '100');

创建完成后，member 表数据如图 10.7 所示。

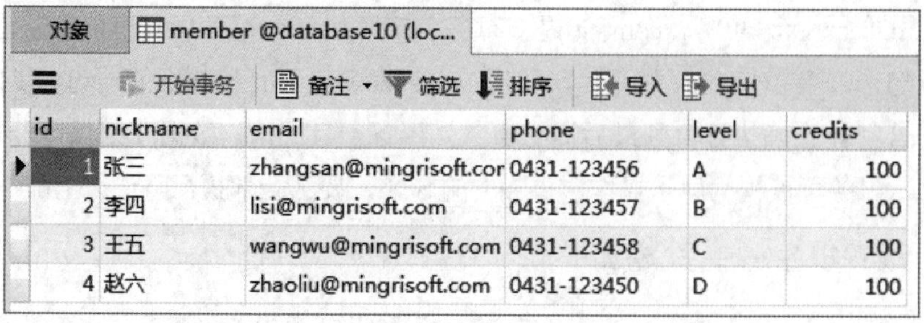

图 10.7　执行事务前 member 表数据

（2）创建 index.php 文件，开启事务并执行事务，如果执行成功提示"操作成功"，否则回滚到初始状态。index.php 文件的代码如下：

```php
01 <?php
02 require "config.php";                        // 引入配置文件
03 try{
04     $pdo = new PDO(DB_DSN,DB_USER,DB_PWD);    // 连接数据库
05     $options=array(PDO::ATTR_AUTOCOMMIT,0);  // 关闭自动提交
06     $pdo->beginTransaction();                // 开启事务
07     $sql='update member SET credits = credits-10 WHERE nickname ="张三"';
08     $res1=$pdo->exec($sql);
09     if($res1==0){
10         throw new PDOException('张三扣除积分失败');
11     }
12      $res2=$pdo->exec('update member SET credits = credits+10 WHERE nickname ="李四"');
13     if($res2==0){
14         throw new PDOException('李四获取积分失败');
15     }
16     // 提交事务
17     $pdo->commit();
18     echo "采纳成功！";
19 }catch(PDOException $e){
20     $pdo->rollBack();          // 回滚事务
21     echo $e->getMessage();     // 输出异常
22 }
23 ?>
```

运行 index.php 文件，执行成功后，member 表数据如图 10.8 所示。

图 10.8 执行事务后 member 表数据

10.8 学习笔记

学习笔记一: 为什么 PDO 能够防止 SQL 注入

使用 PDO 的预处理功能可以防止 SQL 注入,那么什么是 SQL 注入呢? SQL 注入就是通过把 SQL 命令插入 Web 表单提交或输入域名或页面请求的查询字符串,最终欺骗服务器执行恶意的 SQL 命令。

使用 PDO 预处理,可以将 SQL 模板和变量分两次发送给 MySQL,然后由 MySQL 完成变量的转义处理。既然变量和 SQL 模板是分两次发送的,那么就不存在 SQL 注入的问题了,但需要在 DSN 中指定 charset 属性,例如:

```
$pdo = new PDO('mysql:host=localhost;dbname=test;charset=utf8', 'root');
```

学习笔记二: PDO 类和 PDOStatement 类的关系

PDO 类和 PDOStatement 类的关系与 mysqli_connect() 函数和 mysqli_query() 函数的关系类似。PDO 类可以用来执行 SQL 和管理连接,而 PDOStatement 类只能用来处理结果集。

10.9 小结

本章重点介绍了 PDO 数据库抽象层,从 PDO 的概述、特点和安装,到 PDO 的实际应用,包括如何连接不同的数据库、如何执行 SQL 语句、如何获取结果集、错误处理,再到 PDO 的高级应用事务,都进行了详细的讲解,并且都配有相应的实例。通过对本章的学习,相信读者能够掌握 PDO 技术的应用。

第 11 章 文件系统

本章概览

　　文件是用来存取数据的方式之一。相对于数据库，文件在使用上更方便、直接。如果数据较少、较简单，则使用文件是十分合适的方法。此外，PHP 支持文件上传功能，用户可以通过配置文件和函数来修改上传功能。

知识框架

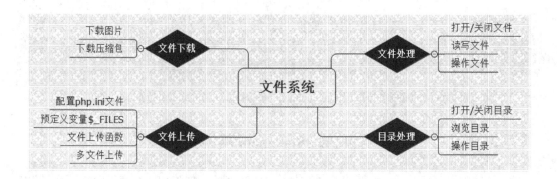

11.1 文件处理

文件处理包括文件的读取、关闭和重写等。例如，访问一个文件需要三步，即打开文件、读写文件和关闭文件，其他操作要么包含在读写文件中（如显示内容、写入内容等），要么与文件自身的属性有关系（如文件遍历、文件改名等）。本节将对常用的文件处理技术进行详细讲解。

11.1.1 打开 / 关闭文件

打开 / 关闭文件使用 fopen() 函数 /fclose() 函数。打开文件后应格外认真，以免将文件内容全部删掉。

1. 打开文件

对文件进行操作时，首先要打开文件，这是进行数据存取的第一步。在 PHP 中使用 fopen() 函数打开文件。fopen() 函数的语法如下：

```
resource fopen ( string $filename , string $mode [, bool $use_include_
path = false [, resource $context ]] )
```

第 1 个参数 filename 是要打开的包含路径的文件名，它可以是相对路径，也可以是绝对路径。如果没有任何前缀，表示打开的是本地文件。

第 2 个参数 mode 是打开文件的方式，其可取的值如表 11.1 所示。

表 11.1　fopen() 函数中参数 mode 的取值列表

模 式 符 号	模 式 名 称	说　　明
r	只读	读模式——进行读取，文件指针位于文件的开头
r+	只读	读写模式——进行读写，文件指针位于文件的开头。在现有文件内容的末尾之前进行写入就会覆盖原有内容
w	只写	写模式——进行写入文件，文件指针指向头文件。如果该文件存在，则所有文件内容被删除；否则函数将创建这个文件
w+	只写	写模式——进行读写，文件指针指向头文件。如果该文件存在，则所有文件的内容被删除；否则函数将创建这个文件
x	谨慎写	写模式打开文件，从文件头开始写。如果文件已经存在，则该文件将不会被打开，函数返回 false，PHP 将产生一个警告

模 式 符 号	模 式 名 称	说　　明
x+	谨慎写	读 / 写模式打开文件，从文件头开始写。如果文件已经存在，则该文件将不会被打开，函数返回 false，PHP 将产生一个警告
a	追加	追加模式打开文件，文件指针指向尾文件。如果该文件已有内容，则将从文件末尾开始追加；如果该文件不存在，则函数将创建这个文件
a+	追加	追加模式打开文件，文件指针指向头文件。如果该文件已有内容，则从文件末尾开始追加或读取；如果该文件不存在，则函数将创建这个文件
b	二进制	二进制模式——用于与其他模式进行连接。如果文件系统能够区分二进制文件和文本文件，可能会使用它。Windows 可以区分；UNIX 则不区分。推荐使用这个选项，便于获得最大程度的可移植性。它是默认模式
t	文本	用于与其他模式的结合。这个模式只是 Windows 下的一个选项

第 3 个参数 use_include_path 是可选的。该参数在配置文件 php.ini 中指定一个路径，如 D:\phpStudy\ WWW\mess.php。如果希望服务器在这个路径下打开所指定的文件，则可以将其设置为 1 或 true。

第 4 个参数 context 是可选的，在 PHP 5.0.0 中增加了对上下文（Context）的支持。

2. 关闭文件

对文件的操作结束后应该关闭这个文件，否则可能引起错误。在 PHP 中使用 fclose() 函数关闭文件，该函数的语法如下：

```
bool fclose ( resource handle ) ;
```

该函数将参数 handle 指向的文件关闭，如果关闭成功，则返回 true，否则返回 false。其中的文件指针必须是有效的，并且是通过 fopen() 函数成功打开的文件。例如：

```
<?php
    $f_open =fopen("../file.txt.","rb");          // 打开文件
    ...                                            // 对文件进行操作
    fclose($f_open)                                // 操作完成后关闭文件
?>
```

11.1.2　从文件中读取数据

1. 读取整个文件：readfile() 函数、file() 函数和 file_get_contents() 函数

（1）readfile() 函数。

readfile() 函数用于读入一个文件并将其写入输出缓冲区，如果出现错误则返回 false。readfile() 函数的语法如下：

```
int readfile ( string $filename [, bool $use_include_path = false] )
```

使用 readfile() 函数，不需要打开 / 关闭文件，不需要 echo/print 等输出语句，直接写出文件路径即可。

📖 学习笔记

如果将 readfile() 函数的第二个参数 use_include_path 设置为 true，则将在 include_path 中搜索文件。include_path 可以在 php.ini 文件中设置。

（2）file() 函数。

使用 file() 函数也可以读取整个文件的内容，只是 file() 函数能够将文件内容按行存放到数组中——包括换行符。如果存放失败则返回 false。file() 函数的语法如下：

```
array file ( string $filename [, int $flags = 0] )
```

📖 学习笔记

file() 函数的第二个参数 flag 的值可以设置为以下一个或多个常量。
- FILE_USE_INCLUDE_PATH：在 include_path 中查找文件。
- FILE_IGNORE_NEW_LINES：不要在数组每个元素的末尾添加换行符。
- FILE_SKIP_EMPTY_LINES：跳过空行。

（3）file_get_contents() 函数。

将整个文件读入一个字符串。file_get_contents() 函数的语法如下：

```
string file_get_contents ( string $filename [, bool $use_include_path =
false [, resource $context [, int $offset = -1 [, int $maxlen ]]]] )
```

如果有 offset 参数和 maxlen 参数，则将在 offset 参数指定的位置开始读取长度为 maxlen 的内容。如果读取失败，则返回 false。该函数适用于二进制对象，是将整个文件的内容读入一个字符串中的首选方式。

读取 tm.txt 文件的内容

创建一个 tm.txt 文件，文件内容如下：

明日科技图书陪伴你
学习 PHP

在 tm.txt 文件的同级目录下创建一个 index.php 文件，使用 readfile() 函数、file() 函数和 file_get_contents() 函数分别读取 tm.txt 文件的内容，代码如下：

```
01 <!DOCTYPE html>
02 <html lang="zh-cn">
03 <head>
04     <meta charset="utf-8">
05     <title>PHP 零基础 </title>
06     <link   href="http://cdn.bootcss.com/bootstrap/3.3.7/css/bootstrap.css"
07             rel="stylesheet">
08 </head>
09 <body class="col-sm-6">
10 <h3 class="col-sm-offset-3"> 使用三种方法读取文件 </h3>
11 <table class="table table-bordered">
12     <thead>
13     <tr class="success">
14         <th> 方法名 </th>
15         <th> 内容 </th>
16     </tr>
17     </thead>
18     <tbody>
19     <tr class="info">
20         <td>readfile() 函数 </td>
21         <!--   使用 readfile() 函数读取 tm.txt 文件的内容   -->
22         <td><?php readfile('tm.txt'); ?></td>
23     </tr>
24     <tr class="success">
25         <td>file() 函数 </td>
26         <!--   使用 file() 函数读取 tm.txt 文件的内容   -->
27         <td>
28             <?php
29                 $f_arr = file('tm.txt');
30                 foreach($f_arr as $cont){
31                     echo $cont."<br>";
32                 }
33             ?>
34         </td>
35     </tr>
36     <tr class="info">
37         <td>file_get_contents() 函数 </td>
38         <!--   使用 file_get_contents() 函数读取 tm.txt 文件的内容   -->
39         <td>
40             <?php
41                 $f_chr = file_get_contents('tm.txt');
42                 echo $f_chr;
```

```
43                        ?>
44                    </td>
45                </tr>
46            </tbody>
47  </table>
48  </body>
49  </html>
```

　　运行结果如图 11.1 所示。

图 11.1　使用三种方法读取文件内容

学习笔记

　　需要注意 tm.txt 文件和 index.php 文件之间的同级关系。在读取 tm.txt 文件时，需要根据位置关系，使用相对路径或绝对路径找到 tm.txt 文件的位置。

　　2．读取一行数据：fgets() 函数和 fgetss() 函数

　　（1）fgets() 函数。

　　fgets() 函数用于一次读取一行数据。fgets() 函数的语法如下：

```
string fgets ( resource $handle [, int $length ] )
```

　　参数 handle 是被打开的文件，参数 length 是要读取的数据长度。fgets() 函数能够实现从 handle 指定文件中读取一行并返回长度最大值为 length-1 字节的字符串。在遇到换行符、EOF 或读取了 length-1 字节后停止。如果忽略 length 参数，那么读取数据直到行结束。

　　（2）fgetss() 函数。

　　fgetss() 函数是 fgets() 函数的变体，用于读取一行数据。同时，fgetss() 函数会过滤掉

HTML 标记。fgetss() 函数语法如下：

```
string fgetss ( resource $handle [, int $length [, string $allowable_tags ]] )
```

使用 allowable_tags 参数控制不被过滤的标签。如果 allowable_tags 参数值为 <span>，则表示只保留 HTML 的 <span> 标签，其他标签会被过滤。

使用 fgets() 函数与 fgetss() 函数读取文件

使用 fgets() 函数与 fgetss() 函数分别读取 common.php 文件并显示出来，观察它们的区别。创建一个 common.php 文件，该文件中包含 2 个 HTML 标签，分别为 <h3> 标签和 <span> 标签。代码如下：

```html
01 <html>
02 <body>
03     <h3> 测试 <span style="color: red"> 两个函数的区别 </span></h3>
04 </body>
05 </html>
06 html 标签以外的内容
```

在 common.php 文件同级目录下创建一个 index.php 文件。在 index.php 文件中，分别使用 fgets() 函数和 fgetss() 函数读取 common.php 文件。在 fgetss() 函数中，使用第 3 个参数 allowable_tags 指定 <span> 标签不被过滤，代码如下：

```html
01 <!DOCTYPE html>
02 <html lang="zh-cn">
03 <head>
04     <meta charset="utf-8">
05     <title>PHP 零基础 </title>
06     <link    href="http://cdn.bootcss.com/bootstrap/3.3.7/css/bootstrap.css"
07                 rel="stylesheet">
08 </head>
09 <body class="col-sm-6">
10 <h3 class="col-sm-offset-3"> 比较 fgets() 函数和 fgetss() 函数 </h3>
11 <table class="table table-bordered">
12     <thead>
13     <tr class="success">
14         <th> 方法名 </th>
15         <th> 内容 </th>
16     </tr>
17     </thead>
18     <tbody>
19     <tr class="info">
20         <td>fgets() 函数 </td>
```

```
21            <!--    使用 fgets() 函数读取 common.php 文件的内容    -->
22          <td>
23              <?php
24              $fopen = fopen('common.php','rb');
25              while(!feof($fopen)){ // 使用 feof() 函数测试指针是否到了文件结束的位置
26                      echo fgets($fopen);       // 输出当前行
27              }
28              fclose($fopen);
29              ?>
30          </td>
31      </tr>
32      <tr class="success">
33          <td>fgetss() 函数 </td>
34          <!--    使用 fgetss() 函数读取 common.php 文件的内容    -->
35          <td>
36              <?php
37              $fopen = fopen('common.php','rb');
38              while(!feof($fopen)){// 使用 feof() 函数测试指针是否到了文件结束的位置
39                  echo fgetss($fopen,100,'<span>');       // 输出当前行
40              }
41              fclose($fopen);
42              ?>
43          </td>
44      </tr>
45      </tbody>
46  </table>
47  </body>
48  </html>
```

运行结果如图 11.2 所示。

图 11.2　fgets() 函数和 fgetss() 函数读取文件的区别

3. 读取一个字符：fgetc() 函数

在对某个字符进行查找、替换时，需要有针对性地对该字符进行读取。在 PHP 中可以使用 fgetc() 函数实现此功能。fgetc() 函数语法如下：

```
string fgetc ( resource $handle )
```

该函数返回一个字符，该字符可从 handle 指向的文件中得到，如果遇到 EOF 则返回 false。

学习笔记

> 使用 fgetc() 函数读取的是单字节，而汉字在 UTF-8 编码下占 3 字节，所以输出汉字会出现乱码。

4. 读取任意长度的字符串：fread() 函数

使用 fread() 函数可以从文件中读取指定长度的数据。fread() 函数语法如下：

```
string fread ( resource $handle , int $length )
```

参数 handle 为指向的文件资源，length 是要读取的字节数。当函数读取 length 字节或到达 EOF 时停止执行。

例如，使用 fread() 函数读取 poem.txt 文件，文件内容如下：

锦瑟无端五十弦，一弦一柱思华年。

在 poem.txt 文件同级目录下，创建一个 index.php 文件，代码如下：

```
01 <?php
02 $filename = "poem.txt";            // 要读取的文件
03 $fp = fopen($filename,"rb");       // 打开文件
04 echo fread($fp,6);                 // 使用 fread() 函数读取文件内容的前 6 字节
05 echo "<p>";
06 echo fread($fp,filesize($filename));    // 输出其余的文件内容
07 ?>
```

运行结果如图 11.3 所示。

图 11.3　使用 fread() 函数读取文件

poem.txt 文件的编码格式也需要设置为 UTF-8，否则将出现乱码。

11.1.3 将数据写入文件

写入数据也是 PHP 中常用的文件操作。在 PHP 中使用 fwrite() 函数和 file_put_contents() 函数向文件中写入数据。fwrite() 函数也称为 fputs() 函数，它们的用法相同。fwrite() 函数的语法如下：

```
int fwrite ( resource $handle , string $string [, int $length ] )
```

该函数把内容 string 写入文件指针 handle 处。如果指定了长度 length，则写入 length 字节后停止。如果文件内容长度小于 length，则会输出全部文件内容。

file_put_contents() 函数是 PHP 5 新增的函数，其语法为：

```
int file_put_contents ( string $filename , mixed $data [, int $flags = 0 [, resource $context ]] )
```

file_put_contents() 函数中的参数说明如表 11.2 所示。

表 11.2　file_put_contents() 函数中的参数说明

参　　数	说　　明
filename	要写入数据的文件名
data	要写入的数据。其类型可以是 string、array 或是 stream 资源
flags	flags 的值可以是以下 flag 使用 OR (|) 运算符进行的组合： • FILE_USE_INCLUDE_PATH：在 include 目录里搜索 filename • FILE_APPEND：如果文件 filename 已经存在，则追加数据而不是覆盖 • LOCK_EX：在写入时获得一个独占锁
context	一个 context 资源

使用 file_put_contents() 函数和依次调用 fopen()、fwrite()、fclose() 函数的功能一样。

分别使用 fwrite() 函数和 file_put_contents() 函数写入数据

首先使用 fwrite() 函数向 poem.txt 文件写入数据"此情可待成追忆"，然后使用 file_put_contents() 函数写入数据"只是当时已惘然"。代码如下：

```
01 <?php
02 $filepath = "poem.txt";
```

```
03  $str1 = "此情可待成追忆 <br>";
04  $str2 = "只是当时已惘然 <br>";
05  echo "用 fwrite 函数写入文件：";
06  $fopen = fopen($filepath,'wb') or die('文件不存在');
07  fwrite($fopen,$str1);
08  fclose($fopen);
09  readfile($filepath);
10  echo "<p>用 file_put_contents 函数写入文件：";
11  file_put_contents($filepath,$str2);
12  readfile($filepath);
13  ?>
```

运行结果如图 11.4 所示。

图 11.4　使用 fwrite() 函数和 file_put_contents() 函数写入数据

学习笔记

在 index.php 同级目录下，会生成一个 poem.txt 文件，其内容是：只是当时已惘然。因为前一句已经被 file_put_contents() 函数在写入时覆盖了。

11.1.4　操作文件

除了可以对文件内容进行读写，对文件本身同样也可以进行操作，如复制、重命名、查看修改日期等。PHP 内置了大量的文件操作函数，常用的文件操作函数如表 11.3 所示。

表 11.3　常用的文件操作函数

函 数 原 型	函 数 说 明	举 例
bool copy(string path1, string path2)	将文件从 path1 复制到 path2。如果成功则返回 true，如果失败则返回 false	copy('tm.txt','../tm.txt')
bool rename(string filename1,string filename2)	把 filename1 重命名为 filename2	rename('1.txt','tm.txt')
bool unlink(string filename)	删除文件，如果成功则返回 true，如果失败则返回 false	unlink('./tm.txt')

函 数 原 型	函 数 说 明	举 例
int fileatime(string filename)	返回文件最后一次被访问的时间，时间以 UNIX 时间戳的方式返回	fileatime('1.txt')
int filemtime(string filename)	返回文件最后一次被修改的时间，时间以 UNIX 时间戳的方式返回	date('Y-m-d H:i:s', filemtime('1.txt'))
int filesize(string filename)	取得文件 filename 的大小（bytes）	filesize('1.txt')
array pathinfo(string name [, int options])	返回一个数组，包含文件 name 的路径信息。有 dirname、basename 和 extension。可以通过 option 设置要返回的信息，有 PATHINFO_DIRNAME、PATHINFO_BASENAME 和 PATHINFO_EXTENSION。默认返回全部信息	$arr = pathinfo('/tm/sl/12/5/1.txt'); foreach($arr as $method => $value){ echo $method.": ".$value." "; }
string realpath (string filename)	返回文件 filename 的绝对路径。如 c:\tmp\···\1.txt	realpath('1.txt')
array stat (string filename)	返回一个数组，包括文件的相关信息，如上面提到的文件大小、最后修改时间等	$arr = stat('1.txt'); foreach($arr as $method => $value){ echo $method.": ".$value." "; }

🗒 **学习笔记**

在读写文件时，除了 file()、readfile() 等少数几个函数，其他操作必须要先使用 fopen() 函数打开文件，最后用 fclose() 函数关闭文件。执行文件的信息函数（如 filesize、filemtime 等）则都不需要打开文件，只要文件存在即可。

11.2 目录处理

目录是一种特殊的文件。要浏览目录下的文件，首先要打开目录；浏览完毕要关闭目录。目录处理包括打开目录、浏览目录和关闭目录。

11.2.1 打开 / 关闭目录

打开 / 关闭目录和打开 / 关闭文件类似，打开的文件如果不存在，就自动创建一个新文件，而如果打开的目录不存在，则一定会报错。

1. 打开目录

PHP 使用 opendir() 函数打开目录。opendir() 函数语法如下：

```
resource opendir ( string $path [, resource $context ] )
```

opendir() 函数的参数 path 是一个合法的目录路径，成功执行后返回目录的指针。如果 path 不是一个合法的目录或因为权限或文件系统错误而不能打开目录，则返回 false 并产生一个 E_WARNING 级别的错误信息。可以在 opendir() 函数前面加上 "@" 符号来抑制错误信息的输出。

2. 关闭目录

关闭目录使用 closedir() 函数。closedir() 函数语法如下：

```
void closedir ([ resource $dir_handle ] )
```

参数 dir_handle 为使用 opendir() 函数打开一个目录指针。

下面为打开目录和关闭目录的流程代码：

```php
<?php
$path = "D:\\phpStudy\\WWW\\Code";
if (is_dir($path)){                        // 检测是否是一个目录
    if ($dire = opendir($path))            // 判断打开目录是否成功
            echo $dire;                    // 输出目录指针
}else{
    echo '路径错误';
    exit();
}
...                                        // 其他操作
closedir($dire);                           // 关闭目录
?>
```

is_dir() 函数判断当前路径是否为一个合法的目录。如果是合法的目录，则返回 true，否则返回 false。

11.2.2 浏览目录

在 PHP 浏览目录中的文件使用的是 scandir() 函数。scandir() 函数语法如下：

```
array scandir ( string directory [, int sorting_order ])
```

该函数返回一个数组，包含 directory 中的所有文件和目录。参数 sorting_order 指定排序顺序，默认按字母升序排序，如果添加了该参数，则变为降序排序。

第 11 章 文件系统

例如，查看 D:\phpStudy\WWW\Code 目录下的所有文件。代码如下：

```
01  <?php
02  $path = 'D:\\phpStudy\\WWW\\Code';    // 要浏览的目录
03  if(is_dir($path)){                    // 判断文件名是否为目录
04      $dir = scandir($path);            // 使用 scandir 函数取得所有文件及目录
05      foreach($dir as $value){          // 使用 foreach 循环
06          echo $value."<br>";           // 循环输出文件及目录名称
07      }
08  }else{
09      echo "目录路径错误！";
10  }
11  ?>
```

运行结果如图 11.5 所示。文件结构如图 11.6 所示。

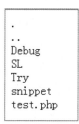

图 11.5　浏览目录结果

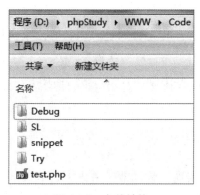

图 11.6　文件结构

11.2.3　操作目录

目录是特殊的文件，也就是说，对文件的操作处理函数（如重命名）多数同样适用于目录。还有一些特殊的函数只是针对目录的，表 11.4 列举了一些常用的目录操作函数。

表 11.4　常用的目录操作函数

函 数 原 型	函 数 说 明	举　　例
bool mkdir (string pathname)	新建一个指定的目录	mkdir('temp');
bool rmdir (string dirname)	删除所指定的目录，该目录必须是空的	rmdir('tmp')
string getcwd (void)	取得当前工作的目录	getcwd()
bool chdir (string directory)	改变当前目录为 directory	echo getcwd() . " "; chdir('../'); echo getcwd() . " ";

续表

函 数 原 型	函 数 说 明	举 例
float disk_free_space (string directory)	返回目录中的可用空间（bytes）。被检查的文件必须通过服务器的文件系统访问	disk_free_space('E:\\wamp');
float disk_total_space(string directory)	返回目录的总空间大小（bytes）	disk_total_space('E:\\wamp');

string readdir (resource handle)	返回目录中下一个文件的文件名（使用此函数时，目录必须是使用 opendir() 函数打开的）。在 PHP 5 之前，都是使用这个函数来浏览目录的	while(false!==($path=readdir($handle))){
		echo $path;
		}

void rewinddir (resource handle)	将指定的目录重新指定到目录的开头	rewinddir($handle)

11.3　文件上传

　　文件上传可以通过 HTTP 协议来实现。要使用文件上传功能，首先要在 php.ini 配置文件中对上传进行一些设置，然后了解预定义变量 $_FILES，通过 $_FILES 的值对上传文件进行一些限制和判断，最后使用 move_uploaded_file() 函数实现上传。

11.3.1　配置 php.ini 文件

　　要实现上传功能，首先要在 php.ini 中开启文件上传，并对其中的一些参数进行合理的设置。找到 File Uploads 项，可以看到下面有 3 个属性值，它们表示的含义如下。

- file_uploads：如果值为 on，则说明服务器支持文件上传；如果值为 off，则说明服务器不支持文件上传。
- upload_tmp_dir：上传文件临时目录。在文件成功上传之前，将文件存放到服务器端的临时目录中。如果想要指定位置，则可在这里设置，否则使用系统默认目录即可。
- upload_max_filesize：服务器允许上传的文件的最大值以 MB 为单位。系统默认为 2MB，用户可以自行设置。

　　除了 File Uploads 项，还有以下几个属性也会影响上传文件的功能。

- max_execution_time：PHP 中一个指令所能执行的最大时间，其单位是秒。
- memory_limit：PHP 中一个指令所分配的内存空间，其单位是 MB。

📋 **学习笔记**

在 phpStudy 集成环境中，上述这些配置信息默认已经配置好了。

📋 **学习笔记**

如果要上传超大的文件，则需要对 php.ini 进行修改，其中包括 upload_max_filesize 的最大值，max_execution_time 一个指令所能执行的最大时间和 memory_limit 一个指令所分配的内存空间。

11.3.2 预定义变量 $_FILES

$_FILES 变量存储的是上传文件的相关信息，这些信息对于上传功能有很大的作用。该变量是一个二维数组。预定义变量 $_FILES 元素如表 11.5 所示。

表 11.5 预定义变量 $_FILES 元素

元　素　名	说　　　　明
$_FILES[filename][name]	存储了上传文件的文件名，如 exam.txt、myDream.jpg 等
$_FILES[filename][size]	存储了文件大小，单位为字节
$_FILES[filename][tmp_name]	文件上传时，首先在临时目录中被保存为一个临时文件。该变量为临时文件名
$_FILES[filename][type]	上传文件的类型
$_FILES[filename][error]	存储了上传文件的结果。如果返回 0，则说明文件上传成功

从 PHP 4.2.0 开始，PHP 将随文件信息数组一起返回一个对应的错误代码，即生成的文件数组中的 error 字段，也就是 $_FILES[filename][error] 参数值。错误信息说明如表 11.6 所示。

表 11.6 错误信息说明

错　误　代　码	错　误　常　量	描　　　　述
0	UPLOAD_ERR_OK	没有发生错误，文件上传成功
1	UPLOAD_ERR_INI_SIZE	上传的文件大小超过了 php.ini 中 upload_max_filesize 选项限制的值
2	UPLOAD_ERR_FORM_SIZE	上传的文件大小超过了 HTML 表单中 MAX_FILE_SIZE 选项指定的值
3	UPLOAD_ERR_PARTIAL	文件只有部分被上传
4	UPLOAD_ERR_NO_FILE	没有文件被上传
6	UPLOAD_ERR_NO_TMP_DIR	找不到临时文件夹
7	UPLOAD_ERR_CANT_WRITE	文件写入失败

例如，创建一个上传文件域，通过 $_FILES 变量输出上传文件的资料。代码如下：

```
01  <!DOCTYPE html>
02  <html lang="zh-cn">
03  <head>
04      <meta charset="utf-8">
05      <title>PHP 零基础</title>
06      <link   href="http://cdn.bootcss.com/bootstrap/3.3.7/css/bootstrap.css"
07              rel="stylesheet">
08  </head>
09  <body class="col-sm-6 col-sm-offset-1 bg-info">
10  <h3 class="col-sm-offset-3">文件上传</h3>
11  <form action="" method="post" enctype="multipart/form-data">
12      <div class="form-group">
13          <label for="exampleInputEmail1">邮箱</label>
14          <input type="email" class="form-control" id="exampleInputEmail1"
15              placeholder="Email">
16      </div>
17      <div class="form-group">
18          <label for="exampleInputPassword1">密码</label>
19          <input type="password" class="form-control" id="exampleInputPassword1"
20              placeholder="Password">
21      </div>
22      <div class="form-group">
23          <label for="exampleInputFile">头像</label>
24          <input type="file" id="exampleInputFile" name="upfile">
25      </div>
26      <button type="submit" class="btn btn-info">Submit</button>
27  </form>
28  </body>
29  </html>
30  <?php
31      if(!empty($_FILES)){                          // 判断变量 $_FILES 是否为空
         // 使用 foreach 循环输出上传文件信息
32          foreach($_FILES['upfile'] as $name => $value)
33              echo $name.' = '.$value.'<br>';
34      }
35  ?>
```

在页面中，用户填写邮箱、密码，单击"选择文件"按钮，在弹出的"打开"对话框中选中一张图片，单击"打开"按钮上传图片，如图 11.7 所示。

文件上传
邮箱
mingrisoft@mingri.com
密码
••••••
头像
选择文件
未选择任何文件
Submit
打开
图片库
搜索 图片库
组织
新建文件夹
收藏夹
下载
桌面
最近访问的位置
库
视频
图片
文档
迅雷下载
音乐
计算机
本地磁盘 (C:)
图片
1.jpg
2.jpg
3.jpg
4.jpg
5.jpg
6.jpg
7.jpg
文件名(N):
8_640_400.jpg
所有文件
打开(O)
取消

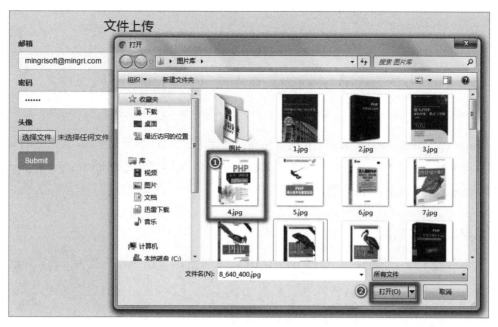

图 11.7　选择上传的文件

学习笔记

使用 Form 表单上传文件时，必须将表单的 enctype 属性值设置为 "multipart/form-data"，即 enctype="multipart/form-data"，否则接收不到上传的信息，即 $File 为空。这是初学者常犯的一个错误。

填写信息后，单击 Submit 按钮，提交表单，运行结果如图 11.8 所示。

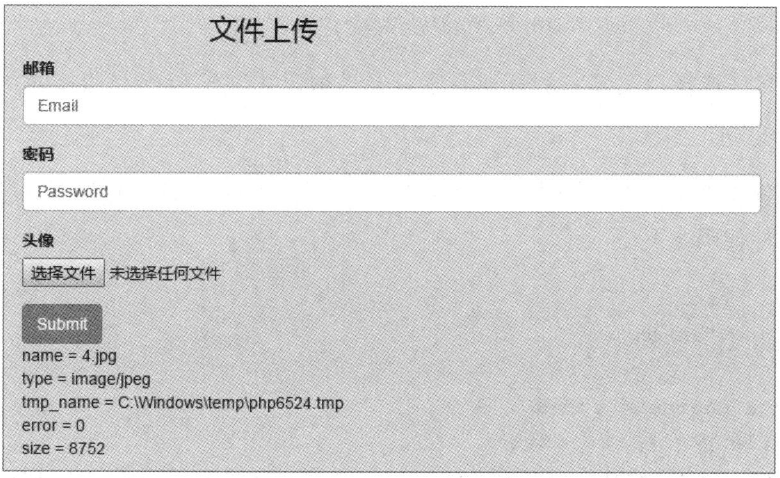

文件上传
邮箱
Email
密码
Password
头像
选择文件
未选择任何文件
Submit
name = 4.jpg
type = image/jpeg
tmp_name = C:\Windows\temp\php6524.tmp
error = 0
size = 8752

图 11.8　文件上传结果

11.3.3 文件上传函数

在 PHP 中，使用 move_uploaded_file() 函数上传文件。该函数的语法如下：

```
bool move_uploaded_file ( string $filename , string $destination )
```

move_uploaded_file() 函数将上传的文件存储到指定的位置。如果存储成功，则返回 true，否则返回 false。参数 filename 是上传文件的临时文件名，即 $_FILES[filename][tmp_name]；参数 destination 是上传后保存的新的路径和名称。

实现上传图片功能

本例创建一个上传表单，允许上传 1MB 以下的图片，且图片格式为 jpeg、jpg、png 或 gif。

（1）文件上传表单。文件上传表单有以下特性。

- 在 <form> 标记中，必须设置属性 enctype="multipart/form-data"。这样，服务器可以知道上传的文件带有常规的表单信息。

- 可以设置上传文件最大长度的表单域。这是一个隐藏的域，如下所示：

```
<input type="hidden" name="MAX_FILE_SIZE" value="1000000" >
```

需要注意的是，MAX_FILE_SIZE 表单域是可选的，该值也可以在服务器端设置。然而，如果在这个表单中使用，则表单域的名称必须是 MAX_FILE_SIZE，其值是允许上传文件的最大值（单位是字节），这里设置为 1000000B（几乎是 1MB）。

- 需要指定文件类型，如下所示。

```
<input type = "file" name="upfile" id="upfile">
```

可以为文件选择自己喜欢的任何名字。但必须记住，在 PHP 接收脚本时，将使用这个名字来访问文件。

根据文件上传表单的三个特性，创建一个文件上传页面，将其命名为 index.php。index.php 文件代码如下：

```
01  <!DOCTYPE html>
02  <html lang="zh-cn">
03  <head>
04      <meta charset="utf-8">
05      <title>PHP 零基础 </title>
06      <link    href="http://cdn.bootcss.com/bootstrap/3.3.7/css/bootstrap.css"
07              rel="stylesheet">
```

```
08  </head>
09  <body class="col-sm-6 col-sm-offset-1 bg-info">
10  <h3 class="col-sm-offset-3"> 文件上传 </h3>
11  <form action="doAction.php" method="post" enctype="multipart/form-data">
12      <input type="hidden" name="MAX_FILE_SIZE" value="1000000" >
13      <div class="form-group">
14          <label for="exampleInputEmail1"> 邮箱 </label>
15          <input type="email" class="form-control" id="exampleInputEmail1"
16                  name="email" placeholder="Email" >
17      </div>
18      <div class="form-group">
19          <label for="exampleInputPassword1"> 密码 </label>
20          <input type="password" class="form-control" id="exampleInputPassword1"
21                  name="password" placeholder="Password">
22      </div>
23      <div class="form-group">
24          <label for="exampleInputFile"> 头像 </label>
25          <input type="file" id="exampleInputFile" name="upfile">
26          <p class="text-danger"> 需是 jpeg、png 或 gif 格式 </p>
27      </div>
28      <button type="submit" class="btn btn-info"> 提交 </button>
29  </form>
30  </body>
31  </html>
```

运行结果如图 11.9 所示。

图 11.9　单文件上传

（2）上传表单。用户填写信息后，单击"提交"按钮，将表单信息提交到"doAction.

php" 文件中。在 index.php 同级目录下，创建 doAction.php 文件。在该文件中，首先检测文件是否上传成功，然后检测上传文件是否满足设定的需求，当全部检测都通过后，使用 move_uploaded_file() 函数上传文件。doAction.php 文件代码如下：

```php
01  <?php
02      $email    = $_POST['email'];        // 接收用户名
03      $password = $_POST['password'];     // 接收密码
04      $fileInfo = $_FILES['upfile'];      // 接收上传文件
05      /** 检测文件上传是否成功 **/
06      if(!is_null($fileInfo)){
07          if($fileInfo['error']>0){
08              switch($fileInfo['error']){
09                  case 1:
10                      echo '上传的文件超过了 php.ini 中 upload_max_filesize 选项限制的值';
11                      break;
12                  case 2:
13                      echo '上传文件的大小超过了 HTML 表单中 MAX_FILE_SIZE 选项指定的值';
14                      break;
15                  case 3:
16                      echo '文件只有部分被上传';
17                      break;
18                  case 4:
19                      echo '没有文件被上传';
20                      break;
21                  case 6:
22                      echo '找不到临时文件夹';
23                      break;
24                  case 7:
25                      echo '文件写入失败';
26                      break;
27              }
28              exit;
29          }else{
30              /** 检测文件长度 **/
31              if($fileInfo['size'] > 1000000){
32                  echo '上传文件大于 1M';
33                  exit;
34              }
35              /** 检测扩展名 **/
36              $allowExt = array('jpeg','jpg','png','gif');
37              $ext = strtolower(pathinfo($fileInfo['name'],PATHINFO_EXTENSION));
38              if(!in_array($ext,$allowExt)){
```

```
39                echo '不允许的扩展名';
40                exit;
41            }
42            /** 检测文件类型 **/
43            $allowMime = array('image/jpeg','image/png','image/gif');
44            if(!in_array($fileInfo['type'],$allowMime)){
45                echo "上传文件类型错误";
46                exit;
47            }
48            /** 检测是否是图片 **/
49            if(!@getimagesize($fileInfo['tmp_name'])){
50                echo '不是真实图片';
51                exit;
52            }
53            /** 保存图片 **/
54            $uploadPath  = 'upload';                      // 保存路径
55            if (!file_exists($uploadPath)) {
56                $result = mkdir($uploadPath);
57            }
58            $uniName    = md5(uniqid(microtime(true),true));// 名字需要唯一
59            $destination = $uploadPath.'/'.$uniName.'.'.$ext;
60            if(@move_uploaded_file($fileInfo['tmp_name'], $destination)){
61                echo "上传成功";
62                //TODO: 其他操作，如写入数据库等
63            }else{
64                echo '文件移动失败';
65                exit;
66            }
67        }
68    }else{
69        echo '文件上传出错';
70        exit;
71    }
72 ?>
```

在上述代码中，首先接收表单传递的文件信息，然后根据错误码判断文件是否上传成功。如果上传失败，则根据错误码输出错误信息。此外，需要注意的是，图片上传的最终路径是由三部分拼接而成的。第一部分是 $uploadPath（文件存储的目录），首先判断该文件是否存在，如果不存在，则使用 mkdir() 函数创建文件；第二部分是 $uniName（文件名），为确保文件名唯一，同时使用 md5() 函数、uniqid() 函数和 microtime() 函数实现；第三部分是 $ext（文件扩展名），即上传文件的扩展名。最后，通过 move_uploaded_file() 函数将文件上传到指定路径。

文件上传成功，运行结果如图 11.10 所示。文件存储目录如图 11.11 所示。

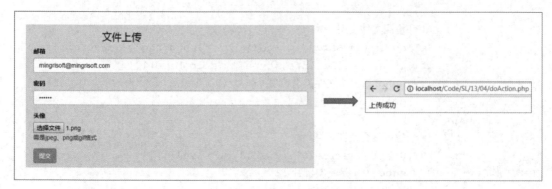

图 11.10　文件上传成功

图 11.11　文件存储目录

11.3.4　多文件上传

PHP 支持同时上传多个文件，只需要在表单中对文件上传域使用数组命名即可。

实现多文件上传

本实例有 3 个文件上传域，文件域的名字为 upfile[]。提交后上传的文件信息都被保存到 $_FILES[upfile] 中，生成多维数组。读取数组信息并上传文件。程序的开发步骤如下。

（1）创建一个文件上传页面，将其命名为 index.php。index.php 文件代码如下：

```
01  <!DOCTYPE html>
02  <html lang="zh-cn">
03  <head>
04      <meta charset="utf-8">
```

```
05      <title>PHP 零基础 </title>
06      <link    href="http://cdn.bootcss.com/bootstrap/3.3.7/css/bootstrap.css"
07              rel="stylesheet">
08  </head>
09  <body class="col-sm-6 col-sm-offset-1 bg-info">
10  <h3 class="col-sm-offset-3"> 多文件上传 </h3>
11  <form action="doAction.php" method="post" enctype="multipart/form-data">
12      <div class="form-group">
13          <label for="exampleInputFile"> 请选择您要上传的文件 </label>
14          <input type="file"  name="upfile[]">
15          <p class="text-danger"> 需是 jpeg、png 或 gif 格式 </p>
16      </div>
17      <div class="form-group">
18          <label for="exampleInputFile"> 请选择您要上传的文件 </label>
19          <input type="file"  name="upfile[]">
20          <p class="text-danger"> 需是 jpeg、png 或 gif 格式 </p>
21      </div>
22      <div class="form-group">
23          <label for="exampleInputFile"> 请选择您要上传的文件 </label>
24          <input type="file"  name="upfile[]">
25          <p class="text-danger"> 需是 jpeg、png 或 gif 格式 </p>
26      </div>
27      <button type="submit" class="btn btn-info"> 提交 </button>
28  </form>
29  </body>
30  </html>
```

运行结果如图 11.12 所示。

图 11.12　多文件上传

（2）上传表单。在 index.php 文件同级目录下创建 doAction.php 文件。由于多文件上传的检测方法与单文件上传的检测方法相同，所以，在 doAction.php 文件中就不再写验证功能了，主要使用 for 循环遍历 $_FILES['upfile'] 数组，实现对文件的依次上传。doAction.php 代码如下：

```php
01  <?php
02      if(!empty($_FILES['upfile'])) {
03          $file_name      = $_FILES['upfile']['name'];// 将上传的文件名存为数组
            // 将上传的临时文件名存为数组
04          $file_tmp_name  = $_FILES['upfile']['tmp_name'];
05          for ($i = 0; $i < count($file_name); $i++) { // 循环上传文件
06              if ($file_name[$i] != '') {              // 判断上传文件名是否为空
07                  $uploadPath = 'upload';              // 设置上传路径
08                  if (!file_exists($uploadPath)) {
09                      $result = mkdir($uploadPath);
10                  }
11                  $uniName    = md5(uniqid(microtime(true),true)); // 名字需要唯一
12                  // 获取文件类型
13                  $ext[$i]    = strtolower(pathinfo($file_name[$i],PATHINFO_EXTENSION));
                    // 生成目录
14                  $destination[$i] = $uploadPath.'/'.$uniName.'.'.$ext[$i];
                    // 上传文件
15                  move_uploaded_file($file_tmp_name[$i],$destination[$i]);
16                  echo '文件 '.$file_name[$i].' 上传成功。更名为 '.$uniName.'.'.$ext[$i].'<br>';
17              }
18          }
19      }
20  ?>
```

运行结果如图 11.13 所示。

图 11.13 多文件上传

11.4　文件下载

文件下载通常有两种情况。第一种情况是下载浏览器不能解析的文件，如 zip 压缩文件。这种实现的方式比较简单，使用 <a> 标签按如下方式即可下载：

```
<a href="upload/bootstrap-3.3.4.zip">bootstrap 压缩包 </a>
```

当用户单击该链接时，浏览器会弹出一个文件下载的对话框，单击"保存"按钮后，就会将文件保存至用户电脑中。需要注意的是，href 属性值可以是绝对路径，也可以是相对路径。

第二种情况是下载浏览器可以解析的文件，如 jpg、png 等。如果使用 <a> 标签方式下载，浏览器会直接显示图片，而不会弹出对话框来提示用户下载文件。这就需要使用 header() 函数来实现文件下载。

```
header('content-disposition:attachment;filename=somefile');
```

header() 函数发送原生 HTTP 头，使用 Content-Disposition 的报文信息来提供一个推荐的文件名，并且强制浏览器显示一个文件下载对话框。

实现文件下载

本实例使用两种方式实现文件下载，第一种方式是下载 zip 格式的压缩包，第二种方式是下载 jpg 图片。首先创建 index.html 文件，index.html 文件代码如下：

```
01  <!DOCTYPE html>
02  <html>
03  <head>
04      <meta charset="UTF-8">
05      <title></title>
06  </head>
07  <body>
08      <ul>
09          <li>
10              <a href="upload/bootstrap-3.3.4.zip">bootstrap 压缩包 </a>
11          </li>
12          <li>
13              <a href="upload/1.jpg"> 图片 1 下载 </a>
14          </li>
15          <li>
16              <a href="download.php?filename=2.jpg"> 图片 2 下载 </a>
```

```
17         </li>
18      </ul>
19  </body>
20  </html>
```

运行结果如图 11.14 所示。

图 11.14　下载列表页面

单击"bootstrap 压缩包"选项，由于浏览器不能解析 zip 文件，所以弹出"另存为"
对话框。单击"保存"按钮，保存 zip 文件，如图 11.15 所示。

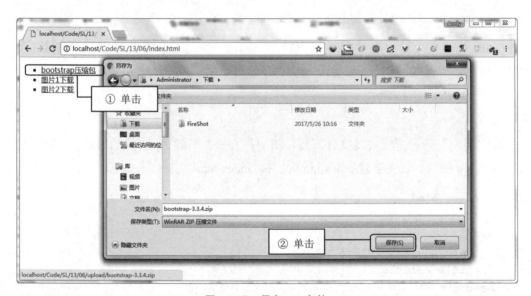

图 11.15　保存 zip 文件

在如图 11.15 所示的下载列表页面中，单击"图片 1 下载"选项。由于浏览器能够识
别 jpg 文件，所以在浏览器中显示图片，如图 11.16 所示。

在 index.html 文件同级目录下创建 download.php 文件，在 download.php 文件中使用
header() 函数下载 jpg 文件。download.php 代码如下：

```
01  <?php
02  $filename = $_GET['filename'];
03  header('content-disposition:attachment;filename='.basename($filename));
```

```
04  header('content-length:'.filesize($filename));
05  readfile($filename);
06  ?>
```

图 11.16　在浏览器中显示图片

刷新下载列表页面，单击"图片 2 下载"选项，运行效果如图 11.17 所示。

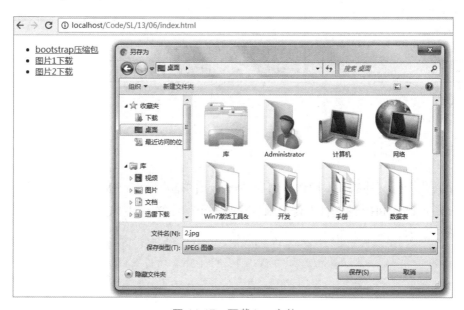

图 11.17　下载 jpg 文件

11.5 学习笔记

学习笔记一：file() 函数和 file_get_contents() 函数的区别

file() 函数和 file_get_contents() 函数的作用都是将整个文件读入某个介质，其主要区别在于这个介质的不同。file() 函数是将文件读入一个数组，而 file_get_contents() 函数是将文件读入一个字符串。file() 函数是把整个文件读入一个数组，然后将文件作为一个数组返回。数组中的每个单元都是文件中相应的一行，包括换行符在内。如果读取失败，则返回 false。file_get_contents() 函数是将文件的内容读入一个字符串中的首选方法。

学习笔记二： 设置表单属性 enctype

在使用表单上传文件时，必须将 Form 表单的 enctype 属性设置为 "multipart/form-data"。这是因为 enctype 属性规定了在发送到服务器之前应该如何对表单数据进行编码。enctype 属性值的参数说明如表 11.7 所示。

表 11.7　enctype 属性值的参数说明

值	描　　述
application/x-www-form-urlencoded	在发送前编码所有字符（默认）
multipart/form-data	不对字符编码； 在使用包含文件上传控件的表单时，必须使用该值
text/plain	空格转换为 "+"，但不对特殊字符编码

11.6 小结

本章首先介绍文件的基本操作，然后讲解目录的基本操作，接下来讲解文件的高级处理技术，最后讲解 PHP 的文件上传技术（这是一个网站必不可少的组成部分）。希望读者能够深入理解本章的重点知识，牢固掌握常用的函数。

第 12 章　图形图像处理技术

由于有 GD 库的强大支持，PHP 的图像处理功能可以说是 PHP 的一个强项，它便捷易用、功能强大。另外，PHP 图形化类库 JpGraph 也是一款非常强大、好用的图形处理工具，既可以绘制各种统计图和曲线图，也可以自定义设置颜色和字体等元素。

图像处理技术中的经典应用是绘制饼形图、柱形图和折线图，这是对数据进行图形化分析的最佳方法。本章将分别对 GD2 函数库及 JpGraph 进行详细讲解。

12.1　在 PHP 中加载 GD 库

GD 库在 PHP 5 中是默认安装的，但要激活 GD 库，就必须修改 php.ini 文件。将该文件中的";extension=php_gd2.dll"选项前的分号";"删除（phpStudy 已经默认开启），保存修改后的文件并重新启动 Apache 服务器即可生效。

在成功加载 GD2 函数库后，可以通过 phpinfo() 函数来获取 GD2 函数库的安装信息，验证 GD 库是否安装成功。在浏览器的地址栏中输

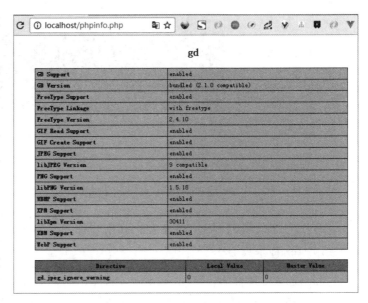

图 12.1　GD2 函数库的安装信息

入"localhost/phpinfo.php"并按 <Enter> 键，在打开的页面中检索到如图 12.1 所示的 GD2 函数库的安装信息，即说明 GD 库安装成功。

12.2　GD 库的应用

12.2.1　创建简单的图像

使用 GD2 函数库可以实现各种图形图像的处理。创建画布是使用 GD2 函数库创建图像的第一步，无论创建什么样的图像，首先都需要创建一个画布，其他操作都将在这个画布上完成。在 GD2 函数库中创建画布，可以通过 imagecreate() 函数实现。

例如，使用 imagecreate() 函数创建宽为 200 像素、高为 60 像素的画布，并将画布背景颜色 RGB 值设置为 225、66、159，最后输出 png 格式的图像。代码如下：

```
01  <?php
02  $im = imagecreate(200,60);                    // 建立 200 像素 ×60 像素的画布
03  $bg = imagecolorallocate($im,225,66,159);     // 设置背景颜色
04  header("Content-type:image/png");             // 输出图像
05  imagepng($im);                                // 生成 pgn 图像
06  ?>
```

运行效果如图 12.2 所示。

图 12.2　生成画布

12.2.2　使用 GD2 函数库在照片上添加文字

GD 库中的 imageTTFText() 函数可以实现用 TrueType 字体向图像写入文本的功能。imageTTFText() 函数语法格式如下：

```
array imagettftext ( resource $image , float $size , float $angle , int $x ,
int $y , int $color , string $fontfile , string $text )
```

imageTTFText() 函数的参数说明如表 12.1 所示。

表 12.1 imageTTFText () 函数的参数说明

参　　数	说　　明
image	由图像创建函数（例如 imagecreatetruecolor() 函数）返回的图像资源
size	字体的尺寸。根据 GD 库的版本，为像素尺寸（GD1）或点（磅）尺寸（GD2）
angle	角度制表示的角度，0 度为从左向右读的文本。更高数值表示逆时针旋转。例如 90 度表示从下向上读的文本
x	由 x、y 表示的坐标定义了第一个字符的基本点（大概是字符的左下角）。这和 imagestring() 函数不同，其 x、y 定义了第一个字符的左上角。例如 "top left" 为 (0,0)
y	y 坐标。它设定了字体基线的位置，不是字符的底端
color	颜色索引。使用负的颜色索引值具有关闭防锯齿的效果。见 imagecolorallocate() 函数
fontfile	想要使用的 TrueType 字体的路径
text	UTF-8 编码的文本字符串

在明日学院幻灯片背景图上添加文字

使用 GD2 函数库在照片上添加文字的具体步骤如下：

（1）使用 imagecreatefromjpeg() 函数载入图片。

（2）使用 imagecolorallocate() 函数设置字体颜色。

（3）使用 imageTTFText() 函数向图片写入文本。

（4）使用 imagejpeg() 函数创建 jpeg 图片。

（5）使用 imagedestroy() 函数销毁图片，释放内存空间。

使用 imageTTFText() 函数将文字"明日学院"输出到图像中。代码如下：

```
01 <?php
02 header("content-type:image/jpeg");            // 定义输出为图像类型
03 $path = "mingri.jpg";                         // 图片路径
04 $im   = imagecreatefromjpeg($path);           // 载入图片
05 $textcolor = imagecolorallocate($im,255,255,255); // 设置字体颜色，值为 RGB 颜色值
06 $fnt = "c:/windows/fonts/simfang.ttf";        // 定义字体
07 $str = '明日学院 ';
08 imageTTFText($im,100,0,50,200,$textcolor,$fnt,$str);// 将 TTF 文字写入图中
09 imagejpeg($im);                               // 建立 JPEG 图像
10 imagedestroy($im);                            // 结束图像，释放内存空间
11 ?>
```

运行前和运行后的效果如图 12.3 和图 12.4 所示。

图 12.3　运行前效果图

图 12.4　运行后效果图

学习笔记

> 如果图片不显示或汉字显示为乱码，请先检查 index.php 编码格式是否为"UTF-8"，然后检查定义的字体是否支持中文，在 "C:\Windows\Fonts" 文件夹下，查找支持中文的字体，如"黑体"为"simhei.ttf"、"仿宋"为"simfang.ttf"。

12.2.3　使用图像处理技术生成验证码

验证码功能的实现方法很多，有数字验证码、图形验证码和文字验证码等。在本节中会介绍一种使用图像处理技术生成的验证码。

使用 GD2 函数库生成验证码

图像处理技术生成验证码常用在用户登录过程中，下面在登录页面实现该过程。程序的开发步骤如下。

（1）生成验证码。创建 verify.php 文件，用于生成验证码。在该文件中使用 GD2 函数库创建一个 4 位的验证码，并将生成的验证码保存在 Session 变量中，代码如下：

```php
01  <?php
02      session_start();                              // 初始化 Session 变量
03      header("content-type:image/png");             // 设置创建图像的格式
04      $image_width  = 76;                           // 设置图像宽度
05      $image_height = 40;                           // 设置图像高度
06      $lenth        = 4;                            // 字符串长度
07      // 除去 0、1、o、l 这些容易混淆的字符
08      $str = "23456789abcdefghijkmnpqrstuvwxyzABCDEFGHIJKLMNPQRSTUVW";
09      $code = '';
10      for ($i=0; $i<$lenth; $i++){
11          $code.= $str[mt_rand(0, strlen($str)-1)]; // 从字符串中随机选择
12      }
13      $_SESSION['verify'] = $code; // 将获取的随机数验证码写入 Session 变量
14      $image = imagecreate($image_width,$image_height);   // 创建一个画布
15      imagecolorallocate($image,255,255,255);             // 设置画布的颜色
        // 循环读取 Session 变量中的验证码
16      for($i=0;$i<strlen($_SESSION['verify']);$i++){
17          $font  = mt_rand(3,5);                    // 设置随机的字体
18          $x     = mt_rand(1,8)+$image_width*$i/4;  // 设置随机字符所在位置的 x 坐标
19          $y     = mt_rand(8,$image_height/4);      // 设置随机字符所在位置的 y 坐标
20          // 设置字符的颜色
21          $color = imagecolorallocate($image,mt_rand(0,100),mt_rand(0,150),mt_rand(0,200));
            // 水平输出字符
22          imagestring($image,$font,$x,$y,$_SESSION['verify'][$i],$color);
23      }
24
25      // 绘制干扰点元素
26      $pixel=30;
27      $black = imagecolorallocate($image, 0, 0, 0);
28      for($i=0;$i<$pixel;$i++){
29      imagesetpixel($image, mt_rand(0, $image_width-1),mt_rand(0, $image_height-1),$black);
30      }
31      imagepng($image);                             // 生成 PNG 格式的图像
32      imagedestroy($image);                         // 释放图像资源
33  ?>
```

在上述代码中，对验证码进行输出时，每个字符的位置、颜色和字体都是通过随机数来获取的，并使用imagesetpixel()函数设置干扰点（可以在浏览器中生成各式各样的验证码，还可以防止恶意用户攻击网站系统）。此外，为了后续检测验证码，使用session_start()函数开启 Session 变量，并将生成的验证码存入 Session 变量，运行结果如图 12.5 所示。

图 12.5 生成的验证码

（2）显示验证码。创建 login.php 文件，该文件包含用户登录的表单，并调用 checks.php 文件在表单页输出验证码图像的内容。代码如下：

```
01 <!DOCTYPE html>
02 <html lang="en" class="is-centered is-bold">
03 <head>
04     <meta charset="UTF-8">
05     <title> 零基础 </title>
06     <link href="css/main.css" rel="stylesheet">
07 </head>
08 <body>
09 <section style="background: transparent">
10     <form class="box py-3 px-4 px-2-mobile" role="form" method="post"
11           action="checkLogin.php">
12       <div class="is-flex is-column is-justified-to-center">
13         <h1 class="title is-3 mb-a has-text-centered">
14             登录
15         </h1>
16         <div class="inputs-wrap py-3">
17           <div class="control">
18               <input type="text" id="username" name="username" class="input"
19                   placeholder=" 用户名 " value="" required>
20           </div>
21           <div class="control">
22             <input type="password" id="password" name="password" class="input"
23                   placeholder=" 密码 " required>
24           </div>
25           <div class="control">
26             <input type="text" id="verify" name="verify" class="input"
27                   style="width: 70%" placeholder=" 验证码 " required>
28             <a href="javascript:;">
29                 // 显示验证码，单击生成新的验证码
30               <img src="verify.php"
31                 onClick="this.src=this.src+'?'+Math.random()">
```

```
32                    </a>
33                </div>
34                <div class="control">
35                    <button type="submit" class="button is-submit is-primary
is-outlined">
36                        提交
37                    </button>
38                </div>
39            </div>
40        </div>
41    </form>
42 </section>
43 </body>
44 </html>
```

在上述代码中，<img> 标签中有如下代码：

```
<img src="verify.php" onClick="this.src=this.src">
```

src 属性值为 verify.php，由于 verify.php 使用：

```
header("content-type:image/png");
```

即生成的内容为图片格式，所以，登录页面会显示 verify 生成的验证码图片。运行结果如图 12.6 所示。

图 12.6　登录页面显示验证码

（3）检测验证码。在登录页面单击"提交"按钮后，会将表单提交到 checkLogin.php 页面。创建 checkLogin.php 文件，用于检测用户提交的验证码是否正确。由于在 verify.php

文件中，已经将生成的验证码存入 Session 变量，所以只需要判断用户输入的验证码和 Session 变量值是否相等即可。checkLogin.php 代码如下：

```php
01  <?php
02  session_start();                        // 初始化 Session 变量
03  if(isset($_POST["username"]) && isset($_POST["password"])){
04      $checks = $_POST["verify"];         // 获取验证码文本框的值
05      if($checks == ""){                  // 如果验证码的值为空，则弹出提示信息
06          echo "<script> alert(' 验证码不能为空 ');
07                  window.location.href='login.php';</script>";
08      }
09      // 如果用户输入验证码的值与随机生成的验证码的值相等，则弹出登录成功提示
10      if($checks == $_SESSION['verify']){
11          /** 省略用户名和密码的验证过程 **/
12          echo "<script> alert(' 用户登录成功 !');</script>";
13      }else{              // 否则弹出验证码不正确的提示信息
14          echo "<script> alert(' 您输入的验证码不正确 !');
15                  window.location.href='login.php';</script>";
16      }
17  }
18  ?>
```

在登录页面中，输入用户名和密码，在验证码文本框中输入验证码信息，单击"提交"按钮，对验证码的值进行判断（注意区分大小写字母）。验证码正确运行效果如图 12.7 所示，验证码错误运行效果如图 12.8 所示。

图 12.7　验证码正确运行效果

图 12.8　验证码错误运行效果

12.3　JpGraph 图像绘制库

JpGraph 是一种面向对象的图像绘制库，其基于 GD2 函数库，可以直接使用生成统计图的函数对 JpGraph 中的函数进行封装。JpGraph 可以生成 *X-Y* 坐标图、*X-Y-Y* 坐标图、柱形图、饼形图、3D 饼形图等统计图，并会自动生成坐标轴、坐标轴刻度、图例等信息，以帮助我们快速生成所需样式。

JpGraph 这个强大的绘图组件能根据用户的需要绘制任意图形。用户只需要提供数据，JpGraph 就能自动调用绘图函数的过程（把处理的数据输入即可自动绘制）。JpGraph 提供了多种方法创建各种统计图，包括折线图、柱形图和饼形图等。JpGraph 是一个完全使用 PHP 语言编写的类库，并可以将其应用在任何 PHP 环境中。

12.3.1　JpGraph 的下载

JpGraph 可以从其官方网站下载。JpGraph 支持 PHP 5 和 PHP 7。

JpGraph 的安装方法非常简单，文件下载后，安装步骤如下。

（1）将下载的压缩包解压。解压后，将 jpgraph-4.0.2 文件夹下的 src 文件夹复制到项目文件夹下。本项目将复制到 D:\phpStudy\WWW\Code\SL\12\ 文件夹下。

（2）将 src 文件夹重命名为 jpgraph。jpgraph 文件的目录结构如图 12.9 所示。

图 12.9　jpgraph 文件目录结构

12.3.2　JpGraph 的中文配置

如果 JpGraph 生成的图片包含中文，会出现中文乱码现象。要想解决此问题，需要对以下 3 个文件进行修改。

- 修改 jpgraph_ttf.inc.php 文件（路径 D:\phpStudy\WWW\Code\SL\12\jpgraph\jpgraph_ttf.inc.php）。在 jpgraph_ttf.inc.php 文件中，将代码

```
define('CHINESE_TTF_FONT','bkai00mp.ttf');
```

修改为

```
define('CHINESE_TTF_FONT','simhei.ttf');
```

其中 simhei.ttf 是中文黑体。更多中文字体可以在 C:\Windows\Fonts\ 文件夹下选择。

- 修改 jpgraph_legend.inc.php 文件（路径 D:\phpStudy\WWW\Code\SL\12\jpgraph\jpgraph_legend.inc.php）。在 jpgraph_legend.inc.php 文件中，将代码

```
public $font_family=FF_DEFAULT,$font_style=FS_NORMAL,$font_size=8;
```

修改为

```
public $font_family=FF_CHINESE,$font_style=FS_NORMAL,$font_size=8;
```

- 修改 jpgraph.php 文件（路径 D:\phpStudy\WWW\Code\SL\12\jpgraph\jpgraph.php）。在 jpgraph.php 文件中，将代码

```
public $font_family=FF_DEFAULT,$font_style=FS_NORMAL,$font_size=8,$label_angle=0;
```

修改为

```
public $font_family=FF_CHINESE,$font_style=FS_NORMAL,$font_size=8,$label_angle=0;
```

12.3.3　JpGraph 的使用

完成 12.3.2 节的中文配置后，本节以基本的折线图为例来讲解如何使用 JpGraph，以及如何显示中文。生成折线图的步骤如下。

（1）引入类文件。首先引入 jpgraph.php 文件。由于要画折线图，接下来引入 jpgraph_line.php 折线图类文件。

（2）创建 Graph 类，设置相关属性，包括 X 轴、Y 轴坐标刻度，折线图标题字体、标题、X 轴数据等。

（3）创建 LinePlot 坐标类，并导入 *Y* 轴数据。

（4）坐标类注入图表。

（5）显示图片。

以明日学院小班课报名人数为例，生成折线图。在折线图中，*X* 轴显示月份、*Y* 轴显示人数，并将折线设置为蓝色。具体代码如下：

```php
01  <?php
02      require_once ('jpgraph/jpgraph.php');          // 必须引用的文件
03      require_once ('jpgraph/jpgraph_line.php');     // 包含折线图文件
04      // 创建 Graph 类，宽度为 650，长度为 350
05      $graph = new Graph(650,350);
06      // 设置刻度类型，X 轴刻度可作为文本标注的直线刻度，Y 轴刻度为直线刻度
07      $graph->SetScale('textlin');
08      $graph->title->SetFont(FF_CHINESE);            // 设置字体
09      $graph->title->Set(' 明日学院小班课报名人数 ');  // 设置标题
10      // 设置 X 轴数据
11      $graph->xaxis->SetTickLabels(array('1月','2月','3月','4月','5月','6月',
12                                         '7月','8月','9月'));
        //Y 轴数据，以数组形式赋值
13      $ydata = array(220,430,580,420,330,220,440,340,230);
14      $lineplot=new LinePlot($ydata);                // 创建坐标类，将 Y 轴数据注入
15      $lineplot->SetColor('blue');                   //Y 轴连线设定为蓝色
16      $graph->Add($lineplot);                        // 坐标类注入图表
17      $graph->Stroke();                              // 显示图表
18  ?>
```

运行效果如图 12.10 所示。

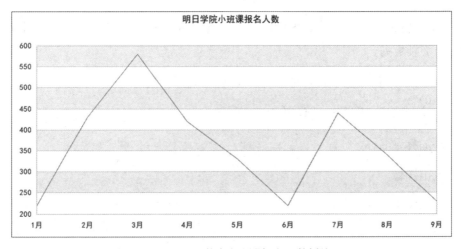

图 12.10　明日学院小班课报名人数折线图

学习笔记

> 在使用"$graph->title->Set()"设置标题前,如果标题为中文,则需要先使用
> "$graph->title->SetFont(FF_CHINESE)"设置字体。

12.4 JpGraph 典型应用

如果网页中没有丰富多彩的图形图像则缺少生气。漂亮的图形图像不仅能使整个网页看起来更富有吸引力,还能使许多文字难以表达的思想一目了然,并且清晰地表达出数据之间的关系。下面对图形图像处理的各种技术进行讲解。

12.4.1 使用柱形图统计图书月销售量

柱形图的使用在 Web 网站中非常广泛,它可以直观地显示数据信息,使数据对比和变化趋势一目了然,从而更加准确、直观地表达信息和观点。

使用柱形图统计图书月销售量

使用 JpGraph 类库实现柱形图统计图书月销售量。创建柱形图的详细步骤如下。

(1)使用 require_once 语句引用 jpgraph.php 文件。

(2)采用柱形图进行统计分析,需要创建 BarPlot 对象。BarPlot 类在 jpgraph_bar.php 文件中定义,需要使用 require_once 语句引用该文件。

(3)创建 Graph 对象,生成 850 像素 ×600 像素的画布,设置 X 轴、Y 轴刻度类型,以及 X 轴、Y 轴数据。

(4)创建一个矩形的 BarPlot 对象,设置其柱形图的颜色、柱体间距。

(6)将绘制的柱形图添加到画布中。

(7)添加标题名称。

(8)输出图像。

本实例的完整代码如下:

```
01  <?php
02  require_once ('../jpgraph/jpgraph.php');        // 必须引用的文件
```

```
03  require_once ('../jpgraph/jpgraph_bar.php'); // 包含柱形图文件
04  $graph = new Graph(850,600,'auto');          // 设置画布大小
05  // 设置刻度类型，X 轴刻度可作为文本标注的直线刻度，Y 轴刻度为直线刻度
06  $graph->SetScale("textlin");
07  // 设置 X 轴数据
08  $graph->xaxis->SetTickLabels(array('1月','2月','3月','4月','5月','6月','7月','8月',
09                                      '9月','10月','11月','12月'));
10  //Y 轴数据以数组形式赋值
11  $datay  = array(220,430,580,420,330,220,440,340,230,432,562,523);
12  $b1plot = new BarPlot($datay);               // 创建柱形坐标类，将 Y 轴数据注入
13  $graph->Add($b1plot);                        // 柱形坐标类注入图表
14  $b1plot->SetColor("white");                  // 设置柱形边框颜色
    // 设置柱体颜色
15  $b1plot->SetFillGradient("#4B0082","white",GRAD_LEFT_REFLECTION);
16  $b1plot->SetWidth(35);                        // 设置柱形间距
17  $graph->title->SetFont(FF_CHINESE);
18  $graph->title->Set("2016 年 PHP 从入门到精通销售情况 ");
19  $graph->Stroke();                            // 显示图表
20  ?>
```

运行结果如图 12.11 所示。

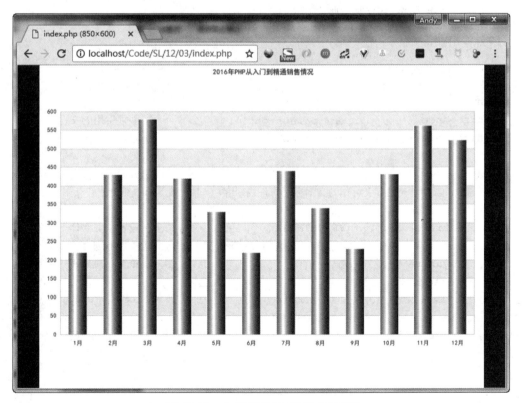

图 12.11 应用柱形图统计图书月销量

12.4.2　使用折线图统计三本图书的销售量

折线图的使用同样十分广泛，如商品的价格走势、股票在某一时间段的涨跌等，都可以使用折线图来分析。

使用折线图统计三本图书销售量

使用 JpGraph 类库实现折线图统计三本图书上半年销售量。创建折线图的详细步骤如下。

（1）使用 require_once 语句引用 JpGraph_line.php 文件。

（2）采用折线图进行统计分析，需要创建 LinePlot 对象，LinePlot 类在 JpGraph_line.php 中定义，需要应用 require_once 语句引用该文件。

（3）创建 Graph 对象，生成 850 像素 ×600 像素的画布，设置 X 轴、Y 轴刻度类型，以及 X 轴、Y 轴数据。

（4）创建三个 LinePlot 对象，设置折线的颜色和图例名称。

（6）将绘制的折线图添加到画布中。

（7）输出图像。

本实例的完整代码如下：

```php
01  <?php
02  require_once ('../jpgraph/jpgraph.php');          // 必须引用的文件
03  require_once ('../jpgraph/jpgraph_line.php');     // 包含折线图文件
04
05  $graph = new Graph(850,600,'auto');               // 设置画布大小
06  // 设置刻度类型，X 轴刻度可作为文本标注的直线刻度，Y 轴刻度为直线刻度
07  $graph->SetScale("textlin");
08  $graph->title->SetFont(FF_CHINESE);               // 设置中文字体
09  $graph->title->Set('2016 上半年 PHP 图书销售情况 ');  // 设置标题
10  $graph->yaxis->HideZeroLabel();                   // 设置 Y 轴数据不显示 0
    // 设置 X 轴数据
11  $graph->xaxis->SetTickLabels(array('1月','2月','3月','4月','5月','6月'));
12  $graph->xgrid->SetColor('#E3E3E3');
13  $graph->xgrid->Show();                            // 显示 X 轴交叉线
14
15  // 设置 Y 轴数据
16  $datay1 = array(200,150,230,150,234,252);
17  $datay2 = array(120,90,420,80,322,342);
```

```
18  $datay3 = array(50,170,320,240,254,332);
19  // 创建第一条线
20  $p1 = new LinePlot($datay1);
21  $graph->Add($p1);
22  $p1->SetColor("#6495ED");
23  $p1->SetLegend('PHP 从入门到精通 ');
24  // 创建第二条线
25  $p2 = new LinePlot($datay2);
26  $graph->Add($p2);
27  $p2->SetColor("#B22222");
28  $p2->SetLegend('PHP 项目开发案例整合 ');
29  // 创建第三条线
30  $p3 = new LinePlot($datay3);
31  $graph->Add($p3);
32  $p3->SetColor("#FF1493");
33  $p3->SetLegend('PHP 开发实例大全 ');
34
35  $graph->legend->SetFrameWeight(1);      // 设置图例边框
36  $graph->Stroke();                        // 显示图片
37  ?>
```

运行结果如图 12.12 所示。

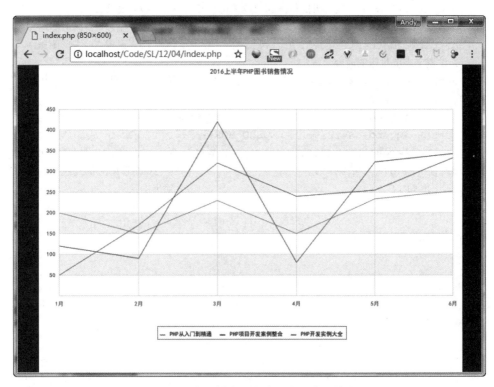

图 12.12　应用折线图统计图书上半年销售量

12.4.3 使用 3D 饼形图统计各类商品的年销售额比率

饼形图是一种非常实用的数据分析技术，可以清晰地表达出数据之间的关系。在统计商场某类商品的年销售额比率时，饼形图是很好的显示方式。通过饼形图可以直观地看到某类产品的销售额在所有商品中所占的比例。

统计各类商品的年销售额比率

使用 3D 饼形图统计各类商品的年销售额比率的步骤与创建其他图形的步骤大致相同，这里不再赘述，程序完整代码如下：

```php
01  <?php
02      require_once '../jpgraph/jpgraph.php';     // 导入 JpGraph 类库
03      require_once '../jpgraph/jpgraph_pie.php';// 导入 JpGraph 类库的饼形图功能
        // 导入 JpGraph 类库的 3D 饼形图功能
04      require_once '../jpgraph/jpgraph_pie3d.php';
05
06      $data = array(75, 85, 120, 125, 95);          // 设置统计数据
07      $graph = new PieGraph(600, 300);              // 设置画布大小
08      $graph->title->SetFont(FF_CHINESE);           // 设置中文字体
09      $graph->title->Set('明日科技部门业绩比较表');  // 设置标题
10      $pieplot = new PiePlot3D($data);              // 创建 3D 饼形图对象
11      $pieplot->SetCenter(0.5, 0.5);                // 设置 3D 饼形图居中
        // 设置文字框对应的内容
12      $department = array('IT 数码', '家电', '日用', '服装', '食品');
13      $pieplot->SetLegends($department);            // 添加图例
14      $graph->legend->SetFont(FF_SIMSUN, FS_BOLD);  // 设置字体
15      $graph->legend->SetLayout(LEGEND_HOR);
16      $graph->legend->Pos(0.5, 0.98, 'center', 'bottom');// 图例文字框的位置
17      $graph->Add($pieplot);                        // 将 3D 饼形图添加到统计图对象中
18      $graph->Stroke();                             // 输出图像
19  ?>
```

运行结果如图 12.13 所示。

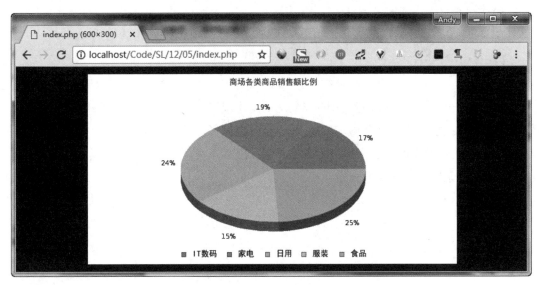

图 12.13　应用 3D 饼形图统计各类商品的年销售额比率

12.5　学习笔记

学习笔记一：JpGraph 中文乱码

JpGraph 生成图片的中文乱码是一个常见的问题，在使用 JpGraph 前请按照 12.3.2 节介绍的方法进行相应修改。修改完成后，在输出中文文字前，需要设置文字字体，如 $graph->title->SetFont(FF_CHINESE);。此外，需要注意设置的字体在 C:\Windows\Fonts 路径下必须存在。

学习笔记二：如何使用 JpGraph 的其他图形

使用 JpGraph，除了可以生成折线图、柱形图和饼形图，还可以生成散点图、脉冲图、样条图等。在使用这些图形前，需要查看官方手册，手册网址为 http://jpgraph.net/download/manuals/chunkhtml/index.html。例如，需要画散点图，在手册中搜索"Scatter graphs"，单击进入 Scatter graphs 手册，在手册中查找相应的示例代码，然后根据个人需求修改相应代码。

12.6　小结

本章首先介绍了 GD2 函数库的安装方法，以及如何应用 GD2 函数库创建图像，使读者对 GD2 函数库有一个初步的认识，然后介绍了一个专门用于绘制统计图的类库 JpGraph，通过讲解 JpGraph 类库的安装、配置到实际的应用过程，指导读者熟练使用该类库完成更复杂的图形图像的开发。

第 13 章　PHP 与 AJAX 技术

本章概览

随着 Web 2.0 时代的到来，AJAX 产生并逐渐成为主流。相对于传统的 Web 应用开发，AJAX 运用的是更先进、更标准化、更高效的 Web 开发技术体系。需要说明的是，AJAX 是一种客户端技术，也就是说，无论使用哪种服务器端技术（如 PHP、JSP、ASP 等），都可以使用 AJAX 技术。本章主要介绍 AJAX 技术及如何在 PHP 中应用 AJAX 技术。

知识框架

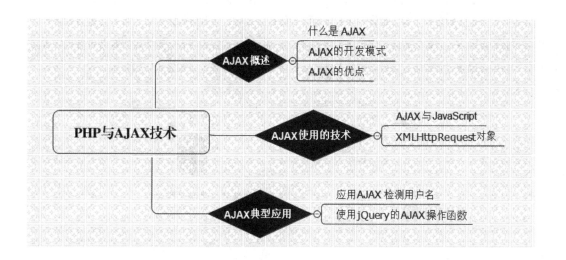

13.1　AJAX 概述

AJAX 技术极大地改善了传统 Web 应用的用户体验，发掘了 Web 浏览器的潜力，开创了大量新的可能性。下面对 AJAX 技术进行详细介绍。

13.1.1　什么是 AJAX

AJAX 是由 Jesse James Garrett 创造的，它是 "Asynchronous JavaScript And XML" 的缩写，即异步 JavaScript 和 XML 技术。AJAX 并不是一门新的语言或技术，它是 JavaScript、XML、CSS、DOM 等多种已有技术的组合，可以实现客户端的异步请求操作，这样可以实现在不需要刷新页面的情况下与服务器进行通信，从而减少了用户的等待时间。

13.1.2　AJAX 的开发模式

在传统的 Web 应用模式中，页面中用户的每一次操作都将触发一次返回 Web 服务器的 HTTP 请求，服务器进行相应的处理（获得数据、运行与不同的系统会话）后，向客户端返回一个 HTML 页面，如图 13.1 所示。而在 AJAX 应用开发模式中，页面中用户的操作将通过 AJAX 引擎与服务器端进行通信，然后将返回结果提交给客户端页面的 AJAX 引擎，再由 AJAX 引擎决定将这些数据插入页面的指定位置，如图 13.2 所示。

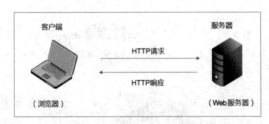

图 13.1　传统的 Web 开发模式

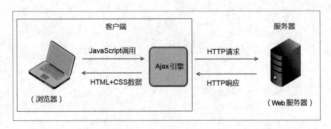

图 13.2　AJAX 的开发模式

从图 13.1 和图 13.2 中可以看出，对于每个用户的行为，在传统的 Web 应用模式中，将生成一次 HTTP 请求，而在 AJAX 应用开发模式中，将变成对 AJAX 引擎的一次 JavaScript 调用。在 AJAX 应用开发模式中，通过 JavaScript 实现在不刷新整个页面的情况下对部分数据进行更新，降低了网络流量，给用户带来了更好的体验。

13.1.3 AJAX 的优点

与传统的 Web 应用不同，AJAX 在用户与服务器之间引入一个中间媒介（AJAX 引擎），Web 页面不用打断交互流程进行重新加载即可动态更新，从而消除了网络交互过程中的"处理—等待—处理—等待"的缺点。

使用 AJAX 的优点具体表现在以下几个方面。

- 减轻服务器的负担。AJAX 的原则是"按需求获取数据"，可以最大程度地减少冗余请求和响应对服务器造成的负担。

- 可以把一部分以前由服务器负担的工作转移到客户端，利用客户端闲置的资源进行处理，减轻服务器和带宽的负担，节约空间和带宽租用成本。

- 无刷新更新页面，用户不用再像以前一样在服务器处理数据时只能在"白屏"前焦急地等待。AJAX 使用 XMLHttpRequest 对象发送请求并得到服务器响应，在不需要重新载入整个页面的情况下，即可通过 DOM 及时将更新的内容显示在页面上。

- 可以调用 XML 等外部数据，进一步实现 Web 页面显示和数据的分离。

13.2 AJAX 使用的技术

13.2.1 AJAX 与 JavaScript

AJAX 利用 JavaScript 将 DOM、HTML（或 XHTML）、XML 及 CSS 等技术综合起来并控制它们的行为。因此，要开发一个复杂高效的 AJAX 应用程序，就必须对 JavaScript 有一定的了解。关于 JavaScript 脚本语言的详细讲解可参考相关书籍。

13.2.2 XMLHttpRequest 对象

AJAX 技术的核心是 XMLHttpRequest 对象。它是一个具有应用程序接口的 JavaScript 对象，能够使用超文本传输协议（HTTP）连接服务器，是微软公司为了满足开发者的需要于 1999 年在 IE 5.0 浏览器中推出的。现在许多浏览器都对其提供了支持，但实现方式与 IE 浏览器有所不同。

通过 XMLHttpRequest 对象，AJAX 可以像桌面应用程序一样只与服务器进行数据层面的交互，而不用每次都刷新页面，也不用每次都将数据处理的工作交给服务器来做，这样既减轻了服务器负担，又提高了响应速度，从而缩短了用户等待的时间。

在使用 XMLHttpRequest 对象发送请求和处理响应之前，需要初始化该对象。由于 XMLHttpRequest 对象不是一个 W3C 标准，所以对于不同的浏览器，初始化的方法也不同。

（1）IE 浏览器。

IE 浏览器把 XMLHttpRequest 对象实例化为一个 ActiveX 对象，具体方法如下：

```
var http_request = new ActiveXObject("Msxml2.XMLHTTP");
```

或者

```
var http_request = new ActiveXObject("Microsoft.XMLHTTP");
```

在上述代码中，Msxml2.XMLHTTP 和 Microsoft.XMLHTTP 是针对 IE 浏览器的不同版本进行设置的，目前比较常用的是这两种。

（2）其他浏览器。

Google、Mozilla、Safari 等浏览器把 XMLHttpRequest 对象实例化为一个本地 JavaScript 对象，具体方法如下：

```
var http_request = new XMLHttpRequest();
```

为了提高程序的兼容性，可以创建一个跨浏览器的 XMLHttpRequest 对象。其方法很简单，只需要判断不同浏览器的实现方式，如果浏览器提供了 XMLHttpRequest 类，则直接创建一个实例，否则使用 IE 浏览器的 ActiveX 控件。具体代码如下：

```
01  <script>
02      if (window.XMLHttpRequest) {                //Mozilla、Safari 等浏览器
03          http_request = new XMLHttpRequest();
04      }elseif (window.ActiveXObject) {        //IE 浏览器
05          try {
06              http_request = new ActiveXObject("Msxml2.XMLHTTP");
07          }
08          catch (e) {
09              try {
10                  http_request = new ActiveXObject("Microsoft.XMLHTTP");
11              }
12              catch (e) {
```

```
13                     alert(" 您的浏览器不支持 AJAX！ ");
14                     return false;
15                 }
16            }
17        }
18  </script>
```

📋 学习笔记

由于 JavaScript 具有动态类型特性，而且 XMLHttpRequest 对象在不同浏览器上的实例是兼容的，所以可以用同样的方式访问 XMLHttpRequest 对象实例的属性或方法，不需要考虑创建该实例的方法。

下面分别介绍 XMLHttpRequest 对象的常用方法和常用属性。

1. XMLHttpRequest 对象的常用方法

下面对 XMLHttpRequest 对象的常用方法进行详细介绍。

（1）open() 方法。

open() 方法用于设置进行异步请求目标的 URL、请求方法及其他参数信息，具体语法如下：

```
open("method","URL"[,asyncFlag[,"userName"[, "password"]]])
```

在上述语法中，参数如下：

- method 用于指定请求的类型，一般为 get 或 post。
- URL 用于指定请求地址，可以使用绝对地址或相对地址，并且可以传递查询字符串。
- asyncFlag 为可选参数，用于指定请求方式，异步请求为 true，同步请求为 false，在默认情况下为 true。
- userName 为可选参数，用于指定用户名，没有时可省略。
- password 为可选参数，用于指定请求密码，没有时可省略。

（2）send() 方法。

send() 方法用于向服务器发送请求。如果请求声明为异步，则该方法将立即返回，否则将直到接收到响应为止，具体语法如下：

```
send(content)
```

在上述语法中，content 用于指定发送的数据，可以是 DOM 对象的实例、输入流或字符串。如果没有参数需要传递时则可以设置为 null。

（3）setRequestHeader() 方法。

setRequestHeader() 方法为请求的 HTTP 头设置值，具体语法如下：

```
setRequestHeader("label", "value")
```

在上述语法中，label 用于指定 HTTP 头，value 用于为指定的 HTTP 头设置值。

📋 **学习笔记**

setRequestHeader() 方法必须在调用 open() 方法之后才能调用。

（4）abort() 方法。

abort() 方法用于停止当前异步请求。

（5）getAllResponseHeaders() 方法。

getAllResponseHeaders() 方法用于以字符串形式返回完整的 HTTP 头信息，当存在参数时，表示以字符串形式返回由该参数指定的 HTTP 头信息。

2. XMLHttpRequest 对象的常用属性

XMLHttpRequest 对象的常用属性如表 13.1 所示。

表 13.1　XMLHttpRequest 对象的常用属性

属　　性	说　　明
onreadystatechange	每个状态改变时都会触发这个事件处理器，通常会调用一个 JavaScript 函数
readyState	请求的状态。有以下 5 个取值： 0= 未初始化 1= 正在加载 2= 已加载 3= 交互中 4= 完成
responseText	服务器的响应，表示为字符串
responseXML	服务器的响应，表示为 XML。这个对象可以解析为一个 DOM 对象
status	返回服务器的 HTTP 状态码，如： 200=" 成功 " 202=" 请求被接收，但尚未成功 " 400=" 错误的请求 " 404=" 文件未找到 " 500=" 内部服务器错误 "
statusText	返回 HTTP 状态码对应的文本

13.3　AJAX 技术的典型应用

13.3.1　应用 AJAX 技术检测用户名

明日学院用户注册时，需要检测用户名是否存在。如果用户名存在，则需要提示该用户名已经存在，不能注册，否则可以注册。为提高用户体验，可以使用 AJAX 技术实现不刷新页面即可检测用户名是否被占用的功能。

使用 AJAX 技术检测用户名是否被占用

本实例将使用 AJAX 技术检测用户名是否被占用，程序的开发步骤如下。

（1）创建 register.php 注册页面。代码如下：

```
01  <!DOCTYPE html>
02  <html lang="en" class="is-centered is-bold">
03  <head>
04      <meta charset="UTF-8">
05      <title>零基础</title>
06      <link href="css/main.css" rel="stylesheet">
07  </head>
08  <body>
09  <section style="background: transparent">
10      <form class="box py-3 px-4 px-2-mobile" role="form" name="form">
11          <div class="is-flex is-column is-justified-to-center">
12              <h1 class="title is-3 mb-a has-text-centered">
13                      注册
14              </h1>
15              <div class="inputs-wrap py-3">
16                  <div class="control">
17                          <input type="text" id="username" name="username"
class="input"
18                              placeholder="用户名" value="" required>
19                      <a href="javascript:;" onClick="checkName();">[检测用
户名]</a>
20                  </div>
21                  <div class="control">
22                          <input type="password" id="password" name="password"
class="input"
23                              placeholder="密码" required>
24                  </div>
```

```
25              <div class="control">
26                  <input type="password" id="password2" name="password2"
class="input"
27                      placeholder=" 确认密码 " required>
28              </div>
29              <div class="control">
30                  <button class="button is-submit is-primary is-outlined"
31                      onClick="checkname();">
32                      提交
33                  </button>
34              </div>
35          </div>
36          <footer class="is-flex is-justified-space-between">
37              <a href="login.html">
38                  已有账号，点击去登录
39              </a>
40          </footer>
41      </div>
42  </form>
43 </section>
44 </body>
45 </html>
```

上述代码与之前创建的注册页面代码基本相同，只是在单击"检测用户名"超链接时调用 checkName() 方法，运行结果如图 13.3 所示。

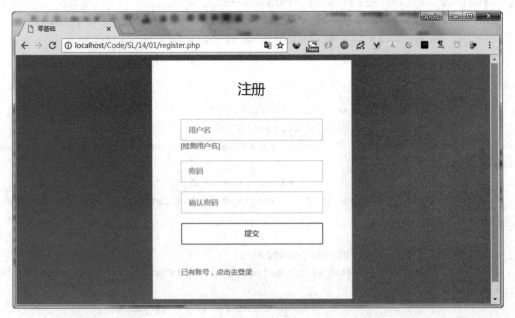

图 13.3　注册页面

（2）编写 AJAX 异步提交代码。在创建的 register.php 文件中，添加如下 JavaScript 代码，实现 AJAX 的异步提交。代码如下：

```
01  <!DOCTYPE html>
02  <html lang="en" class="is-centered is-bold">
03  <head>
04      <meta charset="UTF-8">
05      <title> 零基础 </title>
06      <link href="css/main.css" rel="stylesheet">
07  </head>
08  <body>
09  <section style="background: transparent">
10              // 省略部分代码
11  </section>
12  <script>
13      function checkName() {
14          var username = form.username.value;
15          if(username=="") {
16              window.alert(" 请填写用户名 !");
17              form.username.focus();
18              return false;
19          }
20          createRequest('checkName.php',username); // 调用 createRequest() 方法
21      }
22
23      function createRequest(url,username) { // 初始化对象并发出 XMLHttpRequest 请求
24          http_request = false;             // 初始化对象
25          if (window.XMLHttpRequest) {       // 谷歌、火狐等浏览器
26              http_request = new XMLHttpRequest();
27              if (http_request.overrideMimeType) {
28                  http_request.overrideMimeType("text/xml");
29              }
30          } elseif (window.ActiveXObject) {          //IE 浏览器
31              try {
32                  http_request = new ActiveXObject("Msxml2.XMLHTTP");
33              } catch (e) {
34                  try {
35                      http_request = new ActiveXObject("Microsoft.XMLHTTP");
36                  } catch (e) {}
37              }
38          }
39          if (!http_request) {
40              alert(" 不能创建 XMLHTTP 实例 !");
41              return false;
```

```
42              }
43              http_request.onreadystatechange = alertContents;    // 指定响应方法
                // 设置进行异步请求目标 URL 和请求方法
44              http_request.open("POST", url, true);
45          http_request.setRequestHeader("Content-type","application/x-www-
form-urlencoded");
46              http_request.send("username="+username);   // 向服务器发送请求
47          }
48      function alertContents() {                          // 处理服务器返回的信息
49          if (http_request.readyState == 4) {
50              if (http_request.status == 200) {
51                  alert(http_request.responseText);
52              } else {
53                  alert(' 您请求的页面发现错误 ');
54              }
55          }
56      }
57 </script>
58 </body>
59 </html>
```

在上述代码中，当用户单击"检测用户名"超链接时，调用 checkName() 方法。该方法先判断用户名是否为空，如果用户名为空，则提示用户"请填写用户名！"，如果不为空，则调用 createRequest() 方法。createRequest() 方法首先根据不同浏览器实例化 XMLHttpRequest 对象。接下来，使用 onreadystatechange 属性指定响应方法，调用 open() 方法设置进行异步请求目标 URL 和请求方法，调用 send() 方法向服务器发送请求。服务器调用指定的 alertContents() 方法。alertContents() 方法用于判断响应状态，并输出响应内容。

（3）编写检测用户名是否唯一的页面 checkname.php，在该页面中使用 PDO 方式与数据库进行交互，使用 PHP 的 echo 语句输出检测结果，完整代码如下：

```php
01 <?php
02 require "config.php";                         // 引入配置文件
03 $username = trim($_POST['username']);         //trim 函数去除前后空格
04 try{
05     // 连接数据库，选择数据库
06     $pdo = new PDO(DNS,DB_USER,DB_PWD);
07 }catch(PDOException $e){
08     // 输出异常信息
09     echo $e->getMessage();
10 }
```

```
11    // 在 users 表中查找输入的用户名和密码是否匹配
12    $sql = 'select * from users where username = :username';
13    $res = $pdo->prepare($sql);
14    $res->bindParam(':username',$username);      // 绑定参数
15    if($res->execute()){
16        $rows = $res->fetch(PDO::FETCH_ASSOC);   // 返回一个索引为结果集列名的数组
17        if($rows){
18            echo " 很报歉！用户名 [".$username."] 已经被注册 !";
19        }else{
20            echo " 祝贺您！用户名 [".$username."] 没有被注册 !";
21        }
22    }
23    ?>
```

在上述代码中，使用 require 语句引入 config.php 文件。config.php 配置文件代码如下：

```
01    <?php
02    define('DB_HOST','localhost');
03    define('DB_USER','root');
04    define('DB_PWD','root');
05    define('DB_NAME','database14');
06    define('DB_PORT','3306');
07    define('DB_TYPE','mysql');
08    define('DB_CHARSET','utf8');
09    define('DNS',DB_TYPE.":host=".DB_HOST.";dbname=".DB_NAME.";charset=".DB_CHARSET);
10    ?>
```

新建 datebase14 数据库，在该数据库中新建 users 表。users 表数据信息如图 13.4 所示。

图 13.4　users 表数据信息

运行本实例，在"用户名"文本框中输入"明日科技"，单击"检测用户名"超链接，即可在不刷新页面的情况下弹出"祝贺您！用户名 [明日科技] 没有被注册 !"的提示对话框，如图 13.5 所示。在"用户名"文本框中输入"mr"，单击"检测用户名"超链接，运行效果如图 13.6 所示。

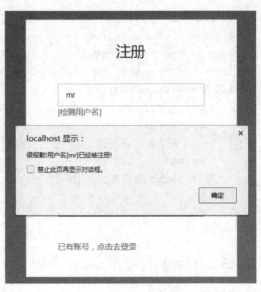

图 13.5　用户名没有被注册　　　　　　　图 13.6　用户名已经被注册

13.3.2　使用 jQuery 的 AJAX 操作函数

使用原始 AJAX，我们需要做很多事情，如创建 XMLHttpRequest 对象、判断请求状态、编写回调函数等，使得编写 AJAX 代码异常烦琐，并且代码的可读性很差。好在有很多 JavaScript 函数库可以解决这个问题，其中，使用 jQuery 的 AJAX 操作函数是一个不错的选择。

使用 jQuery 的 AJAX 操作函数检测用户名是否被占用

本实例主要通过 jQuery 的 AJAX 功能，对比 jQuery 的 AJAX 方法和原生 AJAX 的区别。程序的开发步骤如下。

（1）创建 register.php 注册页面，该文件比 register.php 文件多一行代码，即引入 jQuery 文件，主要代码如下：

```
01  <!DOCTYPE html>
02  <html lang="en" class="is-centered is-bold">
03  <head>
04      <meta charset="UTF-8">
05      <title> 零基础 </title>
06      <link href="css/main.css" rel="stylesheet">
07      <script src="js/jquery.min.js"></script>          新增代码
08  </head>
```

```
09  <body>
10  // 省略其余代码
```

（2）编写 AJAX 异步提交代码。在创建的 register.php 文件中，添加如下 jQuery 代码，实现 AJAX 的异步提交。代码如下：

```
01  <!DOCTYPE html>
02  <html lang="en" class="is-centered is-bold">
03  <head>
04      <meta charset="UTF-8">
05      <title> 零基础 </title>
06      <link href="css/main.css" rel="stylesheet">
07      <script src="js/jquery.min.js"></script>
08  </head>
09  <body>
10  // 省略部分代码
11  <script>
12      function checkName() {
13          var username = $('#username').val();          // 获取用户名
14          if(username == "") {
15              window.alert("请填写用户名！");
16              $('#username').focus();
17              return false;
18          }
19          $.ajax({
20              type: "POST",                             // 提交方式
21              url:"checkName.php",                      // 发送请求的地址
22              data:'username='+username,                // 传递数据
23              success:function(msg){                    // 回调函数
24                  alert(msg);
25              }
26          });
27      }
28  </script>
29  </body>
30  </html>
```

在上述代码中，仅用几行就实现了和原生 AJAX 同样的功能。使用了 jQuery 的 AJAX 方法主要参数如下。

- type：提交方式，通常为 GET 或 POST，默认为 GET。

- url：发送请求的地址，默认为当前页地址。

- data：发送到服务器的传递数据，将自动转换为请求字符串格式。在 GET 请求中将附加在 URL 后，查看 processData 选项说明以禁止自动转换。data 必须为 Key/Value 格式。如果为数组，则 jQuery 将自动为不同值对应同一个名称，如 {foo:["bar1", "bar2"]} 转换为 "&foo=bar1&foo=bar2"。
- success：请求成功后的回调函数，参数由服务器返回。

📋 **学习笔记**

> 更多参数及 jQuery 的 AJAX 方法请参考 jQuery 开发手册。

（3）编写检测用户名是否唯一的页面 checkname.php。该代码与 checkname.php 基本相同，主要修改返回参数。checkname.php 文件具体代码如下：

```php
01 <?php
02     require "config.php";                        // 引入配置文件
03     $username = trim($_POST['username']);        //trim 函数去除前后空格
04     try{
05         // 连接数据库、选择数据库
06         $pdo = new PDO("mysql:host=".DB_HOST.";dbname=".DB_NAME,DB_USER,DB_PWD);
07     }catch(PDOException $e){
08         // 输出异常信息
09         echo $e->getMessage();
10     }
11     // 在 user 表中查找输入的用户名和密码是否匹配
12     $sql = 'select * from users where username = :username';
13     $res = $pdo->prepare($sql);
14     $res->bindParam(':username',$username);    // 绑定参数
15     if($res->execute()){
16         $rows = $res->fetch(PDO::FETCH_ASSOC);// 返回一个索引为结果集列名的数组
17         if($rows){
18             $res =  " 很报歉！用户名 [".$username."] 已经被注册！";
19         }else{
20             $res = "祝贺您！用户名 [".$username."] 没有被注册！";
21         }
22         echo $res;                                   修改后的代码
23     }
24 ?>
```

在上述代码中，将 $res 返回 AJAX 的 success 回调函数，最终使用 alert() 方法输出。

13.4 学习笔记

学习笔记一： 浏览器兼容性问题

从发展历史看，微软首先在其 Internet Explorer 5 for Windows 中以一个 ActiveX 对象的形式实现了 XMLHttpRequest 对象。随后，由 Mozilla 工程的工程师实现了 Mozilla 1.0（和 Netscape 7）的一种兼容的本机版本；苹果公司在其 Safari 1.2 上实现了相同的工作。其实，在 W3C 标准的文档对象模型（DOM）Level 3 加载与存储规范中，也提到了类似的功能。现在，XMLHttpRequest 对象成为一种事实上的标准，并开始在以后发行的大多数浏览器中实现。现代主流浏览器几乎都已经支持 XMLHttpRequest 对象了，但 IE 10 以下版本的浏览器是不可以直接实例化 XMLHttpRequest 对象的，所以，首先需要考虑浏览器的兼容性问题。

学习笔记二： 使用 jQuery 的 AJAX 方法

使用 jQuery 的 AJAX 方法能够简化代码，提高代码的可读性，所以，需要读者熟悉 jQuery 的 AJAX 相关的方法，以及 jQuery 的其他常用方法。例如，使用 AJAX 无刷新添加数据时，当 success 属性回调成功后，通常需要拼接成指定的 HTML 语句，并插入指定位置。此时就需要使用 jQuery 插入节点的方法，如 append() 方法、prepend() 方法、after() 方法等。

13.5 小结

本章主要介绍了应用 PHP 开发动态网站时需要使用的一些高级技术，读者应该认真学习并掌握这些技术。通过这些技术可以使编程水平上升到一个新的层次。例如，使用 AJAX 技术可以实现很多无刷新效果，增强页面的友好感。

第 14 章　ThinkPHP 框架

ThinkPHP 是一个免费开源的、快速简单的面向对象的轻量级 PHP 开发框架，遵循 Apache2 开源协议发布，是为了敏捷开发 Web 应用和简化企业级应用开发而诞生的。ThinkPHP 从诞生以来一直秉承大道至简的开发理念，无论从底层实现还是应用开发，都倡导用最少的代码完成相同的功能，正是由于对简单的执着和代码的修炼，使 ThinkPHP 能够长期保持出色的性能和极速的开发体验。

14.1　ThinkPHP 简介

在保持出色的性能和至简的代码的同时，既注重易用性又拥有众多的原创功能和特性。在社区团队的积极参与下，在易用性、扩展性等性能方面不断优化和改进，ThinkPHP 已经成长为国内十分领先且具影响力的 Web 应用开发框架，众多的典型案例确保其可以稳定用于商业及门户级的开发。

14.1.1　ThinkPHP 框架的特点

ThinkPHP 是一个性能卓越并且功能丰富的轻量级 PHP 开发框架，其宗旨就是使 Web 应用开发更简单、更快速。ThinkPHP 值得推荐的特性包括以下几个方面。

- MVC 支持，基于多层模型（M）、视图（V）、控制器（C）的设计模式。
- ORM 支持，提供了全功能和高性能的 ORM 支持，支持大部分数据库。
- 模板引擎支持，内置了高性能的基于标签库和 XML 标签的编译型模板引擎。
- RESTFul 支持，通过 REST 控制器扩展提供了 RESTFul 支持，为用户打造全新的 URL 设计和访问体验。
- 云平台支持，提供了对新浪 SAE 平台和百度 BAE 平台的强力支持，具备"横跨性"和"平滑性"的特点，支持本地化开发和调试及部署切换，让用户轻松过渡，打造全新的开发体验。

- CLI 支持，支持基于命令行的应用开发。

- RPC 支持，提供包括 PHPRpc、HProse、jsonRPC 和 Yar 在内的远程调用解决方案。

- MongoDb 支持，提供 NoSQL 的支持。

- 缓存支持，提供了包括文件、数据库、Memcache、Xcache、Redis 等多种类型的缓存支持。

ThinkPHP 采用了 MVC 设计模式，此模式将应用程序分为 3 个部分：模型层（Model）、视图层（View）、控制器层（Controller），MVC 是这 3 个部分英文字母的缩写。

在 PHP Web 开发中，MVC 设计模式的各自功能及相互关系，如图 14.1 所示。

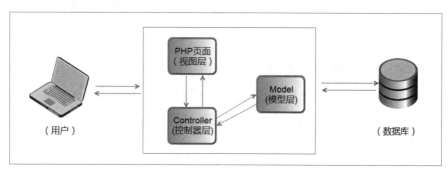

图 14.1　MVC 关系图

① 模型层

模型层是应用程序的核心部分，它可以是一个实体对象或一种业务逻辑，它之所以称为模型，是因为它在应用程序中有更好的重用性和扩展性。

② 视图层

视图层提供应用程序与用户之间的交互界面，在 MVC 理论中，这一层并不包含任何业务逻辑，仅提供一种与用户交互的视图。

③ 控制器层

控制器层用于对程序中的请求进行控制，它可以选择调用哪些视图或调用哪些模型。

14.1.2　环境要求

ThinkPHP 可以支持 Windows/UNIX 服务器环境，可运行于包括 Apache、IIS 在内的多种 Web 服务器，需要 PHP 5.3 及以上版本的支持（注意：PHP 5.3dev 版本和 PHP 6 均不支持）。ThinkPHP 支持 MySQL、MsSQL、PgSQL、Sqlite、Oracle 等数据库。

14.1.3　下载 ThinkPHP 框架

ThinkPHP 是一个免费开源、快捷简单的轻量级 PHP 开发框架。下载地址为 http://www.thinkphp.cn/down.html。

📋 **学习笔记**

　　本章将以 ThinkPHP 3.2.3 为例来讲解 ThinkPHP 框架的使用，请读者下载 ThinkPHP 3.2.3 的完整版。

14.2　ThinkPHP 基础

　　ThinkPHP 遵循简单实用的设计原则，兼顾开发速度和执行速度的同时，也注重易用性。本节将对 ThinkPHP 框架的整体思想和架构体系进行详细说明。

14.2.1　目录结构

　　将下载的 thinkphp_3.2.3_full.zip 压缩包解压，并重命名为 APP（重命名为了后面访问网址方便），将整个 APP 文件夹放在 D:\phpStudy\WWW 文件夹下（网站根目录）。解压后的文件结构如图 14.2 所示。

图 14.2　解压后的文件结构

使用 PhpStorm 打开项目如图 14.3 所示。

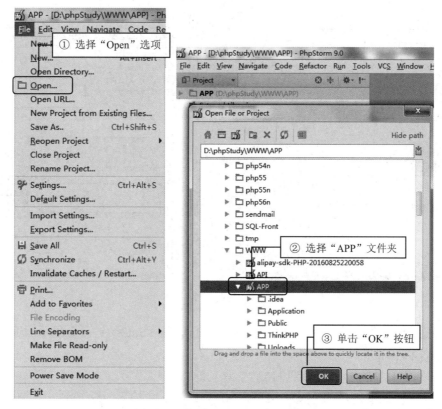

图 14.3　使用 PhpStorm 打开项目

此时，可以看到 APP 文件夹的目录结构如图 14.4 所示。

图 14.4　APP 文件夹的目录结构

14.2.2　自动生成目录

启动 phpStudy，选择"PHP 5.5 版本"选项，操作步骤如图 14.5 所示。

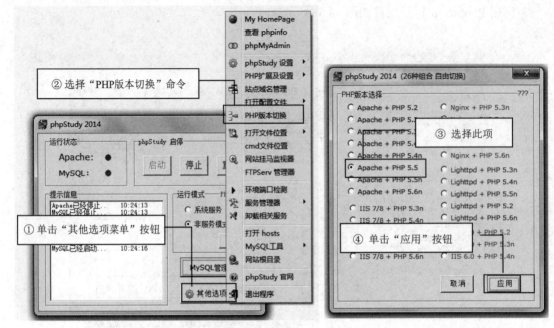

图 14.5　选择 PHP 版本

在浏览器地址栏中输入 localhost/APP/index.php，按 <Enter> 键后会显示欢迎页面，运行结果如图 14.6 所示。

图 14.6　ThikPHP 欢迎页面

再次查看 APP 文件夹的目录结构，系统已经在 Application 目录下面自动生成了公共模块 Common、默认模块 Home 和运行时目录 Runtime，如图 14.7 所示。

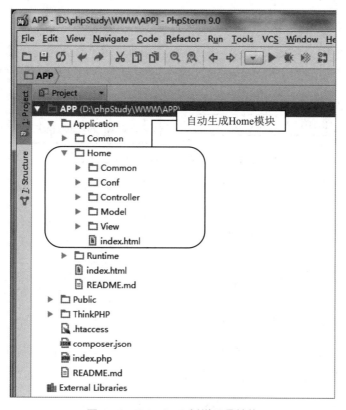

图 14.7　ThinkPHP 新增目录结构

学习笔记

　　自动生成目录结构的同时，在多个目录下面还看到了 index.html 文件，这是 ThinkPHP 自动生成的目录安全文件。为了避免某些服务器开启了目录浏览权限后可以直接在浏览器中输入 URL 地址查看目录，系统默认开启了目录安全文件机制，会在自动生成目录的时候生成空白的 index.html 文件。当然目录安全文件的名称可以设置，也可以在入口文件里面关闭目录安全文件的生成。

14.2.3　快速生成新模块

　　由于采用多层的 MVC 机制，除了 Conf 和 Common 目录，每个模块下面的目录结构可以根据需要灵活设置和添加，并不拘泥于前面展现的目录。

　　如果要添加新的模块（假设 Admin 模块），那么有没有快速生成模块目录结构的办法呢？自动生成的方式非常简单，只需要在入口文件 APP/index.php 中新增下面指定代码即可，具体代码如下：

```
01 <?php
02 // 应用入口文件
03 // 检测 PHP 环境
04 if(version_compare(PHP_VERSION,'5.3.0','<'))  die('require PHP > 5.3.0 !');
05
06 // 绑定入口文件到 Admin 模块访问
07 define('BIND_MODULE','Admin');                      新增自动生成Admin模块的代码
08
09 // 开启调试模式 建议开发阶段开启  部署阶段注释或设为 false
10 define('APP_DEBUG',True);
11
12 // 定义应用目录
13 define('APP_PATH','./Application/');
14
15 // 引入 ThinkPHP 入口文件
16 require './ThinkPHP/ThinkPHP.php';
17
18 // 亲 ^_^  后面不需要任何代码了  就是如此简单
```

　　BIND_MODULE 常量定义表示绑定入口文件到某个模块，由于并不存在 Admin 模块，所以会在第一次访问的时候自动生成 Admin 模块的代码。

　　在浏览器中输入 localhost/APP/index.php，按 <Enter> 键后会再次看到欢迎页面。此时，项目目录结构发生变化。在 Application 文件夹下，已经自动生成了 Admin 模块及其目录结构。其目录结构如图 14.8 所示。

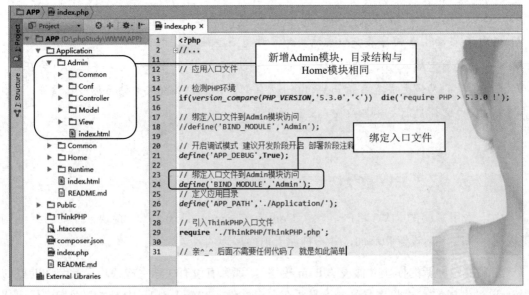

图 14.8　生成 Admin 模块后的目录结构

生成 Admin 模块后，需要在 APP 文件夹下的入口文件 index.php 的如下代码中添加注释：

```
//define('BIND_MODULE','Admin');
```

修改后，就可以正常访问 Home 模块了，否则就只能访问 Admin 模块（因为应用入口中绑定了 Admin 模块）。

14.2.4　模块化设计

从图 14.7 和图 14.8 可以看出，Home 模块和 Admin 模块的目录结构相同，这是因为一个完整的 ThinkPHP 应用是基于模块 / 控制器 / 操作来设计的。在浏览器中输入网址 localhost/APP/index.php/Home/Index/index，按 <Enter> 键后会再次看到欢迎页面。接下来我们以"/"作为分界，来分析一下这个链接地址。

- localhost：主机名，也可以更改为本机 IP 地址。
- APP：应用名称，可自己命名，注意更改名称后，访问网址要发生相应变化。
- index.php：项目的入口文件，在入口文件中定义应用目录和加载 ThinkPHP 框架，这是所有基于 ThinkPHP 开发应用的第一步。
- Home：模块名称。
- Index：控制器名称。
- index：方法名，使用驼峰法，首字母小写，如 firstName。

ThinkPHP 的模块 / 控制器 / 操作基本概念描述如表 14.1 所示。

表 14.1　ThinkPHP 的模块 / 控制器 / 操作基本概念描述

名　　称	描　　述
应用	基于同一个入口文件访问的项目称之为一个应用，即本项目中的 APP
模块	一个应用下面可以包含多个模块，每个模块在应用目录下面都是一个独立的子目录，如目录中的 Home
控制器	每个模块可以包含多个控制器，一个控制器通常体现为一个控制器类，如 Home/Controller/IndexController.class.php
操作（也称作方法）	每个控制器类可以包含多个操作方法，也可能是绑定的某个操作类，每个操作是 URL 访问的最小单元。如 Home/Controller/IndexController.class.php 文件中的 index() 方法

当在浏览器中输入网址 localhost/APP/index.php/Home/Index/index，系统会自动执行 Home 模块的 Index 控制器下的 index 操作。

> 网址中模块和控制器首字母都采用大写的方式，这是因为在 Linux 系统中区分大小写，如果是 Windows 系统则不区分大小写。本节中都采用大小写的方式。

14.2.5 执行流程

ThinkPHP 系统执行流程如下。

- 用户 URL 请求，用户在浏览器中输入网址，即发送 URL 请求。
- 调用应用入口文件，入口文件即根目录的 index.php 文件，路径：APP/index.php。
- 载入框架入口文件（ThinkPHP.php），路径：APP/ThinkPHP/ThinkPHP.php。
- 加载 ThinkPHP 框架内部，具体加载内容可参考 ThinkPHP 手册。
- 获取请求的模块信息。
- 获取当前控制器和操作，以及 URL 其他参数。
- 根据请求执行控制器方法。
- 如果在控制器中调用 display 方法或 show 方法，则说明有模板渲染。
- 获取模板内容。
- 自动识别当前主题及定位模板文件。

当在浏览器中输入 http://localhost/APP/index.php/Home/Index/index 时，系统获取到请求的模块是 Home，当前控制器是 Index，控制器方法是 index，然后会执行该方法，如果有模板渲染，就获取模板内容。

14.2.6 命名规范

ThinkPHP 框架有其自身的一定规范，如果要应用 ThinkPHP 框架开发项目，那么就要尽量遵守它的规范。下面介绍一下 ThinkPHP 的命名规范。

- 类文件都是以 .class.php 为后缀的（这里指的是 ThinkPHP 内部使用的类库文件，不代表外部加载的类库文件），使用驼峰法命名，并且首字母大写，例如 DbMysql.class.php；
- 类的命名空间地址和所在的路径地址一致，例如 Home\Controller\UserController 类所在的路径应该是 Application/Home/Controller/UserController.class.php；

- 确保文件的命名和调用大小写一致，因为在类似 UNIX 系统中，对大小写是敏感的（ThinkPHP 在调试模式下面，即使在 Windows 平台也会严格检查大小写）；

- 类名和文件名一致（包括大小写一致），例如 UserController 类的文件名是 UserController.class.php，InfoModel 类的文件名是 InfoModel.class.php，不同类库的类命名有一定的规范；

- 函数、配置文件等其他类库文件之外的一般是以 .php 为后缀的（第三方引入的不要求）；

- 函数的命名使用小写字母和下画线的方式，例如 get_client_ip；

- 方法的命名使用驼峰法，并且首字母小写或使用下画线的方式，例如 getUserName，_parseType，通常以下画线开头的方法属于私有方法；

- 属性的命名使用驼峰法，并且首字母小写或使用下画线的方式，例如 tableName、_instance，通常以下画线开头的属性属于私有属性；

- 以双下画线 "__" 开头的函数或方法称为魔术方法，例如 __call 和 __autoload；

- 常量以大写字母和下画线命名，例如 HAS_ONE 和 MANY_TO_MANY；

- 配置参数以大写字母和下画线命名，例如 HTML_CACHE_ON；

- 语言变量以大写字母和下画线命名，例如 MY_LANG，通常以下画线开头的语言变量用于系统语言变量，例如 _CLASS_NOT_EXIST_；

- 对变量的命名没有强制的规范，可以根据团队规范来进行；

- ThinkPHP 的模板文件默认是以 .html 为后缀的（可以通过配置修改）；

- 数据表和字段采用小写字母加下画线的方式命名，并注意字段名不要以下画线开头，例如 think_user 表和 user_name 字段是正确写法，类似 _username 这样的数据表字段可能会被过滤。

14.3　ThinkPHP 的配置

配置文件是 ThinkPHP 框架程序得以运行的基础条件，框架的很多功能都需要在配置文件中配置之后才可以生效，其中包括：URL 路由功能，页面伪静态和静态化等。ThinkPHP 提供了灵活的全局配置功能，采用十分有效率的 PHP 返回数组方式定义，支持惯例配置、项目配置、调试配置和模块配置，并且会自动生成配置缓存文件，无须重复解析。

ThinkPHP 在项目配置上创造了自己独有的分层配置模式，其配置的顺序如图 14.9 所示。

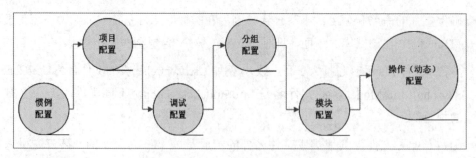

图 14.9　分层配置模式的顺序

以上是配置文件的加载顺序，但是因为后面的配置会覆盖之前的配置（在没有生效的前提下），所以优先顺序是从右到左的。系统的配置参数是通过静态变量全局存取的，存取方式非常简单高效。

14.3.1　配置格式

ThinkPHP 框架中所有配置文件的定义格式均采用返回 PHP 数组的方式，其格式为：

```php
<?php
return array(
    'APP_DEBUG' => true,
    'URL_MODEL' => 2,
    // ……更多配置参数
);
?>
```

📋 **学习笔记**

　　配置参数不区分大小写（因为无论是否使用大小写定义，都会转换成小写）。但是习惯上保持大写定义的原则。另外，还可以在配置文件中使用二维数组来配置更多信息。例如：

```php
<?php
return array(
    'APP_DEBUG' => true,
    'USER_CONFIG' => array(
        'USER_AUTH' => true,
        'USER_TYPE' => 2,
    ),
);
?>
```

学习笔记

> 需要注意的是，二级参数配置区分大小写，也就是说确保读取和定义一致。

学习笔记

> 项目配置指的是项目的全局配置，因为一个项目除了可以定义项目配置文件，还可以定义模块配置文件用于针对某个特定的模块进行特殊的配置。它们的定义格式都是一致的，区别只是配置文件命名的不同。系统会自动在不同的阶段读取配置文件。这里使用 .html 作为模板文件的后缀，因为 HTML 网页在互联网中更容易被搜索引擎搜索到。

14.3.2 调试配置

ThinkPHP 支持调试模式，在默认情况下运行在部署模式下面。在部署模式下，ThinkPHP 以性能优先并且尽可能少抛出错误信息。而在调试模式下，则以除错方便优先，关闭所有缓存，而且尽可能多抛出错误信息，所以对性能有一定的影响。

部署模式采用了项目编译机制，第一次运行会对核心和项目相关文件进行编译缓存，由于编译后会影响开发过程中对配置文件、函数文件和数据库修改的生效（除非修改后手动清空 Runtime 下面的缓存文件）。因此为了避免以上问题，建议新手在使用 ThinkPHP 开发的过程中使用调试模式，这样可以更好地获取错误提示并能够避免一些不必要的问题和烦恼。

开启调试和关闭调试的方法非常简单，在 APP\index.php 入口文件中，设置 APP_DEBUG 为 True，即可开启调试，代码如下：

```
define('APP_DEBUG',True);    // 开启调试
```

或设置 APP_DEBUG 为 False，即可关闭调试，代码如下：

```
define('APP_DEBUG',False);    // 关闭调试
```

14.4 ThinkPHP 的控制器

14.4.1 控制器的创建

一般来说，ThinkPHP 的控制器是一个类，而操作则是控制器类的一个公共方法。

创建控制器需要为每个控制器定义一个控制器类，控制器类的命名规范是：控制器名 +Controller.class.php（采用驼峰法命名并且首字母大写）。

例如，在后台 Admin 模块下创建一个 Test 控制器，在 Test 控制器中创建 test1 方法和 test2 方法，操作步骤如下。

（1）创建 Test 控制器。使用 PhpStorm 在 APP/Application/Admin/Controller 文件夹下创建 TestController.class.php 文件，操作过程如图 14.10、图 14.11 和图 14.12 所示。

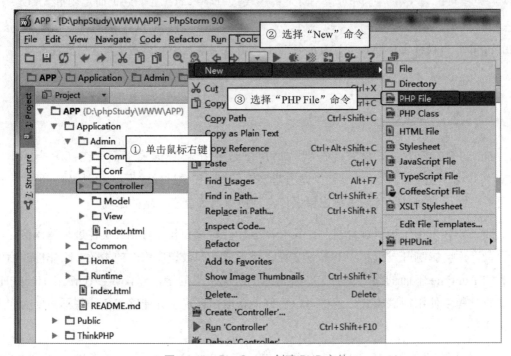

图 14.10　PhpStorm 创建 PHP 文件

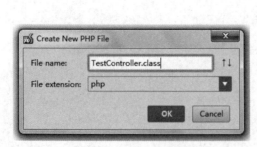

图 14.11　输入类文件名

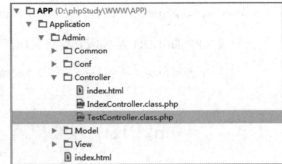

图 14.12　创建后的目录

TestController.class.php 文件具体代码如下：

```php
01  <?php
02  namespace Admin\Controller;     // 命名空间
03  use Think\Controller;           // 命名空间引用
04
05  class TestController extends Controller {
06
07  }
```

📋 学习笔记

<?php 要写在第一行，否则会出现错误信息：Namespace declaration statement has to be the very first statement in the script。

（2）创建 Test 方法。在 TestController.class.php 文件中添加两个测试的方法。具体代码如下：

```php
01  <?php
02  namespace Admin\Controller;     // 命名空间
03  use Think\Controller;           // 命名空间引用
04
05  class TestController extends Controller {
06
07      public function test1(){
08          echo " 我是测试一 ";
09      }
10      public function test2(){
11          echo " 我是测试二 ";
12      }
13
14  }
```

在浏览器中输入 localhost/APP/index.php/Admin/Test/test1，按 <Enter> 键后，运行结果如图 14.13 所示。

图 14.13　test1 方法

在浏览器中输入 localhost/APP/index.php/Admin/Test/test2，按 <Enter> 键后，运行结果如图 14.14 所示。

图 14.14 test2 方法

14.4.2 输入变量

ThinkPHP 可以更加方便和安全地使用 I 方法获取系统输入变量，其语法格式如下：

I(' 变量类型 . 变量名 / 修饰符 ',[' 默认值 '],[' 过滤方法 '],[' 额外数据源 '])

变量类型是指请求方式或输入类型，变量类型如表 14.2 所示。

表 14.2 变量类型

名　　称	含　　义
get	获取 GET 参数
post	获取 POST 参数
request	获取 REQUEST 参数
session	获取 $_SESSION 参数
cookie	获取 $_COOKIE 参数
server	获取 $_SERVER 参数
path	获取 PATHINFO 模式的 URL 参数（3.2.2 新增）

📋 **学习笔记**

变量类型不区分大小写。变量名则严格区分大小写。默认值和过滤方法均属于可选参数。

以 get 变量类型为例，说明一下 I 方法的使用：

```
echo I('get.id');          // 相当于 $_GET['id']
echo I('get.name');        // 相当于 $_GET['name']
```

支持默认值：

```
echo I('get.id',0);        // 如果不存在 $_GET['id'] 则返回 0
echo I('get.name','');     // 如果不存在 $_GET['name'] 则返回空字符串
```

采用方法过滤：

```
// 采用 htmlspecialchars 方法对 $_GET['name'] 进行过滤，如果不存在则返回空字符串
```

```
echo I('get.name','','htmlspecialchars');
```

支持直接获取整个变量类型，例如：

```
I('get.');        // 获取整个 $_GET 数组
```

用同样的方式，可以获取 post 或其他输入类型的变量，例如：

```
// 采用 htmlspecialchars 方法对 $_POST['name'] 进行过滤，如果不存在则返回空字符串
I('post.name','','htmlspecialchars');
I('session.user_id',0);      // 获取 $_SESSION['user_id']，如果不存在则默认为 0
I('cookie.');                // 获取整个 $_COOKIE 数组
I('server.REQUEST_METHOD');  // 获取 $_SERVER['REQUEST_METHOD']
```

14.4.3 请求类型

在很多情况下，需要判断当前操作的请求类型是 GET、POST、PUT 或 DELETE，一方面可以针对请求类型做出不同的逻辑处理，另一方面在有些情况下需要验证安全性，过滤不安全的请求。 系统内置了一些常量用于判断请求类型，如表 14.3 所示。

表 14.3 请求类型

常 量	说 明
IS_GET	判断是否是 GET 方式提交
IS_POST	判断是否是 POST 方式提交
IS_PUT	判断是否是 PUT 方式提交
IS_DELETE	判断是否是 DELETE 方式提交
IS_AJAX	判断是否是 AJAX 方式提交
REQUEST_METHOD	当前提交类型

例如，判断是否是 POST 方式提交，如果是 POST 方式提交，则保存数据，否则提示"非法请求"。代码如下：

```
01  public function update(){
02      if (IS_POST){
03          $User = M('User');
04          $User->create();
05          $User->save();
06          $this->success('保存完成');
07      }else{
08          $this->error('非法请求');
09      }
10  }
```

📖 学习笔记

> 如果使用的是 ThinkAJAX 或自己写的 AJAX 类库，则需要在表单里面添加一个隐藏域，来告诉后台属于 AJAX 方式提交，默认的隐藏域名称是 AJAX（可以通过 VAR_AJAX_SUBMIT 配置），如果使用的是 jQuery 类库，则无须添加任何隐藏域即可自动判断。

14.4.4 URL 生成

为了配合所使用的 URL 模式，我们需要能够动态的根据当前的 URL 设置生成对应的 URL 地址，为此，ThinkPHP 内置提供了 U 方法，用于 URL 的动态生成，并且可以确保项目在移植过程中不受环境的影响。

U 方法的定义规则如下（方括号内的参数根据实际应用决定）：

U(' 地址表达式 ',[' 参数 '],[' 伪静态后缀 '],[' 显示域名 '])

① 地址表达式

地址表达式的格式定义如下：

[模块 / 控制器 / 操作 # 锚点 @ 域名]? 参数 1= 值 1& 参数 2= 值 2...

如果不定义模块，就表示当前模块名称，下面是一些简单的例子：

```
U('User/add')        // 生成 User 控制器的 add 操作的 URL 地址
U('Blog/read?id=1')  // 生成 Blog 控制器的 read 操作并且 id 为 1 的 URL 地址
U('Admin/User/select') // 生成 Admin 模块的 User 控制器的 select 操作的 URL 地址
```

② 参数

U 方法的第二个参数支持数组和字符串两种定义方式，如果只是字符串方式的参数，则可以在第一个参数中定义，例如：

```
U('Blog/cate',array('cate_id'=>1,'status'=>1))
U('Blog/cate','cate_id=1&status=1')
U('Blog/cate?cate_id=1&status=1')
```

以上三种方式是等效的，都是生成 Blog 控制器 cate 操作的 URL 地址，并且传递参数 cate_id 和 status 及参数值。

但是不允许使用下面的定义方式来传递参数：

```
U('Blog/cate/cate_id/1/status/1');
```

③ 伪静态后缀

U 方法会自动识别当前配置的伪静态后缀，如果需要指定后缀生成 URL 地址，则可以显式传入，例如：

```
U('Blog/cate','cate_id=1&status=1','xml');
```

14.4.5　跳转和重定向

1. 页面跳转

在应用开发中，经常会遇到一些带有提示信息的跳转页面，例如操作成功页面或操作错误页面，并且自动跳转到另外一个目标页面。系统的 \Think\Controller 类内置了两个跳转方法 success 和 error，用于页面跳转提示，而且可以支持 AJAX 提交，其使用方法很简单，代码如下：

```
01  public function add(){
02      $User = M('User'); // 实例化 User 对象
03      $result = $User->add($data);
04      if($result){
05          // 设置成功后跳转页面的地址，默认的返回页面是 $_SERVER['HTTP_REFERER']
06          $this->success(' 新增成功 ', 'User/list');
07      } else {
08          // 错误页面的默认跳转页面是返回前一页，通常不需要设置
09          $this->error(' 新增失败 ');
10      }
11  }
```

success 方法和 error 方法的第一个参数表示提示信息，第二个参数表示跳转地址，第三个参数表示跳转时间（单位为秒），代码如下：

```
// 操作完成 3 秒后跳转到 /Article/index
$this->success(' 操作完成 ','/Article/index',3);
// 操作失败 5 秒后跳转到 /Article/error
$this->error(' 操作失败 ','/Article/error',5);
```

跳转地址是可选的，success 方法的默认跳转地址是 $_SERVER["HTTP_REFERER"]，error 方法的默认跳转地址是 javascript:history.back(-1);。success 方法的默认等待时间是 1 秒，error 方法的默认等待时间是 3 秒。success 方法和 error 方法都有对应的模板，默认的设置中两个方法对应的模板如下：

```
// 默认错误跳转对应的模板文件
'TMPL_ACTION_ERROR' => THINK_PATH . 'Tpl/dispatch_jump.tpl',
// 默认成功跳转对应的模板文件
'TMPL_ACTION_SUCCESS' => THINK_PATH . 'Tpl/dispatch_jump.tpl',
```

也可以使用项目内部的模板文件：

```
// 默认错误跳转对应的模板文件
'TMPL_ACTION_ERROR' => 'Public:error';
// 默认成功跳转对应的模板文件
'TMPL_ACTION_SUCCESS' => 'Public:success';
```

success 方法和 error 方法会自动判断当前请求是否属于 AJAX 请求，如果属于 AJAX 请求，则会调用 ajaxReturn 方法返回信息。对于 AJAX 请求，success 方法和 error 方法会封装下面的数据返回：

```
$data['info']   =   $message;     // 提示信息内容
$data['status'] =   $status;      // 如果 success 则返回 1，如果 error 则返回 0
$data['url']    =   $jumpUrl;     // 成功或错误的跳转地址
```

2. 重定向

Controller 类的 redirect 方法可以实现页面的重定向功能。redirect 方法的参数用法和 U 函数的用法一致（参考 URL 生成部分），代码如下：

```
// 重定向到 New 模块的 category 操作
$this->redirect('New/category', array('cate_id' => 2), 5, '页面跳转中...');
```

上面的用法是停留 5 秒后跳转到 New 模块的 category 操作，并且显示"页面跳转中"字样，重定向后会改变当前的 URL 地址。如果仅仅是想重定向到一个指定的 URL 地址，而不是重定向到某个模块的操作方法，则可以直接使用 redirect 函数重定向，例如：

```
// 重定向到指定的 URL 地址
redirect('/New/category/cate_id/2', 5, '页面跳转中...')
```

redirect 函数的第一个参数是一个 URL 地址。

📋 **学习笔记**

> 控制器的 redirect 方法和 redirect 函数的区别在于，前者是用 URL 规则定义的跳转地址，后者是一个纯粹的 URL 地址。

14.4.6 AJAX 返回

ThinkPHP 可以很好地支持 AJAX 请求，系统的 \Think\Controller 类提供了 ajaxReturn 方法用于 AJAX 调用后给客户端返回数据，支持 JSON、JSONP、XML 和 EVAL 四种方式给客户端接收数据，并且支持配置其他方式的数据格式返回。

ajaxReturn 方法调用示例，代码如下：

```
$data = 'ok';
$this->ajaxReturn($data);
```

支持返回数组数据，代码如下：

```
$data['status']  = 1;
$data['content'] = 'content';
$this->ajaxReturn($data);
```

默认配置采用 JSON 格式返回数据（通过配置 DEFAULT_AJAX_RETURN 进行设置），我们可以指定 XML 格式返回数据，代码如下：

```
// 指定 XML 格式返回数据
$data['status']  = 1;
$data['content'] = 'content';
$this->ajaxReturn($data,'xml');
```

返回数据 data 可以支持字符串、数字、数组和对象，返回客户端的时候根据不同的返回格式进行编码后传输。如果是 JSON/JSONP 格式，则会自动编码成 JSON 字符串；如果是 XML 方式，则会自动编码成 XML 字符串；如果是 EVAL 方式，则只会输出字符串 data 数据。

📋 **学习笔记**

> 　　虽然 JSON 和 JSONP 只有一个字母的差别，但是二者的含义大不相同，JSON 是一种数据交换格式，而 JSONP 是一种非官方跨域数据交互协议。一个是描述信息的格式，另一个是信息传递的约定方法。

默认的 JSONP 格式返回的处理方法是 jsonpReturn，如果采用不同的方法，则可以设置为如下形式：

```
'DEFAULT_JSONP_HANDLER' =>  'myJsonpReturn',// 默认 JSONP 格式返回的处理方法
```

或直接在页面中用 callback 参数来指定。

📋 **学习笔记**

> 　　除了前面提到的四种返回类型，还可以通过行为扩展来增加其他类型的支持，只需要对 ajax_return 标签位进行行为绑定即可。

14.5 ThinkPHP 的模型

顾名思义，模型就是按照某一个形状进行操作的代名词。模型的主要作用是封装数据库的相关逻辑，也就是说，每执行一次数据库操作，都要遵循定义的数据模型规则来完成。

14.5.1 模型定义

模型类通常需要继承系统的 \Think\Model 类或其子类，下面是一个 Home\Model\UserModel 类的定义：

```
namespace Home\Model;
use Think\Model;
class UserModel extends Model {
}
```

模型类主要用于操作数据表，如果按照系统的规范来命名模型类，在大多数情况下则可以自动对应数据表。模型类的命名规则是除去表前缀的数据表名称，采用驼峰法命名，并且首字母大写，然后加上模型层的名称（默认定义是 Model）。例如，定义一个 User 模型，则其模型名称为 UserModel，约定对应数据表（假设数据表的前缀定义是 think_）为 think_user。

📋 **学习笔记**

> 如果我们的规则和系统约定不符合，那么需要设置 Model 类的数据表名称属性，以确保能够找到对应的数据表。

在 ThinkPHP 的模型里面，有几个关于数据表名称的属性定义，如表 14.4 所示。

表 14.4 Model 类的数据表名称属性

属 性	说 明
tablePrefix	定义模型对应数据表的前缀，如果未定义则获取配置文件中的 DB_PREFIX 参数
tableName	不包含表前缀的数据表名称，在一般情况下，默认和模型名称相同，只有当表名和当前的模型类的名称不同的时候才需要定义
trueTableName	包含前缀的数据表名称，也就是数据库中的实际表名，该名称无须设置，只有在规则都不适用的情况下或特殊情况下才需要设置
dbName	定义模型当前对应的数据库名称，只有当前的模型类对应的数据库名称和配置文件不同的时候才需要定义

例如，在数据库里面有一个 think_categories 表，而我们定义的模型类名称是
CategoryModel，按照系统的约定，这个模型的名称是 Category，对应的数据表名称应该
是 think_category（全部小写），但是现在的数据表名称是 think_categories，因此我们就
需要设置 tableName 属性来改变默认的规则（假设我们已经在配置文件里面定义了 DB_
PREFIX 为 think_），具体代码如下：

```
namespace Home\Model;
use Think\Model;
class CategoryModel extends Model {
    protected $tableName = 'categories';
}
```

学习笔记

这个属性的定义不需要加表的前缀 think_。

14.5.2　实例化模型

在 ThinkPHP 中，可以无须进行任何模型定义。只有在需要封装单独的业务逻辑时，
模型类才是必须被定义的，因此 ThinkPHP 在模型上有很强的灵活性和方便性，我们不用
因为表太多而烦恼。

根据不同的模型定义，我们有以下几种实例化模型的方法，可以根据需要采用不同的
方式。

1. 直接实例化

可以和实例化其他类库一样来实例化模型类，代码如下：

```
$User = new \Home\Model\UserModel();
$Info = new \Admin\Model\InfoModel();
// 带参数实例化
$New  = new \Home\Model\NewModel('blog','think_',$connection);
```

模型类通常都是继承系统的 \Think\Model 类，在大多数情况下，无须传入任何参数即
可实例化。

2. D 方法实例化

直接实例化的时候需要传入完整的类名，系统提供了一个快捷方法 D 用于数据模型
的实例化操作。要实例化自定义模型类，可以使用 D 方法，代码如下：

```
<?php
$User = D('User'); // 实例化模型
// 相当于 $User = new \Home\Model\UserModel();
// 执行具体的数据操作
$User->select();
```

📋 **学习笔记**

当 \Home\Model\UserModel 类不存在的时候，D 方法会尝试实例化公共模块下面的 \Common\Model\UserModel 类。如果在 Linux 环境下面，一定要注意 D 方法实例化的时候的模型名称的大小写。

D 方法还可以支持跨模块调用，如果当前模块为 Home 模块，则实例化 Admin 模块的 User 模型代码如下：

```
D('Admin/User');
```

3. M 方法实例化

D 方法实例化模型类的时候通常是实例化某个具体的模型类，如果仅仅是对数据表进行基本的 CURD 操作，则可以使用 M 方法，由于 M 方法不需要加载具体的模型类，所以其性能会更高。例如：

```
$User = M('User');
// 和用法 $User = new \Think\Model('User'); 等效
// 执行其他数据操作
$User->select();
```

M 方法也可以支持跨库操作，代码如下：

```
$User = M('db_name.User','ot_');// 使用 M 方法实例化操作 db_name 数据库的 ot_user 表
$User->select();                // 执行其他数据操作
```

4. 实例化空模型

如果仅使用原生 SQL 查询，则不需要使用额外的模型类，实例化一个空模型类即可进行操作，代码如下：

```
// 实例化空模型
$Model = new Model();
// 或使用 M 快捷方法是等效的
$Model = M();
// 进行原生的 SQL 查询
$Model->query('SELECT * FROM think_user WHERE status = 1');
```

实例化空模型类后还可以用 table 方法切换到具体的数据表进行操作。

> **学习笔记**
>
> 在实例化的过程中，经常使用 D 方法和 M 方法，这两个方法的区别在于 M 方法实例化模型无须用户为每个数据表定义模型类，如果 D 方法没有找到定义的模型类，则会自动调用 M 方法。

14.5.3　连接数据库

ThinkPHP 内置了抽象数据库访问层，把不同的数据库操作封装起来，只需要使用公共的 Db 类进行操作，而不需要针对不同的数据库写不同的代码和底层实现，Db 类会自动调用相应的数据库驱动来处理。目前的数据库包括 Mysql、SqlServer、PgSQL、Sqlite、Oracle、Ibase、Mongo，也包括对 PDO 的支持。

如果应用需要使用数据库，则必须配置数据库连接信息，数据库的配置文件有多种定义方式，通常使用全局配置定义方式。在 APP\Application\Common\Conf\config.php 文件中配置数据库信息，代码如下：

```php
01 <?php
02 return array(
03     //' 配置项 '=>' 配置值 '
04     'DB_TYPE' => 'mysql',       // 数据库类型
05     'DB_HOST' => '127.0.0.1', //host 地址，也可以填写 localhost
06     'DB_USER' => 'root',        // 数据库用户名
07     'DB_PWD' =>  'root',        // 数据库密码
08     'DB_NAME' => 'test',        // 数据库名
09     'DB_PREFIX' => 'mr_',       // 表前缀
10 );
```

14.5.4　连贯操作

ThinkPHP 模型基础类提供的连贯操作方法（也有些框架称之为链式操作），可以有效提高数据存取代码的清晰度和开发效率，并且支持所有 CURD 操作。

例如，现在要查询一个 User 表的满足状态为 1 的前 10 条记录，并希望按照用户的创建时间排序，代码如下：

　　$User->where('status=1')->order('create_time')->limit(10)->select();

这里的 where、order 和 limit 方法就被称为连贯操作方法，（select 方法必须放到最后，

因为 select 方法并不是连贯操作方法），连贯操作的方法调用顺序没有先后，例如，以下代码和前面的代码等效：

```
$User->order('create_time')->limit(10)->where('status=1')->select();
```

如果不习惯使用连贯操作，则还可以直接使用参数进行查询。例如上述代码可以改写为：

```
$User->select(array('order'=>'create_time','where'=>'status=1','limit'=>'10'));
```

如果使用数组参数方式，则索引的名称就是连贯操作的方法名称。其实不仅查询方法可以使用连贯操作，所有 CURD 方法都可以使用连贯操作，例如：

```
$User->where('id=1')->field('id,name,email')->find();
$User->where('status=1 and id=1')->delete();
```

系统支持的连贯操作方法如表 14.5 所示。

表 14.5　系统支持的连贯操作方法

字 段 名	默认值或绑定	描　　述
where*	用于查询或更新条件的定义	字符串、数组和对象
table	用于定义要操作的数据表名称	字符串和数组
alias	用于给当前数据表定义别名	字符串
data	用于新增或给更新数据之前的数据对象赋值	数组和对象
field	用于定义要查询的字段（支持字段排除）	字符串和数组
order	用于对结果排序	字符串和数组
limit	用于限制查询结果数量	字符串和数字
page	用于查询分页（内部会转换成 limit）	字符串和数字
group	用于对查询的 group 支持	字符串
having	用于对查询的 having 支持	字符串
join*	用于对查询的 join 支持	字符串和数组
union*	用于对查询的 union 支持	字符串、数组和对象
distinct	用于对查询的 distinct 支持	布尔值
relation	用于关联查询（需要关联模型支持）	字符串
validate	用于数据自动验证	数组

🗒 **学习笔记**

　　所有连贯操作都返回当前的模型实例对象（this），其中带 * 标识的表示支持多次调用。

14.5.5　CURD 操作

ThinkPHP 提供了灵活且方便的数据操作方法，即 CURD 操作，CURD 包括创建、更新、读取和删除四个基本的数据库操作方法。CURD 操作通常与连贯操作配合使用。下面将对各种操作的使用方法进行分析（在执行类的实例化操作时，统一使用 M 方法）。

1. 数据创建

在进行数据操作之前，我们往往需要手动创建需要的数据，例如对于提交的表单数据：

```
// 获取表单的 POST 数据
$data['name'] = $_POST['name'];
$data['email'] = $_POST['email'];
```

ThinkPHP 可以帮助我们快速地创建数据对象，典型的应用就是自动根据表单数据创建数据对象，这个优势在一个数据表的字段非常多的情况下尤其明显。代码如下：

```
// 实例化 User 模型
$User = M('User');
// 根据表单提交的 POST 数据创建数据对象
$User->create();
```

create 方法支持从其他方式创建数据对象，例如，从其他数据对象或数组等创建数据对象，代码如下：

```
$data['name'] = 'ThinkPHP';
$data['email'] = 'ThinkPHP@gmail.com';
$User->create($data);
```

甚至还可以支持从对象创建新的数据对象，代码如下：

```
// 从 User 数据对象创建新的 Member 数据对象
$User = stdClass();
$User->name = 'ThinkPHP';
$User->email = 'ThinkPHP@gmail.com';
$Member = M("Member");
$Member->create($User);
```

创建完成的数据对象可以直接读取和修改数据，代码如下：

```
$data['name'] = 'ThinkPHP';
$data['email'] = 'ThinkPHP@gmail.com';
$User->create($data);
// 创建完成的数据对象可以直接读取数据
```

```
echo $User->name;
echo $User->email;
// 也可以直接修改创建完成的数据
$User->name = 'onethink';    // 修改 name 字段数据
$User->status = 1;           // 增加新的字段数据
```

2. 数据写入

ThinkPHP 的数据写入操作使用 add 方法，代码如下：

```
$User = M("User");          // 实例化 User 对象
$data['name']  = 'ThinkPHP';
$data['email'] = 'ThinkPHP@gmail.com';
$User->add($data);
```

如果在 add 方法之前已经创建了数据对象（例如使用了 create 方法或 data 方法），add 方法就不需要再传入数据了。代码如下：

```
$User = M("User");                   // 实例化 User 对象
// 根据表单提交的 POST 数据创建数据对象
if($User->create()){
    $result = $User->add();          // 向数据库中写入数据
    if($result){
        // 如果主键是自动增长型，写入数据到数据库成功后返回值就是最新插入的值
        $insertId = $result;
    }
}
```

📋 **学习笔记**

create 方法并不算是连贯操作，因为其返回值可能是布尔值，所以必须要进行严格判断。

3. 数据读取

在 ThinkPHP 中读取数据的方式有很多，通常有读取数据、读取数据集和读取字段值。数据查询方法支持连贯操作方法。

📋 **学习笔记**

在某些情况下有些连贯操作是无效的，例如 limit 方法对 find 方法是无效的。

① 读取数据

读取数据是指读取数据表中的一行数据（或关联数据），主要通过 find 方法完成，代码如下：

```
$User = M("User"); // 实例化 User 对象
// 查找 status 值为 1、name 值为 thinkphp 的用户数据
$data = $User->where('status=1 AND name="thinkphp"')->find();
dump($data);
```

find 方法查询数据的时候可以配合相关的连贯操作方法，其中十分关键的则是 where 方法，如果查询出错，则 find 方法返回 false，如果查询结果为空，则返回 NULL，如果查询成功，则返回一个关联数组（键值是字段名或别名）。如果上述代码查询成功，则输出结果如下：

```
array (size=3)
  'name' => string 'thinkphp' (length=8)
  'email' => string 'thinkphp@gmail.com' (length=18)
  'status'=> int 1
```

学习笔记

> 即使满足条件的数据不止一个，find 方法也只会返回第一条记录（可以通过 order 方法排序后查询）。

② 读取数据集

读取数据集其实就是获取数据表中的多行记录及关联数据，使用 select 方法来读取数据集，代码如下：

```
$User = M("User"); // 实例化 User 对象
// 查找 status 值为 1 的用户数据，以创建时间排序并返回 10 条数据
$list = $User->where('status=1')->order('create_time')->limit(10)->select();
```

如果查询出错，则 select 的返回值是 false；如果查询结果为空，则返回 NULL，否则返回二维数组。

③ 读取字段值

读取字段值其实就是获取数据表中的某个列的多个数据或单个数据，常用的方法是 getField 方法。代码如下：

```
$User = M("User"); // 实例化 User 对象
// 获取 ID 为 3 的用户昵称
$nickname = $User->where('id=3')->getField('nickname');
```

在默认情况下，当只有一个字段时，返回满足条件的数据表中的该字段的第一行的值。如果需要返回整个列的数据，则可以使用如下代码：

```
$User->getField('id',true);  // 获取 id 数组
// 返回数据格式如 array(1,2,3,4,5) 一维数组，其中 value 就是 id 列的每行的值
```

如果传入多个字段，则默认返回一个关联数组，代码如下：

```
$User = M("User");  // 实例化 User 对象
// 获取所有用户的 ID 和昵称列表
$list = $User->getField('id,nickname');
// 在有两个字段的情况下返回的是 array(`id`=>`nickname`) 的关联数组，以 id 字段的
// 值为 key，nickname 字段值为 value
```

这样返回的 list 是一个数组，键名是用户的 id 字段的值，键值是用户的昵称 nickname。如果传入多个字段的名称，代码如下：

```
$list = $User->getField('id,nickname,email');
// 返回的数组格式是 array(`id`=>array(`id`=>value, `nickname`=>value, `emai
//l`=>value)), 它是一个二维数组，key 还是 id 字段的值，但 value 是整行的 array 数组，
// 类似于 select 方法的结果遍历将 id 的值设为数组 key
```

返回的是一个二维数组，类似 select 方法的返回结果，不同的是这个二维数组的键名是用户的 id（准确地说是 getField 方法的第一个字段名）。如果传入一个字符串分隔符，代码如下：

```
$list = $User->getField('id,nickname,email',':');
```

那么返回的结果就是一个数组，键名是用户 id，键值是 nickname:email 的输出字符串。getField 方法还可以支持限制数量，代码如下：

```
$this->getField('id,name',5);          // 限制返回 5 条记录
$this->getField('id',3);               // 获取 id 数组，限制 3 条记录
```

4. 数据更新

ThinkPHP 的数据更新操作包括更新数据和更新字段方法。更新数据使用 save 方法，代码如下：

```
$User = M("User");  // 实例化 User 对象
// 给要修改的数据对象属性赋值
$data['name'] = 'ThinkPHP';
$data['email'] = 'ThinkPHP@gmail.com';
$User->where('id=5')->save($data);  // 根据条件更新记录
```

也可以改成对象方式来操作，代码如下：

```
$User = M("User"); // 实例化 User 对象
// 给要修改的数据对象属性赋值
$User->name = 'ThinkPHP';
$User->email = 'ThinkPHP@gmail.com';
$User->where('id=5')->save(); // 根据条件更新记录
```

数据对象赋值的方式，save 方法无须传入数据，其会自动识别。

📋 **学习笔记**

> save 方法的返回值影响的是记录数，如果返回 false 则表示更新出错，因此一定要用恒等来判断是否更新失败。

为了保证数据库的安全，避免出错而更新整个数据表，在没有任何更新条件并且数据对象本身也不包含主键字段的情况下，save 方法不会更新任何数据库的记录。因此下面的代码不会更改数据库的任何记录：

```
$User->save($data);
```

除非使用这种方式：

```
$User = M("User"); // 实例化 User 对象
// 给要修改的数据对象属性赋值
$data['id'] = 5;
$data['name'] = 'ThinkPHP';
$data['email'] = 'ThinkPHP@gmail.com';
$User->save($data); // 根据条件保存修改的数据
```

如果 id 是数据表的主键，则系统会自动把主键的值作为更新条件来更新其他字段的值。数据更新方法也支持连贯操作方法。

如果只是更新个别字段的值，则可以使用 setField 方法，代码如下：

```
$User = M("User"); // 实例化 User 对象
// 更改用户的 name 值
$User-> where('id=5')->setField('name','ThinkPHP');
```

setField 方法支持同时更新多个字段，只需要传入数组即可，代码如下：

```
$User = M("User"); // 实例化 User 对象
// 更改用户的 name 和 email 的值
```

```
$data = array('name'=>'ThinkPHP','email'=>'ThinkPHP@gmail.com');
$User-> where('id=5')->setField($data);
```

而对于统计字段（通常指的是数字类型）的更新，系统还提供了 setInc 方法和 setDec 方法。代码如下：

```
$User = M("User");                              // 实例化 User 对象
$User->where('id=5')->setInc('score',3);        // 用户的积分加 3
$User->where('id=5')->setInc('score');          // 用户的积分加 1
$User->where('id=5')->setDec('score',5);        // 用户的积分减 5
$User->where('id=5')->setDec('score');          // 用户的积分减 1
```

setInc 和 setDec 方法支持延迟更新，用法如下：

```
$Article = M("Article");                        // 实例化 Article 对象
$Article->where('id=5')->setInc('view',1);      // 文章阅读数加 1
// 文章阅读数加 1，并且延迟 60 秒更新（写入）
$Article->where('id=5')->setInc('view',1,60);
```

5. 数据删除

ThinkPHP 删除数据使用 delete 方法，代码如下：

```
$Form = M('Form');
$Form->delete(5);
```

上述代码表示删除主键为 5 的数据，delete 方法可以删除单个数据，也可以删除多个数据，这取决于删除条件，代码如下：

```
$User = M("User");                          // 实例化 User 对象
$User->where('id=5')->delete();             // 删除 id 为 5 的用户数据
$User->delete('1,2,5');                      // 删除主键为 1、2 和 5 的用户数据
$User->where('status=0')->delete();         // 删除所有状态为 0 的用户数据
```

delete 方法的返回值是删除的记录数，如果返回值是 false 则表示 SQL 出错，如果返回值为 0 表示没有删除任何数据。也可以用 order 方法和 limit 方法来限制要删除的个数，代码如下：

```
// 删除所有状态为 0 的 5 个用户数据，按照创建时间排序
$User->where('status=0')->order('create_time')->limit('5')->delete();
```

为了避免错删数据，如果没有传入任何条件，则不会执行删除操作，不会删除任何数据，代码如下：

```
$User = M("User"); // 实例化 User 对象
$User->delete();
```

如果确实要删除所有记录，则可以使用下面的方式：

```
$User = M("User"); // 实例化 User 对象
$User->where('1')->delete();
```

数据删除方法也支持连贯操作。

14.6　ThinkPHP 的视图

在 ThinkPHP 中，视图由 View 类和模板文件两个部分组成。Controller 控制器直接与 View 视图类进行交互，把要输出的数据通过模板变量赋值的方式传递到 View 视图类，而具体的输出工作则交由 View 视图类来进行，同时视图类还完成了一些辅助的工作，包括调用模板引擎、布局渲染、输出替换、页面 Trace 等功能。为了方便使用，在 Controller 类中封装了一些 View 类的输出方法，例如 display、fetch、assign、trace 和 buildHtml 等方法，这些方法的原型都在 View 视图类中。

14.6.1　模板定义

每个模块的模板文件都是独立的，为了对模板文件进行更加有效的管理，ThinkPHP 对模板文件进行目录划分，默认的模板文件定义规则如下：

视图目录 / [模板主题 /] 控制器名 / 操作名 + 模板后缀

默认的视图目录是模块的 View 目录（模块可以有多个视图文件目录，这取决于具体的应用需要），框架的默认视图文件后缀是 .html。新版模板主题默认为空（表示不启用模板主题功能）。

在每个模板主题下，都是以模块下面的控制器名为目录的，然后是每个控制器的具体操作模板文件，例如，User 控制器的 add 操作对应的模板文件就应该是 ./Application/Home/View/User/add.html，如果默认视图层不是 View，例如：

```
'DEFAULT_V_LAYER'        =>  'Template', // 设置默认的视图层名称
```

那么对应的模板文件就变成了 ./Application/Home/Template/User/add.html。模板文件的默认后缀是 .html，也可以通过 TMPL_TEMPLATE_SUFFIX 更改为其他后缀名。例如：

```
'TMPL_TEMPLATE_SUFFIX'=>'.tpl'
```

模板文件后缀定义后，User 控制器的 add 操作对应的模板文件就变成了 ./Application/Home/View/User/add.tpl。如果目录结构太深，则可以通过设置 TMPL_FILE_DEPR 参数来

配置简化模板的目录层次，例如设置：

```
'TMPL_FILE_DEPR'=>'_'
```

默认的模板文件就变成了 ./Application/Home/View/User_add.html。

14.6.2　模板赋值

如果要在模板中输出变量，则必须在控制器中把变量传递给模板，系统提供了 assign 方法对模板变量赋值，无论何种变量类型都统一使用 assign 赋值。代码如下：

```
$this->assign('name',$value);
// 下面的写法是等效的
$this->name = $value;
```

assign 方法必须在 display 方法和 show 方法之前调用，并且系统只会输出设定的变量，其他变量不会输出（系统变量例外），在一定程度上保证了变量的安全性。赋值后，就可以在模板文件中输出变量了，如果使用的是内置模板，则可以这样输出：{$name}。

如果要同时输出多个模板变量，则可以使用下面的方式：

```
$array['name']    =    'thinkphp';
$array['email']   =    'liu21st@gmail.com';
$array['phone']   =    '12335678';
$this->assign($array);
```

这样，就可以在模板文件中同时输出 name、email 和 phone 三个变量了。模板变量的输出根据不同的模板引擎有不同的方法，在后续章节会专门讲解内置模板引擎的用法。如果使用 PHP 本身作为模板引擎，则可以直接在模板文件里面输出，代码如下：

```
<?php echo $name.'['.$email.''.$phone.']';?>
```

如果采用内置的模板引擎，则可以使用：

```
{$name} [ {$email} {$phone} ]
```

输出同样的内容。

14.6.3　指定模板文件

模板定义后就可以渲染模板输出，系统也支持直接渲染内容输出，模板赋值必须在模板渲染之前操作。渲染模板输出常用的方法是 display 方法，调用格式：

```
display('[模板文件]'[,'字符编码'][,'输出类型'])
```

display 模板用法如表 14.6 所示。

表 14.6 display 模板用法

用　　法	描　　述
不带任何参数	自动定位当前操作的模板文件
[模块 @][控制器 :][操作]	常用写法，支持跨模块模板主题，可以和 theme 方法配合
完整的模板文件名	直接使用完整的模板文件名（包括模板后缀）

下面是一个典型的 display 模板用法，不带任何参数：

```
// 不带任何参数，自动定位当前操作的模板文件
$this->display();
```

上述代码表示系统会按照默认规则自动定位模板文件，其规则如下。

（1）如果当前没有启用模板主题则定位到：

当前模块 / 默认视图目录 / 当前控制器 / 当前操作 .html

（2）如果启用模板主题则定位到：

当前模块 / 默认视图目录 / 当前主题 / 当前控制器 / 当前操作 .html

（3）如果更改了 TMPL_FILE_DEPR 设置（假设 'TMPL_FILE_DEPR'=>'_'），则上面的自动定位规则变成：

当前模块 / 默认视图目录 / 当前控制器 _ 当前操作 .html

和

当前模块 / 默认视图目录 / 当前主题 / 当前控制器 _ 当前操作 .html

所以通常 display 方法无须带任何参数即可输出对应的模板，这是模板输出十分简单的用法。

📋 学习笔记

通常默认的视图目录是 View。

如果没有按照模板定义规则来定义模板文件（或需要调用其他控制器下面的某个模板），则可以使用：

```
// 指定模板输出
$this->display('edit');
```

表示调用当前控制器下面的 edit 模板，则可以使用：

```
$this->display('Member:read');
```

表示调用 Member 控制器下面的 read 模板。

例如，为后台 Admin 模块的 Test 控制器的 test1 方法创建模板文件，创建过程如下所示。

（1）创建目录。test1 方法对应的模板文件默认是 APP/Application/Admin/View/Test/test1.html，在 APP/Application/Admin/View 文件夹下创建 Test 文件夹，创建方法如图 14.15 所示。

图 14.15　创建目录

（2）创建视图文件。在 Test 文件夹下创建 test1.html 文件，如图 14.16 所示。

创建完成后，打开 test1.html 文件，会发现 PhpStorm 已经自动生成 HTML 基本结构，在 test1.html 代码基础上，创建一个简单的表单提交页面，具体代码如下：

```
01 <!Doctype html>
02 <html>
03 <head>
04     <meta charset="utf-8">
05     <title>test1 页面测试 </title>
06 </head>
```

```
07  <body>
08  <form action="" method="post" >
09      <div>
10          <input type="text"      name="username" /> 用户名
11      </div>
12      <div>
13          <input type="password" name="password" /> 密码
14      </div>
15      <div>
16          <input type="submit"    value=" 提交 " />
17      </div>
18  </form>
19  </body>
20  </html>
```

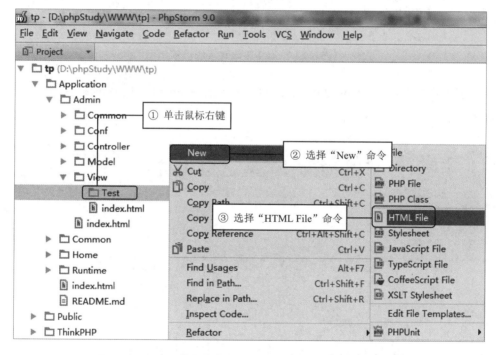

图 14.16   创建视图文件

（3）渲染模板。所谓渲染模板就是将控制器和对应的模板通过某种方式关联起来，并展示模板页的内容。控制器和模板的关系如图 14.17 所示。

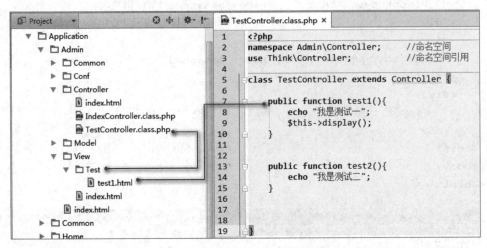

图 14.17　控制器和模板的关系

在浏览器中输入 localhost/APP/index.php/Admin/Test/test1，按 <Enter> 键后，运行结果如图 14.18 所示。

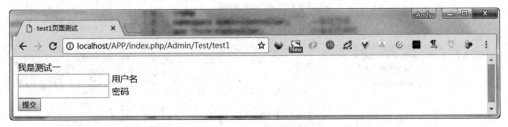

图 14.18　模板渲染

14.7　内置 ThinkTemplate 模板引擎

14.7.1　变量输出

在模板中输出变量的方法很简单，例如，在控制器中给模板变量赋值的代码如下：

```
$name = 'ThinkPHP';
$this->assign('name',$name);
$this->display();
```

然后就可以在模板中使用：

```
Hello,{$name}!
```

模板编译后的结果是：

```
Hello,<?php echo($name);?>!
```

这样，运行时就会在模板中显示：

```
Hello,ThinkPHP!
```

注意模板标签的 { 和 $ 之间不能有空格，否则标签无效，也不会正常输出 name 变量，而是直接保持不变输出，输出结果如下：

```
Hello,{ $name}!
```

普通标签默认开始标记是 {，结束标记是 }。也可以通过设置 TMPL_L_DELIM 和 TMPL_R_DELIM 进行更改。例如，我们在项目配置文件中定义：

```
'TMPL_L_DELIM'=>'<{',
'TMPL_R_DELIM'=>'}>',
```

那么，上面的变量输出标签就应该改成：

```
Hello,<{$name}>!
```

后面的内容都以默认的标签定义来说明。

模板标签的变量输出根据变量类型有所区别，刚才输出的是字符串变量，如果是数组变量，代码如下：

```
$data['name'] = 'ThinkPHP';
$data['email'] = 'thinkphp@qq.com';
$this->assign('data',$data);
```

那么，在模板中可以用下面的方式输出：

```
Name: {$data.name}
Email: {$data.email}
```

或者用下面的方式输出也有效：

```
Name: {$data['name']}
Email: {$data['email']}
```

如果 data 变量是一个对象（并且包含 name 和 email 两个属性），那么可以用下面的方式输出：

```
Name: {$data:name}
```

```
Email: {$data:email}
```

或者

```
Name: {$data->name}
Email: {$data->email}
```

14.7.2 使用函数

如果需要对模板中的变量使用函数，例如，对模板中的输出变量使用 md5 加密，则可以使用如下代码：

```
{$data.name|md5}
```

编译后的结果是：

```
<?php echo (md5($data['name'])); ?>
```

如果函数有多个参数需要调用，则可以使用如下代码：

```
{$create_time|date="y-m-d",###}
```

上述代码表示 date 函数传入两个参数，每个参数用逗号分隔，这里第一个参数是 y-m-d，第二个参数是前面要输出的 create_time 变量，因为该变量是第二个参数，因此需要用 ### 标识变量位置，编译后的结果是：

```
<?php echo (date("y-m-d",$create_time)); ?>
```

14.7.3 内置标签

变量输出使用普通标签就足够了，但是要完成其他控制、循环和判断功能，就需要借助模板引擎的标签库功能，系统内置标签库的所有标签无须引入标签库即可直接使用。ThinkPHP 常用内置标签如表 14.7 所示。

表 14.7 ThinkPHP 常用内置标签

标 签 名	作 用	包 含 属 性
include	包含外部模板文件（闭合）	file
volist	循环数组数据输出	name,id,offset,length,key,mod
foreach	数组或对象遍历输出	name,item,key
for	for 循环数据输出	name,from,to,before,step
switch	分支判断输出	name
case	分支判断输出（必须和 switch 配套使用）	value,break

续表

标　签　名	作　　用	包 含 属 性
compare	比较输出（包括 eq、neq、lt、gt、egt、elt、heq、nheq 等别名）	name,value,type
empty	判断数据是否为空	name
assign	变量赋值（闭合）	name,value
if	条件判断输出	condition

14.7.4　模板继承

模板继承是一项更加灵活的模板布局方式，模板继承不同于模板布局，甚至来说，应该在模板布局的上层。模板继承其实并不难理解，就像类的继承一样，模板也可以定义一个基础模板（或是布局），并且在其中定义相关的区块（block），然后继承（extend）该基础模板的子模板中的区块就可以对基础模板中定义的区块进行重载了。

因此，模板继承的优势其实是设计基础模板中的区块和子模板中替换这些区块。每个区块由 <block></block> 标签组成。下面就是基础模板中的一个典型的区块设计（用于设计网站标题）：

```
<block name="title"><title> 网站标题 </title></block>
```

block 标签必须指定 name 属性来标识当前区块的名称，这个标识在当前模板中应该是唯一的，block 标签中可以包含任何模板内容，也包括其他标签和变量，例如：

```
<block name="title"><title>{$web_title}</title></block>
```

甚至还可以在区块中加载外部文件：

```
<block name="include"><include file="Public:header" /></block>
```

14.8　学习笔记

学习笔记一：什么是单一入口

单一入口通常是指一个项目或应用具有一个统一（但并不一定是唯一）的入口文件，也就是说，项目的所有功能操作都是通过这个入口文件进行的，并且入口文件往往是第一步执行的。单一入口的好处一方面是项目整体比较规范，因为是同一个入口，其不同操作之间往往具有相同的规则。另一个方面就是单一入口控制较为灵活，因为拦截方便，类似一些权限控制、用户登录方面的判断和操作可以统一处理。

学习笔记二： 为什么要使用 MVC 设计模式

应用程序中用来完成任务的代码——模型层（也叫业务逻辑），通常是程序中相对稳定的部分，其重用率高；而与用户交互界面——视图层，却经常改变。如果因需求变动不得不对业务逻辑代码修改，或者要在不同的模块中应用到相同的功能而重复编写业务逻辑代码，不仅降低整体程序开发的进度，还会使未来的维护变得非常困难。因此将业务逻辑代码与外观分离，将会更方便地根据需求改进程序，所以通常使用 MVC 设计模式。

14.9　小结

本章主要对 ThinkPHP 框架的下载、架构、配置、控制器、模型及视图进行了详细讲解。通过实例对 ThinkPHP 的各种应用进行了讲解，以此来增加读者对 ThinkPHP 的理解。希望通过本章的学习，读者能够掌握 ThinkPHP 技术，并能够将其灵活运用到实际的网站开发中。

第三篇 项目篇

第 15 章 51 购商城

第 14 章介绍了 ThinkPHP 框架的基本使用方法，本章应用 ThinkPHP 3.2.3 版本实现一个仿京东的 B2C（Business-to-Customer）商城——51 购商城。51 购商城包括前台和后台，前台用于实现商品分类、展示及用户注册、登录和购物的流程，后台用于实现商品和用户的管理。

15.1 系统功能设计

15.1.1 系统功能结构

51 购商城共分为前台和后台两个部分，前台主要实现商品展示及销售，后台主要对商城中的商品信息、会员信息，以及订单信息进行有效的管理等。

51 购商城前台的功能设计结构如图 15.1 所示。

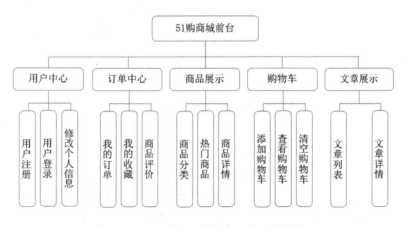

图 15.1 51 购商城前台的功能设计结构图

51 购商城后台管理系统的功能设计结构如图 15.2 所示。

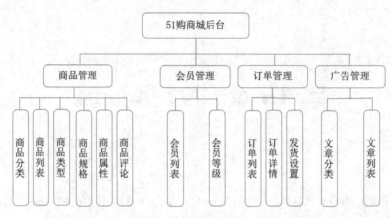

图 15.2　51 购商城后台管理系统的功能设计结构图

15.1.2　系统业务流程

51 购商城涉及很多业务流程，其中十分重要的就是用户购物流程。该流程包括用户登录、选择商品、加入购物车、结算订单等，具体流程如图 15.3 所示。

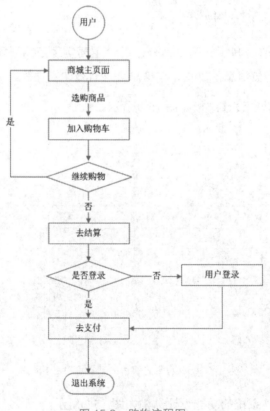

图 15.3　购物流程图

15.2　系统开发必备

15.2.1　系统开发环境

本系统的软件开发及运行环境具体如下。

- 操作系统：Windows 7 以上。
- 集成开发环境：phpStudy。
- MySQL 图形化管理软件：Navicat for MySQL。
- 开发工具：PhpStorm 9.0。
- ThinkPHP 版本：3.2.3。
- 浏览器：谷歌浏览器。

15.2.2　文件夹组织结构

在进行网站开发前，首先要规划网站的架构。也就是说，建立多个文件夹对各个功能模块进行划分，实现统一管理，这样做易于网站的开发、管理和维护。在本项目中，使用默认的 ThinkPHP 目录结构，将 Home 文件夹作为前台模块，Admin 文件夹作为后台模块，如图 15.4 所示。

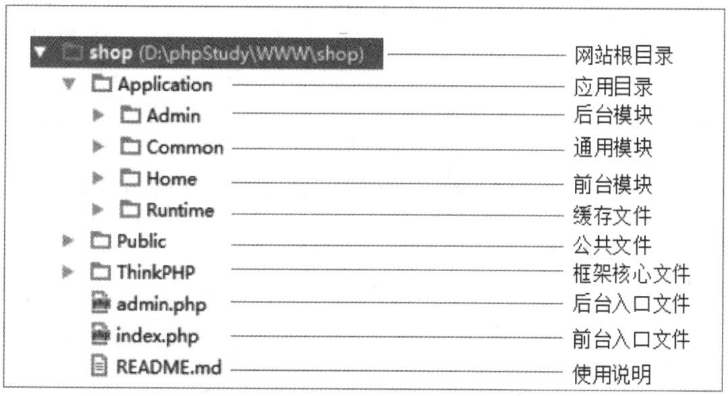

图 15.4　文件夹组织结构

15.3 数据库设计

15.3.1 数据库概要说明

本系统采用 MySQL 作为数据库，数据库名称为 shop，其数据表名称及作用如表 15.1 所示。

表 15.1 数据库表名称及作用

表　名	含　义	作　用
ad	广告表	用于存储广告信息
ad_position	广告位置表	用于存储广告分布的位置信息
admin	管理员表	用于存储管理员用户信息
article	文章表	用于存储商城中的文章信息
article_cat	文章分类表	用于存储文章的分类信息
brand	品牌表	用于存储商品品牌的信息
cart	购物车表	用于存储购物车中的信息，包括未登录用户的购物车信息
comment	评论表	用于存储商品评论信息
config	网站配置表	用于存储网站配置信息
goods	商品表	用于存储商品信息
goods_attr	属性映射表	用于存储商品和属性的对应关系信息
goods_attribute	商品属性表	用于存储商品属性信息
goods_category	商品分类表	用于存储商品分类信息
goods_collect	商品收藏表	用于存储用户收藏的商品信息
goods_images	商品图片表	用于存储商品图片信息
goods_type	商品类型表	用于存储商品类型信息
order	订单表	用于存储用户订单信息
order_action	订单操作表	用于存储订单操作信息，包括下单、取消订单等
order_goods	订单商品表	用于存储订单商品信息
region	地区表	用于存储地区信息
spec	商品规格表	用于存储商品规格信息
spec_goods_price	规格价钱表	用于存储商品规格对应的价钱信息
spec_image	规格图片表	用于存储商品规格图片信息
spec_item	规格选项表	用于存储商品规格选项信息
user_address	用户地址表	用于存储用户地址信息
user_level	用户等级表	用于存储用户等级信息
users	用户表	用于存储用户信息

15.3.2　数据库逻辑设计

1. 创建数据表

由于篇幅所限，这里只给出比较重要的数据表的部分字段。

● admin（后台管理员表）

表 admin 用于保存后台管理员的数据信息，其结构如表 15.2 所示。

表 15.2　后台管理员表

字 段 名	数 据 类 型	默 认 值	允 许 为 空	自 动 增 加	备 注
admin_id	smallint(5) unsigned		NO	是	用户 id
user_name	varchar(60)		NO		用户名
email	varchar(60)		NO		email
password	varchar(32)		NO		密码
add_time	int(11)	0	NO		添加时间
last_login	int(11)	0	NO		最后登录时间
last_ip	varchar(15)		NO		最后登录 ip

● users（用户表）

表 users 用于存储用户数据信息，其结构如表 15.3 所示。

表 15.3　用户表

字 段 名	数 据 类 型	默 认 值	允 许 为 空	自 动 增 加	备 注
user_id	mediumint(8) unsigned		NO	是	表 id
email	varchar(60)		NO		邮件
password	varchar(32)		NO		密码
sex	tinyint(1) unsigned	0	NO		0 保密 1 男 2 女
birthday	int(11)	0	NO		生日
pay_points	int(10) unsigned	0	NO		消费积分
address_id	mediumint(8) unsigned	0	NO		默认收货地址
reg_time	int(10) unsigned	0	NO		注册时间
last_login	int(11) unsigned	0	NO		最后登录时间
last_ip	varchar(15)		NO		最后登录 ip
qq	varchar(20)		NO		QQ
mobile	varchar(20)		NO		手机号码
head_pic	varchar(255)		YES		头像

字 段 名	数 据 类 型	默 认 值	允 许 为 空	自 动 增 加	备 注
province	int(6)	0	YES		省份
city	int(6)	0	YES		市区
district	int(6)	0	YES		县
nickname	varchar(50)		YES		第三方返回昵称
level	tinyint(1)	1	YES		会员等级

● goods（商品表）

表 goods 用于存储商品信息，其结构如表 15.4 所示。

表 15.4 商品表

字 段 名	数 据 类 型	默 认 值	允 许 为 空	自 动 增 加	备 注
goods_id	mediumint(8) unsigned		NO	是	商品 id
cat_id	int(11) unsigned	0	NO		分类 id
goods_sn	varchar(60)		NO		商品编号
goods_name	varchar(120)		NO		商品名称
click_count	int(10) unsigned	0	NO		点击数
brand_id	smallint(5) unsigned	0	NO		品牌 id
store_count	smallint(5) unsigned	10	NO		库存数量
comment_count	smallint(5)	0	YES		商品评论数
market_price	decimal(10,2) unsigned	0.00	NO		市场价
shop_price	decimal(10,2) unsigned	0.00	NO		本店价
cost_price	decimal(10,2)	0.00	YES		商品成本价
keywords	varchar(255)		NO		商品关键词
goods_remark	varchar(255)		NO		商品简单描述
goods_content	text		YES		商品详细描述
original_img	varchar(255)		NO		商品上传原始图
is_on_sale	tinyint(1) unsigned	1	NO		是否上架
on_time	int(10) unsigned	0	NO		商品上架时间
sort	smallint(4) unsigned	50	NO		商品排序
is_recommend	tinyint(1) unsigned	0	NO		是否推荐
is_new	tinyint(1) unsigned	0	NO		是否新品
is_hot	tinyint(1)	0	YES		是否热卖
last_update	int(10) unsigned	0	NO		最后更新时间
goods_type	smallint(5) unsigned	0	NO		商品所属类型 id
spec_type	smallint(5)	0	YES		商品规格类型 id

2. 数据库连接相关配置

在 ThinkPHP 全局配置文件中配置数据库信息，具体配置如下：

```php
01 <?php
02 return array(
03     // 数据库配置
04     'DB_TYPE' => 'mysql',       // 数据库类型
05     'DB_HOST' => '127.0.0.1',   //host 地址
06     'DB_USER' => 'root',        // 数据库用户名
07     'DB_PWD' =>  'root',        // 数据库密码
08     'DB_NAME' => 'shop',        // 数据库名称
```

15.4　前台用户模块设计

15.4.1　会员注册模块

会员注册模块主要用于实现新用户注册成为网站会员的功能。在会员注册页面中，用户需要填写会员信息，并且需要勾选"同意《账号服务条款、隐私政策》"选项，单击"注册"按钮，程序将验证输入的账户是否唯一。如果账户唯一，就把填写的会员信息保存到数据库中，否则给出错误提示，需要修改账户唯一后，方可完成注册。

会员注册页面中，主要包括 Form 表单的提交和表单数据的验证。Form 表单的主要代码如下：

```html
01 <form id="register">
02     <div class="user-email">
03         <label for="email"><i class="mr-icon-envelope-o"></i></label>
04         <input type="email" name="email" id="email" placeholder=" 请输入邮箱 ">
05     </div>
06     <div class="user-pass">
07         <label for="password"><i class="mr-icon-lock"></i></label>
08         <input type="password" name="" id="password" placeholder=" 设置密码 ">
09     </div>
10     <div class="user-pass">
11         <label for="password2"><i class="mr-icon-lock"></i></label>
12         <input type="password" name="" id="password2" placeholder=" 确认密码 ">
13     </div>
14
15     <div class="user-pass">
16         <label for="mobile"><i class="mr-icon-mobile"></i></label>
17         <input type="text" name="mobile" id="mobile" placeholder=" 请输入手机号 ">
```

```
18      </div>
19      <div class="mr-cf">
20          <input type="button"  value=" 注册 " onClick="checkSubmit()"
21              class="mr-btn mr-btn-primary mr-btn-sm mr-fl">
22      </div>
23  </form>
```

会员注册页面的运行结果如图 15.5 所示。

图 15.5　会员注册页面的运行效果

在用户注册时，必须同意"服务条款"，否则提示错误信息，该验证功能是通过
JavaScript 代码实现的。当用户单击"同意《账号服务条款、隐私政策》"超链接时，页面
会弹出"服务条款"的具体内容，该功能是通过 Layer.js（弹层插件）实现的。关键代码如下：

```
01  <script>
02      // 单击提交
03      function checkSubmit(){
04          // 省略其余代码
            // 获取账号服务条款
05          var agree = $('input[type="checkbox"]:checked').val();
            // 检测是否勾选注册协议
07          if(!agree){
08              showErrorMsg(' 您没有同意注册协议 !');
09              return false;
10          }
            //Ajax 异步提交到后台验证
12          $.ajax({
```

```
13          type : 'post',
14          url : "{:U('Home/User/register')}",
15          data : {email:email,password:password,mobile:mobile},
16          dataType : 'json',
17          success : function(res){
18              if(res.status == 1){
19                  layer.msg(res.msg,{icon:1,time:2000},function(){
                        // 跳转到首页
20                      window.location.href = "{:U('Home/Index/index')}";
21                  });
22              }else{
23                  showErrorMsg(res.msg);   // 显示错误信息
24              }
25          },
26          error : function(XMLHttpRequest, textStatus, errorThrown) {
27              showErrorMsg('网络失败，请刷新页面后重试');
28          }
29      })
30
31  }
32  // 显示错误信息的方法
33  function showErrorMsg(msg){
34      layer.msg(msg,{icon:2,time:2000});
35  }
36  // 显示协议内容
37  function showProtocol(){
38      var protocol =  '<p style="padding: 10px">      欢迎来到明日学院，为了
39                      保障您的权益，请在使用明日学院服务之前，详细阅读此服务协议(以下简称"本协议")所有
40                      内容，如您不同意本协议任何条款，请勿注册账号或使用本平台。本协议内容包括协议正文、
41                      本协议下述协议明确援引的其他协议、明日科技公司已经发布的或将来可能发布的各类规则。
42                      所有规则为本协议不可分割的组成部分，与协议正文具有同等法律效力。除另行明确声明外，
43                      您使用明日学院服务均受本协议约束。</p>';
44      layer.open({
45          title:'协议内容',                       // 弹层标题
46          type: 1,                                // 弹层类型
47          skin: 'layui-layer-rim',                // 加上边框
48          area: ['520px', '240px'],               // 弹层宽和高
49          content: protocol                       // 弹层内容
50      });
51  }
52 </script>
```

运行效果如图 15.6 所示。

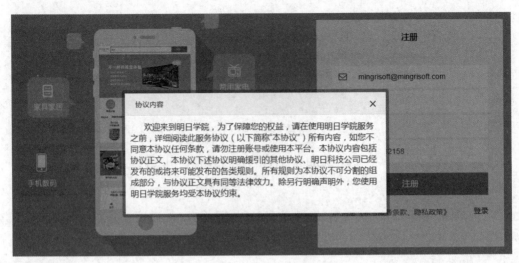

图 15.6　弹出服务协议内容

从上述代码中可以看出，当满足验证条件后，单击"注册"按钮，会通过 AJAX 异步提交的方式，将 Form 表单中的内容提交到 Home 模块下的 User 控制器中的 register() 方法中。register() 方法的关键代码如下：

```php
01  public function register(){
02      // 如果已经登录，则直接跳转到首页
03      if($this->user_id > 0) header("Location: ".U('Home/Index/index'));
04      /** 表单提交操作 **/
05      if(IS_POST){
06          $logic = new UsersLogic();              // 实例化逻辑层 UsersLogic 类
07          $email = I('post.email','');            // 接收传递的邮箱
08          $password = I('post.password','');      // 接收传递的密码
09          $mobile  = I('post.mobile','');         // 接收传递的手机号
10          $data = $logic->register($email,$password,$mobile);
11          // 省略部分代码
12          $this->ajaxReturn($data);               // 返回数据
13      }
14      /** 非表单提交，直接显示页面 **/
15      $this->display();
16  }
```

上述代码中，首先实例化逻辑层 UsersLogic 类，该类文件路径为 Shop\Application\Home\Logic\UsersLogic.class.php。然后，调用 UsersLogic 类的 register() 方法，对表单提交内容和用户是否已注册等信息进行验证。如果全部验证通过，则将用户信息写入 users 表，页面跳转到商城首页，否则提示相应的错误信息。

15.4.2　会员登录模块

会员登录模块主要用于实现网站的会员登录功能，在该页面中，填写会员账户和密码，单击"登录"按钮，即可实现会员登录。如果没有输入账户、密码或账户密码不匹配，都将给予提示。登录模块功能主要是由 User 控制器下的 do_login() 方法实现的，关键代码如下：

```
01 public function do_login(){
02     $username = trim(I('post.username'));     // 获取用户名并去除首尾空格
03     $password = trim(I('post.password'));     // 获取密码并去除首尾空格
04
05     $logic = new UsersLogic();                // 实例化 UsersLogic 类
06     $res = $logic->login($username,$password);// 调用 UsersLogic 类的 login() 方法
07     // 省略其余代码
08 }
```

上述代码与注册模块代码相似，都是先实例化逻辑层 UsersLogic 类，然后调用登录验证的方法 login()。在 login() 方法中，先判断手机号或邮箱是否存在，如果存在，则继续判断输入的密码是否正确，否则，返回错误信息。

15.5　前台首页模块设计

当用户访问 51 购商城时，首先进入的便是前台首页。前台首页是对整个网站总体内容的概述。在 51 购商城的前台首页中，主要包含以下内容。

- 商品分类模块：主要包括首页"图书、音像、电子书"等一级分类、"科技、音像"等二级分类，如图 15.7 所示。

- 网站菜单导航模块：主要包括"首页""计算机编程""手机""平板电脑"等热门的商品类别，如图 15.7 所示。

- 搜索模块：主要用于商品信息的快速搜索，如图 15.7 所示。

- 幻灯片模块：主要用于以幻灯片的方式演示商品，如图 15.7 所示。

- 热卖商品模块：主要展示商城重点推荐的商品及详细信息查看，如图 15.8 所示。

图 15.7　商品分类、搜索、导航、幻灯片模块效果图

图 15.8　热卖商品模块

- 商品列表模块：主要用于展示每个分类下的推荐商品，如图 15.9 所示。
- 文章分类和信息模块：主要显示分类的文章，为用户提供相应的帮助和支持，如图 15.10 所示。

图 15.9　商品列表模块

品质保证　　　　7天退换 15天换货　　　　100元起免运费　　　　448家维修网点 全国联保

帮助中心	技术支持	关于商城	关注我们	售后服务
购物指南	售后网点	公司介绍	商城手机版	保修政策
配送方式	常见问题	商城简介		退换政策
支付方式		联系客服		退换货流程

图 15.10　文章分类和信息模块

由于篇幅有限，在前台首页模块中，我们只介绍商品分类模块和商品列表模块。

15.5.1　商品分类模块

1. 获取分类数据

本项目中，不只在前台首页包含商品分类数据，在其他页面，当鼠标悬停在"全部商品"内容上时，也会显示商品分类数据。所以，我们将商品分类作为通用数据，写在 BaseController.class.php 父类文件中，然后令相应的控制器类通过 extends 继承 BaseController.class.php 父类。关键代码如下：

```php
01  <?php
02
03  class IndexController extends BaseController {
04      public function index(){
```

```
05          // 省略其余代码
06  }
```

当访问前台首页，即 Home 模块的 Index 控制器的 index 方法时，程序会优先执行其父类的 _initialize() 初始化方法。关键代码如下：

```
01  <?php
02
03  namespace Home\Controller;
04  use Think\Controller;
05
06  class BaseController extends Controller {
07      /*
08       * 初始化操作
09       */
10      public function _initialize() {
11          // 省略其余代码
12          $this->public_assign();              // 调用 public_assign() 方法
13      }
14      /**
15       * 保存公告变量到 smarty 模板中
16       */
17      public function public_assign()
18      {
19          // 省略其余代码
             // 获取商品一二三级分类
20          $goods_category_tree = get_goods_category_tree();
21      $this->cateTrre = $goods_category_tree;              // 分类赋值
22      $this->assign('goods_category_tree', $goods_category_tree);// 模板赋值
23      }
```

上述代码中，调用了 get_goods_category_tree() 函数，该函数主要用于将所有分类按照一、二、三级分类的数据格式保存到数组中。具体代码如下：

```
01  /**
02   * 获取商品一、二、三级分类
03   * @return type
04   */
05  function get_goods_category_tree(){
06      $result = array();
07      // 查询所有显示的分类
08      $cat_list = M('goods_category')->where("is_show = 1")->order('sort_order')->select();
09      foreach ($cat_list as $val){
10          if($val['level'] == 2){                    // 如果是二级分类
11              $arr[$val['parent_id']][] = $val;// 将该分类赋值给 $arr 数组的元素
```

```
12              }
13              if($val['level'] == 3){                    // 如果是三级分类
14                  $crr[$val['parent_id']][] = $val;       // 将该分类赋值给 $crr 数组的元素
15              }
16              if($val['level'] == 1){                    // 如果是一级分类
17                  $tree[] = $val;                         // 将该分类赋值给 $tree 数组的元素
18              }
19          }
20
21          // 遍历二级分类，将三级分类的内容赋值给二级分类
22          foreach ($arr as $k=>$v){
23              foreach ($v as $kk=>$vv){
24                  // 三级分类内容作为其二级分类的 sub_menu
25                  $arr[$k][$kk]['sub_menu'] = empty($crr[$vv['id']]) ? array() :
$crr[$vv['id']];
26              }
27          }
28
29          // 遍历一级分类，将二级分类的内容赋值给一级分类
30          foreach ($tree as $val){
31              // 二级分类内容作为其一级分类的 tmenu
32              $val['tmenu'] = empty($arr[$val['id']]) ? array() : $arr[$val['id']];
33              $result[$val['id']] = $val;
34          }
35          return $result;
36  }
```

get_goods_category_tree() 函数返回值示例数据如下：

```
01  Array(
02      [11] => Array(
03          [id] => 11
04              [name] => 图书、音像、电子书
05              [parent_id] => 0
06              [parent_id_path] => 0_11
07              [level] => 1
08              [tmenu] => Array(
09                      [0] => Array(
10                          [id] => 94
11                          [name] => 科技
12                          [parent_id] => 11
13                          [parent_id_path] => 0_11_94
14                          [level] => 2
15                          [sub_menu] => Array(
16                              [0] => Array(
```

```
17                                    [id] => 842
18                                    [name] => 计算机与互联网
19                                    [parent_id] => 94
20                                    [parent_id_path] => 0_11_94_842
21                                    [level] => 3
22                                )
23                            [1] => Array(
24                                    [id] => 836
25                                    [name] => 建筑
26                                    [parent_id] => 94
27                                    [parent_id_path] => 0_11_94_836
28                                    [level] => 3
29                                )
```

从以上示例中可以看出，get_goods_category_tree() 函数返回值为多维数组，其中 ID 为 11 的记录是一级分类，分类名称是"图书、音像、电子书"。ID 为 94 的记录是一级分类下的二级分类，分类名称是"科技"。ID 为 842 和 836 的记录为二级分类下的三级分类，分类名称分别是"计算机与互联网"和"建筑"。

2. 渲染模板

获取完分类数据后，接下来就需要渲染模板显示数据了。由于分类数据是一个多维数组，所以使用 <foreach> 标签循环嵌套获取各级分类数据即可。关键代码如下：

```
01  <!-- 遍历一、二、三级分类 -->
02  <foreach name="goods_category_tree" key="k" item='v'>
03      <if condition="$v['level'] eq 1">        <!-- if 标签判断是否为一级分类  -->
04          <li class="list-li">
05              <div class="list_a">
06                  <!-- 输出一级分类内容  -->
07                  <h3><a href="{:U('Home/Goods/goodsList',array('id'=>$v['id']))}">
08                      <span>{$v['name']}</span>
09                  </a></h3>
10                  <p>
11                      <!-- 选出 3 个二级标题  -->
12                      <assign name="index" value="1" />
13                      <foreach name="v['tmenu']" item="v2" key="k2" >
14                        <if condition="$v2['parent_id'] eq $v['id']">
15                          <?php if($index++ > 3) break; ?>
16                            <a href="{:U('Home/Goods/goodsList',array('id'=>$v2['id']))}">
17                                {$v2['name']}
18                            </a>
19                        </if>
```

```
20                          </foreach>
21                      </p>
22                  </div>
23                  <div class="list_b">
24                      <div class="list_bigfl">
25                          <!-- 选出6个二级标题  -->
26                          <assign name="index" value="1" />
27                          <foreach name="v['tmenu']" item="v2" key="k2" >
28                              <if condition="$v2[parent_id] eq $v['id']">
29                              <?php if($index++ > 6) break; ?>
30                                  <a class="list_big_o ma-le-30"
31                                      href="{:U('Home/Goods/goodsList',array('id'=>
$v2['id']))}">
32                                      {$v2['name']} <i> > </i>
33                                  </a>
34                              </if>
35                          </foreach>
36                      </div>
37                      <div class="subitems">
38                          <!-- 遍历二级标题  -->
39                          <foreach name="v['tmenu']" item="v2" key="k2" >
40                              <if condition="$v2['parent_id'] eq $v['id']">
41                                  <dl class="ma-to-20 cl-bo">
42                                      <dt class="bigheader wh-sp">
43                                          <a href="{:U('Home/Goods/goodsList',
44                                              array('id'=>$v2['id']))}">
{$v2['name']}
45                                          </a><i> > </i>
46                                      </dt>
47                                      <dd class="ma-le-100">
48                                          <!-- 遍历二级标题下的三级标题  -->
49                                          <foreach name="v2['sub_menu']"
item="v3" key="k3" >
50                                              <if condition="$v3['parent_id'] eq
$v2['id']">
51                                                  <a class="hover-r ma-le-10 "
52                                                      href="{:U('Home/Goods/goodsList',
53                                                          array('id'=>$v3['id']))}">
{$v3['name']}
54                                                  </a>
55                                              </if>
56                                          </foreach>
57                                      </dd>
58                                  </dl>
59                              </if>
60                          </foreach>
```

```
61                    </div>
62                </div>
63            </li>
64        </if>
65  </foreach>
```

运行结果如图 15.11 所示。

图 15.11　三级分类效果图

15.5.2　商品列表模块

由于商品数量较多，在前台首页只能展示一部分商品数据，所以从 goods 商品表中筛选数据时，只筛选出满足以下条件的数据。

- goods_category 表商品分类 is_show 字段值为 1 的分类，且最多只筛选 7 个分类。

- goods 表 is_on_sale 字段值为 1，即在售的商品，且最多只筛选 7 个商品。

具体代码实现方式如下：

```
01  $category1 = M('goods_category')->where(array('is_show'=>1,'level'=>1))
02                                    ->limit(7)->select(); // 筛选一级分类
03  foreach($category1 as $key=>$v ){
04      $category2 = M('goods_category')->where(array('is_show'=>1,'parent_
id'=>$v['id']))
                                         // 筛选二级分类
05                                       ->field('id,name')->select();
06      $category[$v['name']]['sub_category'] = $category2;
07      $cat_id_arr = getCatGrandson($v['id']); // 找到一级分类下面的所有子分类 id
08      $sub_id_str = implode(',',$cat_id_arr); // 将子分类 id 拼接成字符串
        // 搜索条件：商品分类 id 在子类 id 中
09      $map['cat_id']        = array('in',$sub_id_str);
```

```
10          $map['is_on_sale'] = 1;                    // 搜索条件：商品在售
11          // 从商品表中，筛选 7 条满足以上 2 个条件的记录
12          $category[$v['name']]['goods'] = M('goods')->where($map)->limit(7)
13                              ->field('goods_id,goods_name,keywords,goods_
    remark,shop_price')
14                              ->order('goods_id')->select();
15      }
16  $this->assign('category',$category);           // 模板赋值
```

运行结果如图 15.9 所示。

15.6　购物车模块设计

购物车是前台用户端程序中非常关键的一个功能模块，它能够帮助用户完成商品的选购，并把商品交给服务器进行结算。下面介绍购物车模块的设计方法。

15.6.1　添加商品至购物车

在前台首页选择商品后，进入商品详情页。商品详情页包含商品的名称、简介、属性、价格等信息，如图 15.12 所示。当选择完商品属性后，单击"加入购物车"按钮，即可将商品加入购物车中，运行效果如图 15.13 所示。

图 15.12　商品详情页

图 15.13　加入购物车

将商品加入购物车的步骤如下。

（1）单击"加入购物车"按钮，执行 JavaScript 的 onclick() 单击事件，调用 AjaxAddCart()
方法。关键代码如下：

```
01    <a class="jrgwc-shopping-img2"
02        onClick="javascript:AjaxAddCart({$goods.goods_id},1,0);">
03        <span> 加入购物车 </span>
04    </a>
```

（2）AjaxAddCart() 是 common.js 文件中的方法，关键代码如下：

```
01  $.ajax({
02      type : "POST",
03      url:"/index.php?m=Home&c=Cart&a=ajaxAddCart",    // 请求地址
04      data : $('#buy_goods_form').serialize(),           // 搜索表单序列化提交
05      dataType:'json',                                   // 数据格式
06      success: function(data){                           // 请求成功后的响应
07          if(data.status < 0){
08              layer.alert(data.msg, {icon: 2});
09              return false;
10          }
11          // 加入购物车后再跳转到购物车页面
12          if(to_catr == 1){                              // 直接购买
13              location.href = "/index.php?m=Home&c=Cart&a=cart";// 跳转到购物车页面
14          }else{
15              cart_num = parseInt($('#cart_quantity').html())+
```

```
                            // 获取商品数量
16                          parseInt($('input[name="goods_num"]').val());
17          $('#cart_quantity').html(cart_num);      // 获取商品数量写入 DOM 中
18           // 使用 layer.js 弹出加入成功提示框
19          layer.open({
20              type: 2,                             // 弹层类型
21              title: ' 温馨提示 ',                   // 标题
22              skin: 'layui-layer-rim',             // 弹层样式
23              area: ['490px', '386px'],            // 弹层宽高
                // 页面内容
24              content:["/index.php?m=Home&c=Goods&a=open_add_cart","no"],
25              success: function(layero, index) {// 成功响应
26                  layer.iframeAuto(index);         // 指定 iframe 层自适应
27              }
28          });
29          }
30      }
31 });
```

在上述代码中，使用 AJAX 将购物车中商品数据异步提交到 Home 模块的 Cart 控制器的 AjaxAddCart() 方法中，该方法主要用于将商品信息写入 cart 购物车表。将商品成功加入购物车后，使用 Layer 弹层弹出加入成功页面，并且在该页面展示热卖商品。其中，热卖商品数据来源于 Goods 控制器的 open_add_cart() 方法。

15.6.2 查看购物车商品

将商品添加至购物车后，单击"去结算"按钮，即可跳转至购物车列表页。在前台首页"我的购物车"按钮处显示购物车商品数量，当鼠标悬停在"我的购物车"按钮时，将展示所有添加到购物车的商品，如图 15.14 所示。

图 15.14 前台首页购物车效果

在购物车列表页，使用 JavaScript 调用 ajax_cart_list() 方法，该方法使用 AJAX 异步提交的方式获取购物车列表数据，并将获取到的内容追加到当前页面。具体代码如下：

```
01  $(document).ready(function(){
02    ajax_cart_list();              //ajax 请求获取购物车列表
03  });
04
05  //ajax 提交购物车
06  var before_request = 1;// 判断上一次请求是否已经返回，只有返回才可以进行下一次请求
07  function ajax_cart_list(){
08    if(before_request == 0)        // 如果上一次请求没返回，则不进行下一次请求
09       return false;
10    before_request = 0;
11    $.ajax({
12       type : "POST",
13       url:"{:U('Home/Cart/ajaxCartList')}",// 提交地址
14       data : $('#cart_form').serialize(),   //Form 表单序列化
15       success: function(data){
16          $("#ajax_return").html('');
17          $("#ajax_return").append(data);
18          before_request = 1;
19       }
20    });
21  }
```

在上述代码中，将 AJAX 异步提交到 Cart 控制器下的 ajaxCartList() 方法，该方法主要用于修改购物车数量和更改商品选中状态，并且调用逻辑层的 cartLogic 类的 cartList() 方法，从购物车列表中筛选数据并计算总价，运行效果如图 15.15 所示。

图 15.15　查看购物车效果

15.6.3　清空购物车

当用户想要重新选购商品时，可以删除购物车中的某一个商品或清空所有商品。当用户单击购物车中某个商品后的删除图标时，弹出"确定要删除吗？"对话框，当用户单击"确定"按钮时，即可删除该商品。使用 AJAX 异步提交实现该功能，具体代码如下：

```
01  //ajax 删除购物车中的商品
02  function ajax_del_cart(ids){
03      layer.confirm('确定要删除吗？',function(){        //Layer 弹层确认框
04          $.ajax({
05              type : "POST",                          // 请求方式
06              url:"{:U('Home/Cart/ajaxDelCart')}",    // 请求地址
07              data:{ids:ids},                         // 提交数据
08              dataType:'json',
09              success: function(data){
10                  if(data.status == 1){
11                          layer.msg(data.msg, {icon: 1, time: 1000}, function () {
12                              ajax_cart_list();   // ajax 请求获取购物车列表
13                              layer.closeAll();   // 关闭弹层
14                          });
15                  }
16              }
17          });
18      });
19  }
20
21  // 批量删除购物车中的商品
22  function del_cart_more(){
23      // 循环获取复选框选中的值
24      var chk_value = [];
25      $('input[name^="cart_select"]:checked').each(function(){
26          var s_name = $(this).attr('name');
27          var id = s_name.replace('cart_select[','').replace(']','');
28          chk_value.push(id);
29      });
30      //ajax 调用删除
31      if(chk_value.length > 0)
32          ajax_del_cart(chk_value.join(','));
33  }
```

在上述代码中，ajax_del_cart() 方法为单选删除的方法，del_cart_more() 方法为多选删除的方法，多选删除即是遍历单选删除方法。接下来，看一下 AJAX 异步提交到 Cart 控制器

的 ajaxDelCart() 方法，在该方法中实现从 Cart 数据表中删除数据的操作。具体代码如下：

```
01  public function ajaxDelCart()
02  {
03      $ids = I("ids");                                    // 商品 ids
04      $result = M("Cart")->where(" id in ($ids)")->delete(); // 删除 ids 数组中的数据
        // 返回结果状态
05      $return_arr = array('status'=>1,'msg'=>' 删除成功 ','result'=>'');
06      $this->ajaxReturn($return_arr);
07  }
```

运行效果如图 15.16 和图 15.17 所示。

图 15.16　弹层删除提示框效果

图 15.17　删除成功效果

15.6.4　添加收货地址

用户在购物车列表页面选择商品后，单击"去结算"按钮，跳转至核对订单页面，该页面包括收货人信息和订单详细信息。如果用户首次购买商品，单击"提交订单"按钮时，程序会提示"请先填写收货人信息"，运行效果如图 15.18 所示。

图 15.18　提示"请先填写收货人信息"

　　单击图 15.18 中的"使用新地址"超链接，弹出弹层，显示添加地址的表单。该功能主要是通过 Layer.js 插件来实现的。关键代码如下：

```
01  <div class="con-y-info ma-bo-35">
02          <h3 style="margin-top:30px">收货人信息 <b>[<a href="javascript:void(0);"
03              onClick="add_edit_address(0);"> 使用新地址 </a>]</b></h3>
04          <div id="ajax_address"><!--ajax 返回收货地址 --></div>
05  </div>
06
07  /**
08   * 新增或修改收货地址
09   * id 为 0，为新增，否则是修改
10   */
11  function add_edit_address(id)
12  {
13      if(id > 0){
14          var url = "/index.php?m=Home&c=User&a=edit_address&scene=1
15                  &call_back=call_back_fun&id="+id;          // 修改地址
16      }else {
17          var url = "/index.php?m=Home&c=User&a=add_address&scene=1
18                  &call_back=call_back_fun";          // 新增地址
19      }
20      layer.open({
21          type: 2,                                        // 弹出层类型
22          title: ' 添加收货地址 ',                          // 标题
23          shadeClose: true,                               // 是否有遮罩层
24          shade: 0.3,                                     // 阴影比例
25          area: ['880px', '580px'],                       // 弹层宽和高
26          content: url,                                   // 弹层内容
27      });
28  }
```

运行效果如图 15.19 所示。

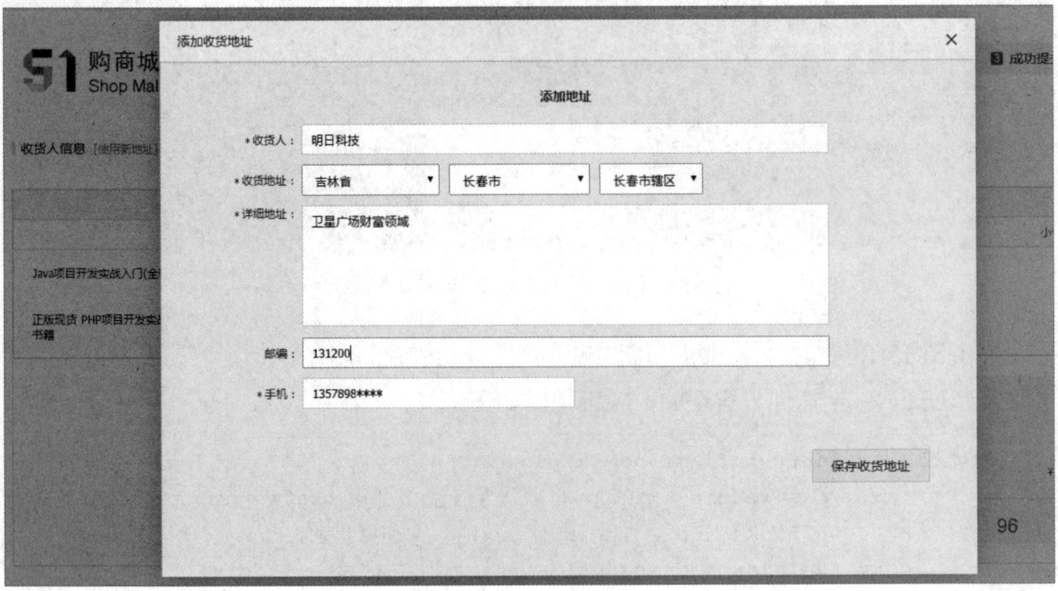

图 15.19　收货地址表单弹层

填写完收货信息后，单击"保存收货地址"按钮，将调用 User 控制器的 add_address() 方法，该方法通过实例化逻辑层的 UsersLogic 类，调用 UsersLogic 类的 add_address() 方法，实现新增或编辑收货信息的功能。保存成功后，运行效果如图 15.20 所示。

图 15.20　保存收货信息

15.6.5 提交订单

在核对订单页面，添加完用户收货信息后，单击"提交订单"按钮，程序会将订单信息写入 order 订单表。此时，order 订单表中的 pay_status（订单支付状态）为 0，表示该订单未支付。在"我的商城"→"我的订单"中可以查看该订单状态，如图 15.21 所示。

我的订单

全部 待付款 待发货 待收货 待评价					
商品	单价/元	会员价	数量	实付款/元	订单状态及操作
2017-06-19 17:21:15　订单号：201706191721157693					待支付
Java项目开发实战入门(全彩版) java语言程序设计编程思想教程教材javascriptweb计算机自	¥48.00	¥48.00	1	¥48	
正版现货 PHP项目开发实战入门 php从入门到精通程序开发设计环境核心技术基础教程实	¥48.00	¥48.00	1	¥48	
应付金额（含运费）:96.00					取消订单　立即支付　订单详情

图 15.21　订单状态

单击"立即支付"按钮，跳转至订单支付页面。该页面中，列举了第三方支付方式和网银支付方式。由于本地测试无法实现支付功能，此外，每种支付方式的接口并不相同，读者需要自行编写支付代码。这里，为保证项目流程的完整性，使用 Layer 弹层模拟支付过程。当单击"确认支付方式"按钮时，弹出支付弹层。单击"支付"按钮，表示支付成功，单击"取消"按钮，表示支付失败，如图 15.22 所示。

支付成功后，在"我的商城"→"我的订单"中可以查看该订单状态，此时，订单状态已经由"待支付"变更为"待发货"，如图 15.23 所示。

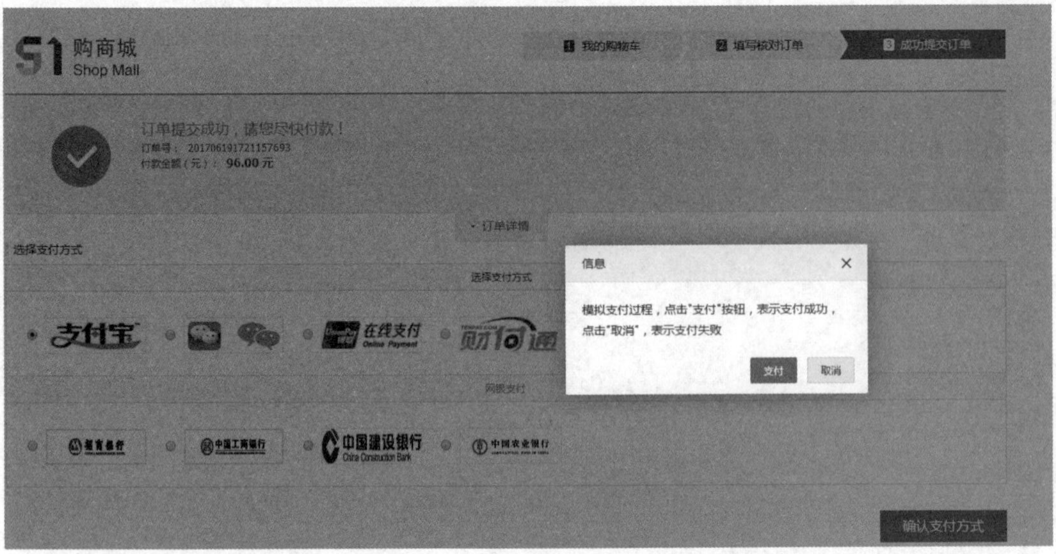
51 购商城
Shop Mall
我的购物车
填写核对订单
成功提交订单
订单提交成功，请您尽快付款！
订单号： 201706191721157693
付款金额（元）： 96.00 元
订单详情
选择支付方式
信息
模拟支付过程，点击"支付"按钮，表示支付成功，
点击"取消"，表示支付失败
支付
取消
支付宝
在线支付
财付通
网银支付
中国建设银行
确认支付方式

图 15.22　支付页面

我的订单
全部
待付款
待发货
待收货
待评价
商品
单价/元
会员价
数量
实付款/元
订单状态及操作
2017-06-19 17:21:15　订单号：201706191721157693
待发货
Java项目开发实战入门(全彩版) java语言程序设计编程思想教程教材javascriptweb计算机自
¥48.00
¥48.00
1
¥48
正版现货 PHP项目开发实战入门 php从入门到精通程序开发设计环境核心技术基础教程实
¥48.00
¥48.00
1
¥48
应付金额（含运费）:96.00
订单详情

图 15.23　订单状态变更

15.7　后台模块设计

对动态网站而言，网站后台起着至关重要的作用，因为需要在后台对数据实现增删改查等操作，从而管理所有前台显示的动态数据。51 购商城后台包括登录模块、后台首页、商品模块和订单模块等。由于篇幅有限，只对以上模块进行简单介绍和效果展示。

15.7.1　管理员登录模块

设计 51 购商城时，使用了双入口模式，即访问"www.***.com/index.php"进入前台首页，访问"www.***.com/admin.php"进入后台首页（如果管理员未登录，则跳转到后台登录页）。在后台登录页面中，填写管理员账户、密码和验证码（如果验证码看不清楚，可以单击验证码图片刷新该验证码），单击"登录"按钮，即可实现管理员登录。如果没有输入账户、密码或验证码，则都将给予提示。另外，验证码输入错误也将给予提示，运行效果如图 15.24 所示。

图 15.24　后台登录页面

在后台登录代码中，使用 ThinkPHP 自身封装的 Verify 类实现验证码的生成和检测，调用 Verify 类的 entry() 方法可以生成验证码，调用 check() 方法可以检测验证码。生成验证码的代码如下：

```
01  public function verify(){
02      $config =       array(
03          'fontSize' => 15,              // 验证码字体大小
04          'length'   => 4,              // 验证码位数
05          'useNoise' => false,          // 关闭验证码杂点
06          'imageW'   => 120,            // 图片宽度
```

```
07          'imageH'    => 34,                // 图片高度
08          'codeSet'   => '0123456789',      // 随机产生 0 ～ 9 之间的数字
09      );
10      $Verify = new \Think\Verify($config);
11      $Verify->entry();                     // 调用 entry() 方法生成验证码
12  }
```

在后台登录页模板中，需要在 <img> 标签内调用 verify() 方法，并且使用 JavaScript 的 onClick 单击事件实现单击图片生成新验证码的功能。关键代码如下：

```
01  <div class="form-group login">
02      <span> 验证码 </span>
03      <input name="code" class="code" type="text" id="code" />
04      <a> <img class="reloadverify" src="{:U('Admin/Admin/verify')}"  id="imgcode"
05              onClick="this.src=this.src+'?'+Math.random()"></a>
06  </div>
```

15.7.2　后台首页

管理员登录成功后，进入后台首页。后台首页是对网站重要数据的一个综合概述，它包括全年营业额、全年订单数量、全部商品数量、本月会员增长数量、月销售额等信息。为了能够直观显示，我们使用卡片样式和柱状图形式展现以上数据，如图 15.25 所示。

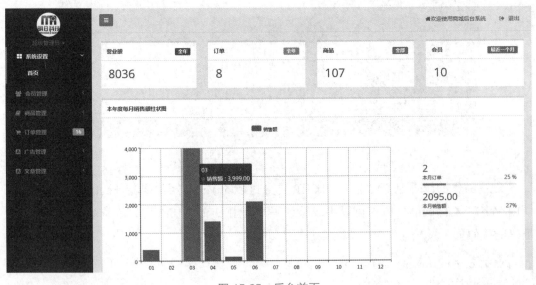

图 15.25　后台首页

15.7.3　商品模块

商品模块是后台最重要的模块之一，它包括"商品分类""商品列表""商品类型""商品规格""商品属性""商品评论"。在"商品列表"中，可以实现对商品的增删改查操作，如图 15.26 所示。

图 15.26　商品列表

在添加商品时，需要从"商品类型""商品规格""商品属性"中选择相应的选项。为了提高用户体验，使用 AJAX 异步提交的方式来获取相应选项。此外，在添加"商品相册"时，使用了 Plupload 插件来实现多图上传功能，运行效果如图 15.27 所示。

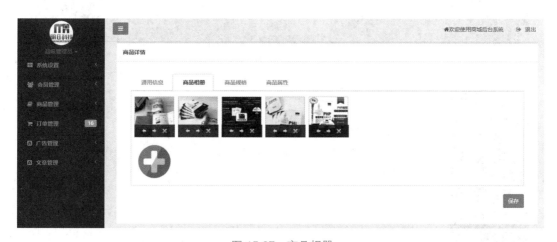

图 15.27　商品相册

15.7.4　订单模块

当用户提交订单后，在后台"订单管理"→"订单列表"中即可查看该订单，此时的订单状态可能是"未支付""已支付"或是"已作废"等，如图 15.28 所示。管理员需要单击"查看"按钮，查看订单详情，并单击"确认"按钮确认订单。确认无误后，在"订单列表"页单击"发货"按钮，弹出确认信息对话框，如图 15.29 所示。当单击"确定"按钮时，使用 AJAX 异步更改订单状态为"已发货"，如图 15.30 所示。

图 15.28　未发货状态

图 15.29　确认发货

图 15.30　发货成功

15.7.5　其他模块

1. 修改管理员密码

单击"超级管理员"右侧的下拉图标，弹出"修改密码"和"安全退出"选项框。单击"修改密码"选项，即进入"修改密码"页面。输入"原始密码""新密码"和"确认密码"后，单击"提交"按钮，即可更改密码，如图 15.31 所示。

图 15.31　修改密码

2. 会员模块

会员模块包括"会员列表"和"会员等级"。当消费额度满足设置的等级时，即可成为该等级的会员。会员等级如图 15.32 所示。

等级	等级名称	消费额度	等级描述	操作
1	注册会员	0.00	注册会员	✎ 🗑
2	铜牌会员	10000.00	铜牌会员	✎ 🗑
3	白银会员	30000.00	白银会员	✎ 🗑
4	黄金会员	50000.00	黄金会员	✎ 🗑
5	钻石会员	100000.00	钻石会员	✎ 🗑
6	超级VIP	200000.00	超级VIP	✎ 🗑

图 15.32　会员等级

3. 广告模块

广告模块包括"广告列表"和"广告位置"。添加广告时，需要先选择广告位置。该模块可以设置在不同的前台位置以显示不同的广告内容。广告列表如图 15.33 所示。

图 15.33　广告列表

15.8　小结

本章主要介绍如何使用 ThinkPHP 框架实现 51 购商城项目，包括网站的系统功能设计、数据库设计及前台和后台的主要功能模块。希望通过对本章的学习，读者能够将前面章节所学的知识融会贯通，了解项目开发流程，并掌握 PHP 网站开发技术，为以后的项目开发积累经验。